兔高效养殖关键技术及常见误区纠错

杨雪峰　魏刚才　主编

化学工业出版社

·北京·

本书根据目前养兔业的生产实际，从养兔业概况、兔高效养殖品种选择和繁育技术及常见误区纠错、兔高效养殖的饲料加工利用技术及常见误区纠错、兔高效养殖的环境控制技术及常见误区纠错、兔高效养殖的饲养管理技术及常见误区纠错、兔高效养殖的疾病控制技术及常见误区纠错、兔高效养殖的产品采集和处理技术七个方面详细介绍了高效养兔关键技术，并对常见的误区进行纠错，具有较强的实用性和可操作性，为广大兔养殖户（场）提供技术支持和指导。

本书理论密切联系实际，操作性强，适用于兔场饲养人员、技术人员和管理人员，也可以作为大、中专学校和农村函授及培训班的辅助教材和参考书。

图书在版编目（CIP）数据

兔高效养殖关键技术及常见误区纠错/杨雪峰，魏刚才主编.—北京：化学工业出版社，2014.6（2018.11重印）
ISBN 978-7-122-20242-0

Ⅰ.①兔…　Ⅱ.①杨…②魏…　Ⅲ.①兔-饲养管理
Ⅳ.①S829.1

中国版本图书馆CIP数据核字（2014）第066441号

责任编辑：邵桂林　　　　文字编辑：焦欣渝
责任校对：宋　夏　　　　装帧设计：关　飞

出版发行：化学工业出版社
（北京市东城区青年湖南街13号　邮政编码100011）
印　　装：北京虎彩文化传播有限公司
850mm×1168mm　1/32　印张10½　字数312千字
2018年11月北京第1版第6次印刷

购书咨询：010-64518888　　　　售后服务：010-64518899
网　　址：http://www.cip.com.cn
凡购买本书，如有缺损质量问题，本社销售中心负责调换。

定　　价：35.00元　

编写人员名单

主　　编　杨雪峰　魏刚才

副 主 编　李尚超　王君敏　郭　威

编写人员（按姓名笔画排列）

王　乾（河南省濮阳市畜牧局）

王君敏（郑州大学实验动物中心）

冯晓敏（河南省南乐县畜牧局）

李尚超（河南省濮阳市畜牧局）

李瑞娜（河南省濮阳市畜牧局）

杨雪峰（河南科技学院）

张志琴（河南省南乐县畜牧局）

郭　威（河南省濮阳市畜牧局）

潘培生（河南省濮阳县畜牧局）

魏刚才（河南科技学院）

前　言

随着社会的发展和经济水平的不断提高，人们膳食结构中的肉类品种也发生很大变化，兔肉在肉类中所占的比重越来越大，这极大地促进了养兔业的发展。养兔业的生产特点也更加符合我国社会经济发展要求：一是节粮，我国是粮食短缺国家，发展节粮型畜牧业是发展的必然，而兔是草食家畜，可以利用大量的粗饲料资源，减少精饲料消耗，生产成本低；二是产品种类多，质量好，养兔业不仅可以提供兔肉，而且可以提供兔皮、兔毛。兔肉营养丰富，属于高蛋白、低脂肪食品；三是产品更“绿色”天然，兔抗病力较强，主要吃粗饲料，饲料中药物使用量少，生产的产品更加“绿色”天然。因此，养兔业成为许多地区经济发展的支柱产业。

近年来，虽然我国养兔业发展快速，养殖水平不断提高，但生产中存在许多误区或问题还没有引起人们的重视，有些技术没有有机配套，影响到养兔业健康发展和效益提高。为了使从业人员正确认识生产中存在的误区并及时纠正，使养兔关键技术配套应用，提高养兔业生产效益和促进发展，我们组织了长期从事养兔教学、科研和生产的专家编写了本书。

本书根据目前养兔业的生产实际，从养兔业概况、兔高效养殖品种选择和繁育技术及常见误区纠错、兔高效养殖的饲料加工利用技术及常见误区纠错、兔高效养殖的环境控制技术及常见误区纠错、兔高效养殖的饲养管理技术及常见误区纠错、兔高效养殖的疾病控制技术及常见误区纠错、兔的高效养殖的产品采集和处理技术七个方面详细介绍了高效养兔关键技术，并对常见的误区进行纠错，具有较强的实用性和可操作性，为广大兔养殖户(场)提供技术支持和指导。

本书理论密切联系实际，全面系统，重点突出，内容简练，操作性强，适用于兔场饲养人员、技术人员和管理人员，也可以作为大、中专学校和农村函授及培训班的辅助教材和参考书。

由于编者水平有限，本书在内容、结构、语句等方面可能存在很多不足之处，恳请广大读者和养兔业同行提出宝贵意见。

编　者

2014 年 4 月

目录

第一章

我国兔业生产概况

兔产品种类多，价值高。兔肉具有高蛋白、低脂肪、易消化等优点；兔毛具有柔软、保暖和美观的特性；兔皮是生产高档皮装的原料。兔肉、兔毛和兔皮都深受消费者的青睐，市场前景很好，加之家兔具有繁殖力强、生长快、耐粗饲等特点，生产成本较低，近年来，养兔业正成为畜牧业中的支柱产业。

我国养兔业虽然有了较大发展，但也存在许多问题，直接制约养兔业稳定持续发展。

一、 养殖波动较大

由于政府和协会不能及时有效地发布市场信息，养殖户又不会收集和整理市场信息，导致市场信息不灵，养殖户不能根据市场变化来调整产品结构和产品的销售时间，因此市场价格波动和养殖数量波动较大，直接影响到养兔者的养殖效益和养兔业的稳定发展。

二、 养殖水平较低

由于养殖环境条件差（如兔舍简陋，保温隔热性能不良，舍内空气质量不好，各种微粒、微生物和有害气体超标等）、缺乏养兔配套技术推广应用等，导致生产水平低、产品质量差（如獭兔养殖贵在皮张质量，优质皮不愁销路，又能卖上好价钱，如果不重视种兔的选种选配和饲料营养卫生，造成皮张质量下降）等。我国獭兔饲养量达到 500 万只左右，但合格兔皮的年产量估计不到 100 万张，如果能够保证商品皮的质量，獭兔生产尚有较大的发展空间。

三、疾病危害严重

兔的饲养规模不断扩大，集约化程度越来越高，但仍以传统饲养方式为主，隔离、卫生条件差，不注重科学的消毒和防疫以及应激因素多等，导致兔病危害严重，不仅老病频繁发生，并出现了流行性腹胀病等新病。

四、产品质量差

我国虽然是养兔大国，但由于品种、饲料和饲养管理等原因，导致产品质量差，销售价格低。如獭兔皮张合格率低，兔毛等级达不到要求（甚至有的掺杂使假），兔肉药物残留超标等，直接影响到产品的对外销售，影响到养殖效益。

第二章

兔高效养殖的品种选择和繁育技术及常见误区纠错

第一节 兔的品种分类

兔是由野生穴兔驯化而成，经过世世代代的选育，目前世界各国饲养的兔品种约 60 多个，品系多达 200 多个。我国目前饲养的众多兔品种，大部分由国外引进，国内也培育成了一些品种和品系。

由于育种的经济目的、选育方法和饲养管理条件等不同，使兔的各个品种在外貌特征、体格大小、被毛结构以及生产性能等方面呈现差异。兔的品种分类和特征如下：

一、根据被毛类型分类

（一）标准毛品种

标准毛品种亦叫普通毛品种。该类型兔的被毛中粗毛（枪毛）长约 3.5 厘米，绒毛长约 2.2 厘米，二者的长度相差悬殊，而且被毛中粗毛所占比例大。常见的肉兔和皮肉兼用兔品种，绝大多数均属于这一类型。如中国白兔、新西兰兔、加利福尼亚兔、青紫蓝兔等。

（二）长毛品种

长毛品种的特点是被毛较长，成熟毛均在 5 厘米以上，粗毛和绒毛均为长毛，且粗毛比例较标准毛类型小，如安哥拉兔等。

（三）短毛品种

短毛品种的兔很少，最典型的代表是力克斯兔（獭兔），其特点是毛纤维很短（毛长约1.5厘米），一般为1.3～2.2厘米，不仅粗毛含量少，而且粗毛和绒毛一样长，没有突出于绒毛之上的枪毛。

二、根据经济用途分类

（一）肉用兔

肉用兔的经济特性是以生产兔肉为主。其特点是体型较大，多为大、中型；体躯丰满，肌肉发达；繁殖力强；生长快，饲料转化率高，屠宰率高，肉质鲜美。如新西兰兔、加利福尼亚兔等。

（二）皮用兔

皮用兔的经济特性是以生产优质兔皮为主，同时也可提供兔肉。其特点是体型多为中、小型；被毛浓密、平整，色泽鲜艳；皮板组织细密。毛皮是制作华丽名贵裘衣的原料，在国际市场上深受欢迎，如力克斯兔、哈瓦那兔、亮兔等。

（三）毛用兔

毛用兔的经济特性是以生产兔毛为主。其特点是体型中等偏小，绒毛密生于体躯及腹下、四肢、头等部分；毛质好，生长快，70天毛长可达5厘米以上，每年可采毛4～5次。安哥拉兔是世界上唯一的毛用兔品种。

（四）皮肉兼用兔

皮肉兼用兔的生产性能介于肉用兔和皮用兔二者之间，兼具产肉与产皮生产能力。如青紫蓝兔、日本大耳白兔、德国花巨兔。

（五）实验用兔

兔是医学、药物、生物等众多学科的科研和生产部门广泛应用的实验动物。它具有体小，性情温驯，繁殖力高，易保定，注射、采血容易，观察方便等特点。如日本大耳白兔，具有耳大、血管清晰、容易注射的特点，因此成为比较理想的实验用兔品种。此外，新西兰白兔、喜马拉雅兔、荷兰兔等，均为应用较多的实验用品种。

（六）观赏性用兔

有些兔品种由于其外貌奇特，或被毛华丽珍稀，或体格轻微秀丽，适于观赏。如垂耳兔、荷兰矮兔、波兰兔、喜马拉雅兔等。

三、根据体型大小分类

（一）大型兔

成年体重 5 千克以上。其特点是体格硕大，成熟较晚，增重速度快，但饲料转化率较低。如法国公羊兔、弗朗德巨兔、德国花巨兔、哈白兔、塞北兔等。

（二）中型兔

成年体重 3～5 千克。其特点是体型结构匀称，体躯发育良好，增重速度快，饲料转化率好，屠宰率高。优良的肉用品种多属于这一类型，如新西兰白兔、加利福尼亚兔、丹麦白兔、日本大耳白兔等。

（三）小型兔

成年体重 2～3 千克。其特点是性成熟早、繁殖力高，但增重速度不快，生产性能不高。如中国白兔、中系安哥拉兔、英系安哥拉兔。

（四）微型兔

成年体重在 2 千克以下。其特点是性情温驯，体重多为 1 千克左右，小巧玲珑，逗人喜爱。如荷兰矮兔、波兰兔、喜马拉雅兔（国外培育的观赏用类群）等。

第二节　常见的兔品种

兔品种的优劣，直接影响养兔效益。一个好的品种，在不增加或少增加投资的情况下，可以产出更多更好的产品，获得更好效益。所以养兔者都应把“良种化”作为提高兔生产力、增加经济效益的首要措施。因此，了解兔品种的有关知识，有利于引种、保种以及正确的饲养管理和经营管理，从而做到少损失、多收益。

我国目前饲养的兔品种，除少数是由我国自己培育的外，多数由国外引进。我国饲养较多的兔类型和品种如下：

一、 肉用型品种

（一）新西兰白兔

新西兰白兔原产于美国，是世界著名的肉用品种，也是重要的实验用兔品种之一。有白色、红色和黑色 3 个变种，其中以白色最为著名，饲养也最广泛。新西兰白兔体型中等，头圆额宽，两耳直立，眼球呈粉红色，腰背宽平，体躯丰满，后躯发达，臀部宽圆，四肢强壮有力。脚底毛粗、浓密、耐磨，能防脚皮炎，适于笼养。新西兰白兔最显著的特点是早期生长发育快，40 日龄断奶重 1.0～1.2 千克，8 周龄体重可达 2 千克，90 日龄可达 2.5 千克以上。成年母兔体重 4.0～5.0 千克，成年公兔为 4.0～4.5 千克，屠宰率为 50%～55%，产肉性能好，肉质细嫩。繁殖力强，年可繁殖 5 胎以上，每胎产仔 7～9 只。性情温驯，抗病力较强，适应性较好，容易管理，是集约化生产的理想品种。在肉兔生产中，与中国白兔、日本大耳白兔、加利福尼亚兔等杂交，能获得较好的杂种优势。对饲养管理要求较高，中等偏下的营养水平早期增重快的优势得不到充分发挥。同时，其被毛较长，回弹性稍差，毛皮质量不理想，利用价值较低。

（二）加利福尼亚兔

加利福尼亚兔原产于美国加利福尼亚州，亦称加州兔。该兔系由喜马拉雅兔、青紫蓝兔和新西兰白兔杂交选育而成的世界著名肉用兔品种，在美国的饲养量仅次于新西兰白兔。该品种仔兔哺乳期被毛全白，换毛以后体躯被毛白色，但两耳、鼻端、四肢末端和尾部呈黑褐色，有“八点黑”之称。夏季色淡。眼呈红色，耳较小直立，颈粗短，躯体紧凑，肩、臀发育良好，肌肉丰满。被毛柔软厚密，富有光泽，弹性好，秀丽美观。该兔体型中等，成年公兔体重 3.4～4.0 千克，母兔 3.5～4.5 千克。6 周龄体重达 1～1.2 千克，2 月龄重 1.8～2 千克，3 月龄可达 2.5 千克。屠宰率 52%～54%，肉质鲜嫩，繁殖力强。平均每胎产仔 7～8 只，且发育均匀。该兔外形秀丽，性情温驯，早熟易肥，肌肉丰满，肉质肥嫩，屠宰率高，母兔繁殖性能好，生育能力和毛皮品质优于新西兰白兔，尤其是哺乳力特强，同窝兔生长发育整齐，兔成活率高，故享有“保姆兔”之美誉。该兔的遗传性稳定，在国外，多用之与新西兰白兔杂交，利用杂种优势来生产商品肉兔。在我国也表现了良好适应性和生产性能，在改良本地肉用兔生产性能方面获得明显的效果。但该兔生长速度略低于新西兰白兔，对断奶前后的饲养条件要求较高。

（三）比利时兔

比利时兔源于比利时佛兰德地区的野生穴兔，后经英国选育而成，是比较古老的大型肉用兔品种。比利时兔的形态和毛色酷似野兔，被毛黄褐色或深褐色，耳尖有光亮黑色毛边和尾部内侧呈黑色是其显著特征。体躯结构匀称，头形似马，两耳较长且直立，颊部突出，脑门宽圆，鼻梁隆起，颈部粗短，肉髯不发达，四肢粗壮，后躯发达，肌肉丰满，骨骼粗重。比利时兔属于大型品种，成年公兔体重 5.5～6 千克，母兔 6～6.5 千克，高者可达 9 千克，屠宰率达 52%～55%。繁殖力强，平均每胎产仔 7～8 只，最高可达 16 只。比利时兔具有生长发育快、耐粗饲、适应性强、泌乳力高、肌肉丰满等优点。与中国白兔、日本大耳白兔、加利福尼亚兔、青紫蓝兔杂交，杂种优势明显。该兔与中型肉用兔相比，成熟较晚，饲料报酬低，因骨骼粗壮，净肉率较低。在金属网底上饲养时，患脚皮炎的比例较高。因此，在商品肉兔饲养中，可作为父本品种饲养，用于和中小型品种母兔杂交生产商品肉兔，一般均可获得良好的效果。

（四）哈尔滨大白兔

哈尔滨大白兔简称哈白兔，是由中国农业科学院哈尔滨兽医研究所培育的一个大型肉用品种。以比利时兔为父本，哈尔滨本地白兔和上海大耳兔为母本，所产白色杂种母兔，再用德国花巨兔公兔进行杂交，选留其中白色后代，经横交固定选育而成。哈白兔全身被毛洁白，毛密柔软。头大小适中，耳长大直立，耳尖钝圆，眼大有神，呈粉红色。公、母兔都具肉髯。四肢健壮，体躯较长，前后躯匀称，体质结实，肌肉丰满。哈白兔属于大型品种，成年公兔体重5～6千克，母兔5.5～6.5千克。平均窝产仔10.5只，其中活8.8只。初生兔只均体重55克，42日龄断奶只均体重1.08千克，60日龄只均1.89千克，90日龄2.76千克。据报道，1月龄日均增重22～43克，2月龄日均增重31～42克，早期生长发育最高峰在70日龄，平均日增重35～61克，70日龄以后增重速度逐渐减弱。据36只45～90日龄兔饲养试验测定结果，饲料转化率1∶3.11，半净膛屠宰率57.6%，全净膛屠宰率53.5%。哈白兔具有耐寒、适应性强、饲料转化率高、早期生长发育快、毛皮质量好等优点，但需要良好的饲养条件。

（五）齐卡肉兔配套系

齐卡肉兔是由德国齐卡兔育种公司培育的世界著名肉兔配套系。齐卡配套系肉兔由大、中、小3个专门化品系构成，3系配套生产商品肉兔，在德国全封闭式兔舍、标准化饲养条件下，年产商品活数60只，每胎平均产8.2只，28日龄断奶重650克，56日龄体重2.0千克，84日龄体重3.0千克，日增重高达40克，料肉比为2.8∶1。四川省畜牧兽医研究所在开放式自然条件下测定结果为：商品肉兔90日龄体重2.4千克，日增重32克以上，料肉比3.3∶1。

（六）伊拉配套系

法国培育而成的4系配套系。父系（AB公兔）成年体重5.4千克，母系（CD母兔）成年体重4.0千克，窝产仔8.9只，32～35日龄断奶体重820克，日增重43克，70日龄体重2.47千克，料肉比(2.7～2.9)∶1，屠宰率为58%～59%。

（七）伊普吕配套系

该配套系由法国克里莫兄弟公司经20年的精心培育面成。该肉兔具有繁殖力强、生长速度快、抗病力强、屠宰率高等特点。母兔年产8.7窝，每窝产活仔9.3～9.5只，年产仔80.91～82.65只，窝断奶仔兔数8.1～8.5只，窝上市商品肉兔7.1～7.7只，70日龄体重2.34千克，屠宰率58%～59%。

（八）布列塔尼亚配套系

布列塔尼亚肉兔配套系是法国养兔专家贝蒂经多年精心培育而成的大型白色肉兔配套系，由A、B、C、D四系组合而成。该配套系具有较高的产肉性能、极高的繁殖性能和较强的适应性。在良好的饲养管理条件下，一般每胎产9～12只，最高达23只。该肉兔要求有理想的管理条件和较高的饲养水平。

二、毛用型品种

（一）法系安哥拉兔

法系安哥拉兔原产于法国，是当前世界著名的粗毛型长毛兔。该兔头部扁而尖削，面长鼻高，耳大而薄，耳背无长绒毛，俗称“光板”。额毛、颊毛和脚毛均为短毛，腹毛亦较短，被毛密度差，粗毛含量多，绒毛不易缠结，毛质较粗硬。法系安哥拉兔体型较大，成年体重3.5～4.0千克。法国非常重视对安哥拉兔的选育，生产性能不断提高，从1950年的平均产毛量500～600克提高到目前的优秀个体年产毛量超过1200克，粗毛含量13%～20%。年可繁殖4～5胎，每胎产仔6～8只。该兔具有粗毛含量高、适应性强、耐粗饲、繁殖力强、泌乳性能好、抗病力较强等特点，在培育中国粗毛型长毛兔新品系中起到了重要作用。

（二）德系安哥拉兔

德系安哥拉兔原产于德国，我国通称为西德长毛兔，该兔是目前世界上饲养最普遍、产毛性能最好的安哥拉兔类群之一。该兔属细毛型长毛兔，被毛厚密，有毛丛结构，毛纤维具有明显的波浪形弯曲，粗毛含量低，不易缠结。腹毛长而密，四肢毛和脚毛非常丰盛，毛长毛密，再加上粗壮的骨骼，形似老虎爪。头形扁而尖削，面部绒毛着生情况很不一致，有些面部有少量长毛，两耳上缘有长毛；有些则耳毛、颊毛、额毛较丰盛；而多数面颊和耳背均无长毛，只有耳尖有一撮毛飘出耳外。德系安哥拉兔体型较大，成年兔体重一般在 4～4.5 千克以上。据德国种兔测定站测定，成年公兔平均年产毛量为 1190 克，最高达 1720 克；成年母兔平均年产毛量为 1406 克，最高达 2036 克。我国引入的德系安哥拉兔平均年产毛量 800～1000 克，高者达 1600 克。粗毛含量 5%～6%，结块率约为 1%。繁殖性能较差，年可繁殖 3～4 胎，每胎产仔 6～7 只，最高 12 只。幼兔生长迅速，1 月龄平均体重 0.5～0.6 千克，42 天断奶重 0.9～0.95 千克。德系安哥拉兔自 1978 年引进饲养以来，具有产毛量高、绒毛品质好、不易缠结等突出优点，在改善我国长毛兔产毛性能方面起到了促进作用；但不足之处是繁殖受胎率低，耐热性较差，抗病力较弱，耐粗饲性差，对饲养管理条件要求较高。

（三）镇海巨型高产长毛兔

镇海巨型高产长毛兔是浙江省镇海种兔场采用本地长毛兔与德系长毛兔及多品种高产兔杂交培育而成。该兔是目前已知的安哥拉兔品种中平均体重最大、群体产毛量最高的种群。成年兔平均体重 5 千克以上，最高达 7.45 千克；平均年产毛量 1500 克左右。被毛密度很大，尤其是腹毛更为突出，脚毛也很丰盛，毛丛结构明显，绒毛纤维较粗，不缠结，粗毛含量较高。兔群繁殖性能良好；窝均产仔 5.5 只左右，母性强，仔兔成活率高。幼兔生长快，2 月龄平均体重达 2 千克左右，3 月龄达 3 千克以上，6 月龄 4.25 千克以上。该兔适应性和抗病力均较强，但要求有较好的饲养管理条件。

（四）中国粗毛型长毛兔新品系

中国粗毛型长毛兔新品系共分 3 系，即苏Ⅰ系、浙系、皖Ⅲ系，是在 20 世纪 80 年代中后期分别由江苏、浙江、安徽三省农科院等众多科研和生产单位的科技人员通力协作，采用多品系、多品种杂交创新，然后横交固定，并经系统选育，形成了具有双高特征（高粗毛率、高产毛量）的粗毛型长毛兔新品系：

（1）苏Ⅰ系粗毛型长毛兔　苏Ⅰ系兔的生活力强，繁殖力高，体重大，粗毛率和产毛量高。成年兔体重平均在 4.5 千克以上。平均每胎产仔数7.14只，产活兔6.76只，42天断奶育成兔5.71只，断奶体重达1080克。8月龄兔的粗毛率达15.75%，12月龄时粗毛率达17.72%，最高达24%以上。平均年产毛量达900克，最高达1200～1300克。

（2）浙系粗毛型长毛兔　浙系兔成年体重3.9千克左右。繁殖性能良好，平均每胎产仔6.77只，产活仔数6.28只，42天断奶育成4.39只，断奶体重平均1115克。该兔具有产毛量和粗毛率均较高的特点，12月龄的粗毛率达15.94%，平均年产毛量960克，最高达1400克。

（3）皖Ⅲ系粗毛型长毛兔　皖Ⅲ系兔成年体重平均4.1千克。繁殖性能好，平均每胎产仔7.06只，产活仔数6.62只，42天断奶育成5.65只，断奶体重平均867克。年产毛量800～1000克，粗毛率达15%以上。

三、皮用型品种

（一）力克斯兔

力克斯兔原产于法国科伦地区，是当今世界最著名的短毛类型的皮用兔品种。由于毛皮与水獭皮相似，所以在我国通常称为"獭兔"。最初育成的力克斯兔，只有一种毛色，即海狸力克斯。后来，各种毛色的力克斯兔相继出现，目前美国公认的色型有14种，如黑色、海豹色、加利福尼亚色、山猫色、巧克力色、乳白色、碎花色等，但实际上还不止，据报道，英国有28种色型的力克斯兔。力克斯兔外形清秀，结构匀称，头小嘴尖，眼大而圆，耳长中等，竖立成"V"字形，须眉细而弯曲，肌肉丰满，四脚强健有力，动作灵敏，全身被毛浓密，毛长1.3～2.2厘米，短而平整，坚挺有力，直立无毛向，柔软富弹性，光亮如绢丝，枪毛很少且与绒毛等长，出锋整齐，不易脱落，保温性强，色彩鲜艳夺目。力克斯兔体型中等，成年兔3.0～3.5千克。母兔年产4～5窝，每窝平均产活仔6～8只。商品力克斯兔在5～5.5月龄、体重2.5千克以上时屠宰取皮，皮质较好，产肉率亦高。力克斯兔的皮毛天然色型绚丽多彩，且被毛具有短、密、细、平、美、牢等优点，但对饲养管理条件要求较高，不适应粗放管理，母兔哺乳性能较差，容易造成兔死亡，抗病能力亦较弱。

（二）亮兔

亮兔是力克斯兔的一个变种，因其皮毛表面光滑亮泽鲜艳而得名。据报道，该兔于1930年在美国首次发现。亮兔的两耳直立，头中等，背腰丰满，臀圆，体质健壮。该兔的被毛结构特殊，与力克斯兔正好相反，枪毛长2.5～3.8厘米，而且较绒毛生长快，把绒毛全部覆盖在枪毛之下，并自然地紧紧贴在皮板上，所以只见枪毛不见绒毛。由于枪毛发生突变，鳞片非常平整，使得全身明亮如缎，质地柔软，色彩鲜艳悦目。被毛有巧克力色、青铜色、黑色、蓝色、白色、棕色、红色、加利福尼亚色等色型。亮兔体型中等，成年公兔平均体重超过4千克，母兔4.5千克。母兔繁殖力较好，年可繁殖5窝，每窝产仔6～10只。仔兔初生重50～60克，30日龄500克以上，42日龄断奶重平均0.75千克，3～4月龄体重可达2～2.5千克。亮兔具有被毛品质优良、色彩鲜艳、繁殖力较高、生长发育快等优点；但性成熟较晚，窝产仔数变化较大。我国也已引进，尚处于试养观察阶段，分布不广。

四、皮肉兼用型品种

（一）中国白兔

中国白兔是我国劳动人民长期培育成的一个地方优良品种，由于过去饲养该兔主要作肉用，故又称菜兔。该品种属皮肉兼用的小型兔品种。在全国各地均有饲养，以四川省最多，但由于引入品种的不断增加，数量逐渐减少。中国白兔体躯结构紧凑，头小嘴尖，耳小直立，后躯发育良好，动作敏捷灵活，善于跑跳。被毛洁白而短密，但也有少量黑色、灰色和棕黄色等个体，皮板厚实，被毛优良。白色兔的眼睛呈粉红色，杂色兔的眼睛则为黑褐色。体型小，成年兔体重2～2.5千克，据成都市资料，成年兔体重平均为2.35千克。性成熟早，繁殖力强，4月龄即可配种繁殖，年产6胎以上，每胎产仔6～9只，最多可达15只，仔兔初生重50克左右。母兔性情温驯，哺育力强，兔成活率高，28日龄断奶成活率95%。90日龄体重970～1500

千克，180 日龄 1730 克，增重高峰期在 60 日龄前后。该兔具有耐粗饲、适应性好、抗病能力强、性成熟早、配怀率高、耐频密繁殖、肉质鲜美等优点，但存在体型小、生长速度慢、产肉性能不高、皮张面积小等缺点。今后应加强对该品种的选育提高工作，充分利用和保留该品种的优良特性，改进其缺陷。

（二）日本大耳白兔

日本大耳白兔亦称大耳兔、日本白兔。原产于日本，是以日本兔和中国白兔杂交选育而成的皮肉兼用型品种，我国各地均有饲养。被毛纯白紧密，眼睛红色，以耳大著称，耳根及耳尖部较细，形似柳叶，母兔颌下有肉髯，颈部粗壮，体型较大，质结实。因该品种在日本分布地区不同，存在很大差异。现已统一规定以皮毛纯白、8 月龄体重约 4.8 千克、毛长约 25 毫米、耳长 180 毫米左右、耳壳直立者作为标准的大耳白兔。本品种由于具有耳长大、白色皮肤和血管清晰的特点，是较为理想的实验用兔品种。日本大耳白兔体型较大，成年兔体重 4.5～5.0 千克，母兔年产 5～6 窝，每窝产 8～10 只，最高达 17 只，初生兔平均重 60 克，母兔泌乳量大，母性好。幼兔生长迅速，2 月龄达 1.4 千克，4 月龄 3 千克，7 月龄 4 千克。该兔体型较大，生长发育较快；繁殖力强，泌乳性能好；肉质好，皮张品质优良；体格健壮，能很好地适应我国的气候和饲养条件，从南到北均有饲养，是我国饲养数量较多的一个品种，但存在骨架较大、胴体欠丰满、净肉率较低的缺点。

（三）青紫蓝兔

青紫蓝兔原产于法国，因其被毛色泽与南美洲的一种珍贵毛皮兽“青紫蓝”（我国称毛丝鼠或绒鼠）的毛色非常相似而得名。青紫蓝兔是由嘎伦兔、喜马拉雅兔和蓝色贝韦伦兔杂交育成。该品种原为著名的皮用品种，后经选育向皮肉兼用型发展，现已成为优良的皮肉兼用品种，亦是常见的实验用兔。青紫蓝兔被毛蓝灰色，并夹杂全黑和全白的枪毛，耳尖和尾背面为黑色，眼圈和尾底为白色，腹部为淡灰色到灰白色。每根毛纤维分为 5 个色段，自基部到毛尖依次为深灰色、乳白色、珠灰色、白色、黑色，在微风吹拂下，其被毛呈现彩色轮状漩涡，甚为美观。眼睛为茶褐色或蓝色。目前青紫蓝兔有 3 个类型，即标准型、美国型和巨型：

（1）标准型　体型较小，成年母兔体重 2.7～3.6 千克，公兔 2.5～3.4 千克。被毛颜色较深，呈灰蓝色，并有明显的黑白相间的波浪纹，色泽美观。体质结实紧凑，耳短直立，颌下无肉髯。

（2）美国型　体型中等，成年母兔体重 4.5～5.4 千克，公兔 4.1～5.0 千克。体长中等，腰背丰满，耳长，被毛颜色较浅，母兔颌下有肉髯。

（3）巨型　体型大，偏向肉用型，成年母兔体重 5.9～7.3 千克，公兔 5.4～6.8 千克。肌肉丰满，耳较长，公母兔均有肉髯，被毛颜色较淡。

青紫蓝兔很早以前就引入到我国，现在全国各地广为饲养，尤以标准型和美国型较普遍。该兔具有毛皮品质好、耐粗饲、适应性强、繁殖力高、泌乳力好等优点，能很好地适应我国的饲养条件，深受群众欢迎；其美中不足的是生长速度较慢。

（四）德国花巨兔

德国花巨兔原产于德国，为著名的大型皮肉兼用品种（花巨兔在德国称作德国巨型兔；此外，还有英国花巨兔、美国花巨兔等。由于我国 1976 年由丹麦引进的为德国巨型兔，故在我国习惯称作德国花巨兔）。德国花巨兔体躯较长，略呈弓形，腹部离地面较高。性情活泼，行动敏捷，善于跑跳，目光锐利，不够温驯，富于神经质。全身毛色为白底黑花，黑色斑块往往对称分布，最典型的标志是从耳后到尾根沿背脊有一条边缘不整齐的黑色背线，黑嘴环，黑眼圈，黑耳朵，在眼睛和体躯两侧往往有若干对称的大小不等的蝶状黑斑，全身色调非常美观大方，故有“熊猫兔”之称。德国花巨兔在德国的成年体重一般超过 6.5 千克，最低 5 千克，引入我国后，据东北农学院观测，成年体重为 5.5～6.0 千克，40 日龄断奶体重为 1.1～1.2 千克，90 日龄体重为 2.5～2.6 千克。该品种的产仔数很多，平均每胎产 11～12 只，有的高达 17～19 只。兔初生重 70 克左右。甘肃省临洮县乳兔（主要供兽医生物药厂生产疫苗用）生产中，充分利用该兔产仔数多的特点来繁殖乳兔，母兔可年产 8～10 胎，年提供乳兔 50～

80 只，是乳兔生产中较理想的一个品种，深受群众欢迎。

德国花巨兔的主要缺点是母性不强，哺育兔的能力差，故兔成活率低。毛色遗传不够稳定，在纯繁时，后代会出现全黑和全白个体，在黑花分布上个体间差异很大。

（五）塞北兔

塞北兔是由河北省张家口农专用法系公羊兔与比利时兔，经过二元轮回杂交、选择定型、培育提高三个育种阶段，历时 10 年育成的大型皮肉兼用兔新品种。塞北兔体形呈长方形，毛黄褐色，四肢内侧、腹部及尾腹面为浅白色。被毛绒密，皮质弹性好。鼻梁有 1 条黑色鼻峰线。耳较大，一侧直立，一侧下垂，少数两耳直立或下垂。胸宽深，背平直，后躯丰满，四肢短粗、健壮。塞北兔个体大，生长快，耐粗饲，性温驯，适应性、抗病力强，繁殖率高，年产 4～6 胎，每胎产 7～8 只，多者可达 15～16 只。兔初生重 60～70 克，30 日龄断奶体重 0.65～1 千克。在一般饲养管理条件下，平均日增重 25～37.5 克，料肉比为 3.29∶1。成年兔体重平均为 5.3 千克。

（六）丹麦白兔

丹麦白兔原产于丹麦，是著名的中型皮肉兼用兔。被毛纯白，柔软浓密，体型匀称丰满，头较短宽，耳小直立，眼睛红色，颈短而粗，背腰宽平，四肢较细。体型中等，成年体重 3.5～4.5 千克。兔初生重在 50 克以上，40 日龄断奶体重达 1 千克左右，90 日龄达 2.0～2.3 千克。每胎平均产仔 7～8 只，最高达 14 只。丹麦白兔性情温驯，早期生长较快，产肉性能较好，毛皮质地良好，适应性和抗病力强，繁殖率高，尤其是兔的繁殖率高，是作为杂交母本生产商品兔的优良品种。

第三节　种兔的选择

要到育种场和信誉高的种兔场引进种兔，并进行严格挑选，搞好运输管理。

一、种兔的挑选

（一）外貌特征要求

种兔的外貌特征要求见表 2-1。

表 2-1　种兔的外貌特征要求

部位	要　求
头部	头的大小相对于身体要匀称，公兔的头应稍显宽阔，母兔的头应显得清秀。眼睛明亮圆睁，没有眼泪，反应敏捷；鼻孔干净通畅，呈粉红色，没有任何附着物，没有损伤和脱毛；两耳直立灵活，温度适宜，无疥癣，耳孔内没有脓痂或分泌物
体躯	胸部宽深，背部平直，臀部丰满，腹部有弹性而不松弛
四肢	强壮有力，肌肉发达，姿势端正；无软弱、外翻、跛行、瘫痪现象或"划水"姿势
皮毛	被毛的颜色、长短和整齐度符合品种特征，肉兔和兼用兔被毛浓密、柔软，有弹性和光泽；长毛兔被毛洁白、光亮、松软不结块；獭兔毛色纯正、出锋整齐、光亮。皮肤厚薄适中，有弹性。全身被毛完整无损，无伤斑和疥癣
外生殖器	母兔外阴开口端正，没有异常的肿胀和炎症，周围的毛不湿也不发黄；公兔的阴茎稍微弯曲但不外露，阴茎头无炎症，包皮不肿大；睾丸大小适中，两侧光滑、一致、坚实有弹性，阴囊无外伤和伤痕
乳头	乳头和乳房无缺损，乳头数越多越好，至少 4 对以上
肛门	肛门周围洁净，没有粪便污染。挤出的粪便呈椭圆形，大小一致，干湿适中，不带有黏液和血迹

（二）技术要求

一要弄清楚品种及来源，种兔的规格，公母比例［一般为 1∶（4～6）适当］。

二要注意种兔有没有系谱卡和耳标号，并且保证准确真实。

三要进行疫苗免疫和驱虫。调运前 20 天进行兔瘟、兔巴氏杆菌和魏氏梭菌三联苗注射。调运前 15 天进行体内寄生虫和体外寄生虫的驱除工作。

二、种兔的引进

（一）作好引进准备

根据数量多少和距离远近选择交通工具，准备包装箱，并进行彻底的清洁消毒；准备好路上遮风、挡雨、防晒的用具；路途超过24小时的，冬季每天准备胡萝卜0.25～0.5千克/只和混合料50克/只，夏季准备鲜嫩草0.25～0.5千克/只，并携带种兔场的混合精料或颗粒料0.75～1千克/只，以备到达目的地后进行饲料过渡之用。

（二）运输管理

1. 装箱装车

种兔起运装笼不可太拥挤。笼装运送时，笼内要留有3/5或最小1/2活动场所。对成兔的装运，最好是单笼单运，若两地相距较近，1笼装2～3只，最多不得超过4只。装车时要在每层笼下铺一层干草、稻草或塑料布，防止上层对下层的粪尿污染。汽车运输，箱的层数一般为2～5层。

2. 管理

最好选在春秋气候温和的时候运输。冬季运输注意保温，仅在车后留空隙进行通风；夏季注意降温，选择在天气凉爽的时间段运输。运输要平稳，避免强烈颠簸和高速转弯，避免雨淋、日晒，途中每4小时可检查一次。种兔起运前要让其吃饱喝足。运程在24小时内的途中可以不喂；超过24小时的途中要加水补料，以饲喂青绿饲料为最好，但不能让种兔采食过多，因饱食大肚行动不便易发生拥挤压伤，甚至死亡。如途中停留几天时，最好将兔卸下放到宽敞的地方，让其充分休息。

（三）引入后的管理

种兔运回后，立即卸车，把笼箱单摆开，放在背风、向阳或通风、遮阴（夏季）处检查清理。

因为运输途中困渴，兔见水经常发生暴饮，因此要控制饮水量。第1次饮水可加入0.1%高锰酸钾，水温以20～25℃为宜。饮水后宜稍休息片刻，即可喂青绿饲料、干草、精料或杂食，但不可喂给单一的含水量过高的带露水青草。第1次喂料，不要太多，以吃八成饱为宜。刚引进的种兔易受风寒而发生感冒，若出现种兔发热现象，要及时采取治疗措施，可用柴胡、复方氨基比林等药物。若有水土不服、消化不良等常见病的发生，需饲喂适量的土霉素、食母生等药物。

在隔离舍内饲养15～20天，确认无病后可与大群混合饲养。为防止种兔传播疥癣或带来其他病原体，卸车后用5%三氯杀螨水溶液将耳、爪等涂搽一遍，在饲料中加入少量抗菌药物。饲喂的饲料应逐渐更换为本场饲料（4～5天过渡期）。

短期小群饲养，每只种兔的占地面积最小要比它自身的占地面积多4～5倍。

第四节　兔的繁育

一、兔的繁育方法

兔的繁育方法，一般可分为纯种繁育和杂交繁育两种。

（一）纯种繁育

纯种繁育又称本品种选育，就是指同一品种内进行选配和选育。目的是为了保持本品种的优良特性和增加品种数量。

纯种繁育主要用于地方良种的选育，外来品种优良性能的稳定与提高以及新品种的培育。通常对具有高度生产性能，适应性强，且基本上能满足社会经济水平要求的肉兔品种均可采用这种繁育方法。在纯种繁育过程中，每个肉兔品种一般都有几个品系，每个品系都具备本品种的一般特性，并具有明显突出的超越本品种特征的某些优点，品系间也可以开展杂交。所以品系繁育是纯种繁育的重要一环，是促进品种不断提高和发展的一项重要措施。

纯种繁育的措施：一是整顿兔群，建立选育核心群；二是健全性能测定制度；三是开展品系繁育；四是做好引进外来品种的保种和风土驯化工作；五是引入同种异血种兔进行血液更新。

（二）杂交繁育

不同品种或品系的公母兔交配称杂交繁育，其后代称杂种。杂交可获得兼有不同品种（或品系）特征的后代，在多数情况下采用这种繁育方法可以产生“杂种优势”，即后代的生产性能和经济效益等都不同程度地高于其双亲的平均值。目前在肉兔生产中常用的杂交方式主要有以下几种：

1. 经济杂交

经济杂交又称简单杂交，是利用两个或两个以上兔品种（品系）杂交，生产出具有超出亲本品种（品系）性能的具杂种优势的后代。肉兔商品生产中广泛采用此种杂交方式，有简单杂交、多品种杂交、轮回杂交、级进杂交、三元杂交和双杂交等。

毛兔的商品生产基本不采用杂交，因为杂交会使毛色变乱，影响毛皮质量。

2. 引入杂交

引入杂交又称导入杂交，通常是为了克服某品种的某个缺点或为了吸收某个品种的某个优点时使用。一般只杂交一次，然后从一代杂种中选出优良的公兔与原品种回交，再从第二代或第三代中（含外血1/4 或 1/8）选出优秀的个体进行横交固定。

3. 良级进杂交

良级进杂交又称改造杂交，一般用外来优良品种改良本地品种。具体做法是：选用外来优良公兔与本地母兔交配，杂种后的母兔与外来良种公兔回交，一般连续杂交 3～5 代，使外血比重越来越高，达到理想要求为止。当出现理想型后就停止杂交，进行自群繁育，并横交固定。

4. 育成杂交

育成杂交主要用于培育新品种，又分简单育成杂交和复杂杂交。世界上许多著名肉用兔品种都是以育成杂交培育成的，如青紫蓝兔和我国近年育成的哈尔滨白兔。育成杂交一般可分为以下三个阶段：

（1）杂交阶段　通过两个或两个以上品种的公、母兔杂交，使各个品种优点尽量在杂种后代中结合，目的是获得预期的理想型肉兔。

（2）饲定阶段　当杂交达到理想型要求后，即可停止杂交，进行横交。为了迅速巩固理想类型和加速育成品种，往往采取近交或品育方法。

（3）提高阶段　通过大量繁殖，迅速增加理想型数量和扩大分布地。目的是不断完善品种结构和提高品种质量，准备鉴定验收。

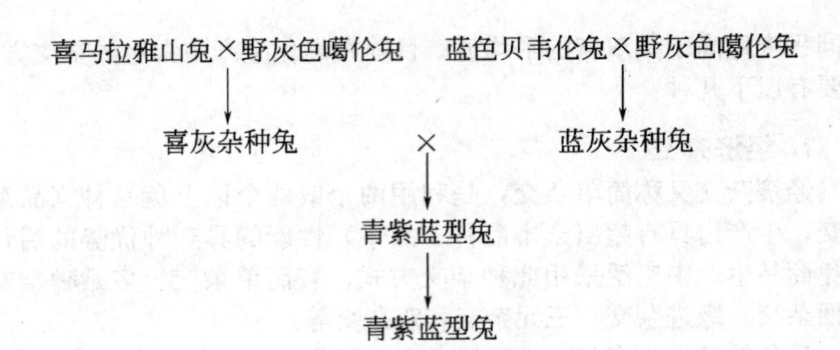

二、兔的选种和选配

（一）兔的选种

1. 选种方法

（1）个体选择　根据兔的外形和生产成绩而选留种兔的一种方法。这种方法对质量性状的选择最为有效，对数量性状的选择其可靠性受遗传力大小的影响较大，遗传力越高的性状，选择效果越准确。选择时不考虑窝别，在大群中按性状的优势或高低排队，确定选留个体，这种方法主要用于单性状的性能测定，按某一性状的表型值与群体中同一性状的均值之间的比值大小（性状比）进行排队，比值大的个体就是选留对象。如果选择 2～3 个性状，则要将这些性状按照遗传力大小、经济重要性等确定一个综合指数，按照指数的大小对所选的种兔进行排队，指数越高的兔其种用价值越高，高指数的个体就是选留对象。如评定安哥拉种兔的指标主要有外形、繁殖性能、体重、产毛量和产毛率等。以各项重要程度定出其百分比为外形 10%、繁殖性能 10%、体重 15%、产毛量 30%、产毛率 20%、优质毛率 15%。个体选择比较简单易行，经济快速，但对遗传力低的性状不可靠，对胴体性状、限性性状无法考察。

（2）家系选择　以整个家系（包括全同胞家系和半同胞家系）作为一个选择单位，但根据家系某种生产性能平均值的高低来进行选择。利用这种方法选种时，个体生产水平的高低，除对家系生产性能的平均值有贡献外，不起其他作用，这种方法选留的是一个整体，均值高的家系就是选留对象，那些存在于均值不高的家系中而生产性能较高的个体并不是选留的对象。家系选择多用于遗传力低，受环境影响较大的性状。对于遗传力较低的繁殖性状，如窝产仔数、产活仔数、初生窝重等，采用这种方法选择效果较好。

（3）家系内选择　根据个体表型值与家系均值离差的大小进行选择。从每个家系选留表型值较高的个体留种，也就是每个家系都是选种时关注的对象，但关注的不是家系的全部，而是每个家系内表型值较高的个体，将每个家系挑选最好的个体留种，就能获得较好的选择效果。这种选择方法最适合家系成员间表型相关很大而遗传力又低的性状。

（4）系谱选择　系谱是记录一头种兔的父母及其各祖先情况的一种系统资料，完整的系谱一般应包括个体的两三代祖先，记载每个祖先的编号、名称、生产成绩、外貌评分以及有无遗传性疾病、外貌缺陷等，根据祖先的成绩来确定当代种兔是否选留的一种方法就是系谱选择，也称系谱鉴定。系谱一般有三种形式，即竖式系谱、横式系谱和结构式系谱。一些大中型养殖场也都有系谱记录。系谱选择多用于对幼兔和公兔的选择。根据遗传规律，以父母代对子代的影响最大，其次是祖代，再次是曾祖代。祖代越远对后代的影响越小，通常只比较 2～3 代就可以了，以比较父母的资料最为重要。利用这种方法选种时，通常需要两只以上种兔的系谱对比观察，选优良者作种用。系谱选择虽然准确度不高，但对早期选种很有帮助，而且对发现优秀或有害基因、进行有计划的选配具有重要意义。

（5）同胞选择　通过半同胞或全同胞测定，对比半同胞或全同胞或半同胞-全同胞混合家系的成绩，来确定选留种兔的一种选择方法，同胞选择也叫同胞测验。同胞选择是家系选择的一种变化形式，二者不同之处在于：家系选择选留的是整个家系，中选个体的度量值包括在家系均值中；而同胞选择是根据同胞平均成绩选留，中选的个体并不参与同胞均值的计算，有时所选的个体本身甚至没有度量值（如限性性状）。从选择的效果来看，当家系很大时，两种选择效果几乎相等。由于同胞资料获得较早，根据同胞资料可以达到早期选种的目的，对于繁殖力、泌乳力等公兔不能表现的性状，以及屠宰率、胴体品质等不能活体度量的性状，同胞选择更具有重要意义。对于遗传力低的限性性状，在个体选择的基础上，再结合同胞选择，可以提高选种的准确性。同胞选择能为所选个体胴体性状、限性性状提供旁证，花费时间也不太长，但准确性较差。

（6）后裔选择　根据同胞、半同胞或混合家系的成绩选择上一代公母兔的一种选种方法，它是通过对比个体子女的平均表型值的大小从而确定该个体是否选留，这种方法也称为后裔鉴定。常用的方法有母女比较法、公兔指数法、不同后代间比较法和同期同龄女儿比较法。后裔选择依据的是后代的表现，因而被认为是最可靠的选种方法，但是这种方法所需的时间较长，人力和物力耗费也较大，有时因条件所限，只有少数个体参加后裔鉴定；同时当取得后裔测定结果时，种兔的年龄已大，优秀个体得不到及早利用，延长了世代间隔，因此常用于公兔的选择。后裔选择时应注意同一公兔选配的母兔尽可能相同，饲养条件尽可能一致，母兔产仔时间尽可能安排在同一季节，以消除季节差异。后裔测定效果最可靠，但花费时间、人力和物力。

2. 选种程序

种兔的系谱鉴定、个体选择、同胞选择和后裔鉴定在育种实践中是相互联系、密不可分的，只有把这几种鉴定方法有机结合起来，按照一定的程序严格进行测定和筛选，才能对种兔作出最可靠的评价。由于种兔的各项性状分别在特定的时期内得以表现，对它们的鉴定和选择必然也要分阶段进行。

不同类型的兔，在仔兔断奶时都应进行系谱鉴定，并结合断奶体重和同窝同胞的整齐度进行评定和选择。随后，不同类型的兔，在生长发育的不同阶段，按各自的要求对后备兔进行评定和选择，即个体鉴定。经过系谱鉴定和个体鉴定，把符合要求的个体留作种用，当其后代有了生产记录后，再进行后裔鉴定。选择后备种兔时，一定要从良种母兔所产的3～5胎幼兔中选留，开始选留的数量应比实际需要量多1～2倍，而后备公兔的选择强度最好应达到10∶1或50∶1（国外2%）。

为了提高性状的遗传改进量，减少计算量，兔选种时应减少拟选性状的个数，同时将拟选性状分成两组，分别对公、母兔进行选择，公兔或父本品系主要选择产肉方面的性状，母兔或母本品系主要选择母性方面的性状，如泌乳力、断奶成活数等。不同类型兔的选种程序如下：

（1）肉用种兔

第一次：仔兔断奶时进行。主要根据断奶体重进行选择，选留断奶体重大的幼兔作为后备种兔，因为幼兔的断奶体重对其以后的生长速度影响较大（$r=0.56$），再结合系谱和同窝同胞在生长发育上的均匀度进行选择。

第二次：10～12周龄内进行。着重测定个体重、断奶至测定时的平均日增重、饲料消耗比等性状，用此三项指标构成选择指数进行选择，可达到较好的选择效果。

第三次：4月龄时进行。根据个体重和体尺大小评定生长发育情况，及时淘汰生长发育不良的个体和患病个体。

第四次：初配时进行。一般中型品种在5～6月龄、大型品种在6～7月龄。根据体重和体尺的增长、生殖器官发育的情况选留，淘汰发育不良个体。母兔要测体重，因为母兔体重与仔兔初生窝重有很大关系（$r=0.87$）；公兔要进行性欲和精液品质检查，严格淘汰繁殖性能差的公兔。对选留种兔安排配种。

第五次：1岁左右母兔繁殖3胎后进行。主要鉴定母兔的繁殖性能，淘汰屡配不上的母兔。根据母兔前3胎受配情况、母性、产（活）仔数、泌乳力、仔兔断奶体重和断奶成活率等，进行综合指数选择，选留繁殖性能好的母兔，淘汰繁殖性能差的母兔。

第六次：后代有生产性能记录时进行后裔测定。

（2）毛用种兔

第一次：仔兔断奶时进行。主要根据断奶体重进行选择，选留断奶体重大的幼兔作为后备种兔，因为幼兔的断奶体重对其以后的生长速度影响较大（$r=0.56$），再结合系谱和同窝同胞在生长发育上的均匀度进行选择。

第二次：10～12周龄内进行。剪毛量不作为选种依据，重点检查有无缠结毛。如果发现有缠结毛且不是饲养管理所造成的，则应淘汰这只幼兔。同时评定生长发育情况。

第三次：4月龄时进行。着重对产毛性能（产毛量、粗毛率、毛的长度和结块率等）进行初选，同时结合体重、外貌等情况。可采用指数选择法。

第四次：初配时进行。主要根据体重、体尺的增长以及生殖器官的发育情况进行选留，淘汰发育不良个体，对选留种兔安排配种。

第五次：1岁左右母兔繁殖3胎后进行。根据此次剪毛情况，采用指数选择对产毛性能进行复选，并根据个体重、体尺大小和外貌特征进行鉴定，对公兔进行性欲和精液品质检查，严格淘汰繁殖性能差的公兔。

第六次：后代有生产性能记录时进行后裔测定。

（3）皮用种兔（獭兔）

第一次：仔兔断奶时进行。主要根据断奶体重进行选择，选留断奶体重大的幼兔作为后备种兔，因为幼兔的断奶体重对其以后的生长速度影响较大（$r=0.56$），再结合系谱和同窝同胞在生长发育上的均匀度进行选择。

第二次：3月龄时进行。着重测定个体重、断奶至3月龄时的平均日增重和被毛品质，采用指数选择法进行选择。选留生长发育快、被毛品质好、抗病能力强、生殖系统异常的个体留作种用。

第三次：4月龄时进行。对个体重和被毛品质进行复选，并进行体尺测定。

第四次：5～6月龄初配前进行。鉴定的重点是生产性能和外形。根据体重、被毛品质、体尺以及生殖器官发育的情况选留，淘汰发育不良个体。公兔要进行性欲和精液品质检查，体型小、性欲差的公兔不能留作种用。对选留种兔安排配种。

第五次：1岁左右时进行。主要鉴定母兔的繁殖性能，淘汰屡配不孕的母兔。根据母兔前3胎受配情况、母性、产（活）仔数、泌乳力、仔兔断奶体重和断奶成活率等，进行综合指数选择，选留繁殖性能好的母兔，淘汰繁殖性能差的母兔。

第六次：后代有生产性能记录时进行后裔测定。

（二）兔的选配

选种与选配是兔繁育中不可分割的两个方面，选配是选种的继续，育种的重要手段之一。在养兔生产中，优良的种兔并不一定产生优良的后代。因为后代的优劣，不仅决定于其双亲的品质，而且还决定于它们的配对是否合宜。因此，欲获得理想的后代，除必须做好选种工作外，还必须做好选配工作。选配可分为表型选配、亲缘选配和年龄选配。

1. 表型选配

表型选配又称为品质选配，是根据外表性状或品质选配公母兔的一种方法。它又可以分为同型选配和异型选配两种。

（1）同型选配　同型选配就是选择性状相同、性能表现一致的公母兔配种，以期获得相似的优秀后代。选配双方愈相似，愈有可能将共同的优秀品质遗传给后代。其目的在于使这些优良性状在后代中得到保持和巩固，也有可能把个体品质转化为群体的品质，使优秀个体数量增加。例如，为了提高兔群的生长速度，可选择生长速度快的公母兔交配，使它们的后代保持这一优良特性。因此，这种选配方法适用于优秀公母兔。

（2）异型选配　异型选配可分为两种情况：

一种是选择有不同优异性状的公母兔交配，以期将两种性状结合在一起，从而获得兼有双亲不同优点的后代。例如，选择兔毛生长速度快和兔毛密度大的公母兔交配，从而使后代兔毛生长速度快和兔毛密度大，最终使后代产毛量提高。

另一种情况是选择同一性状优劣程度不同的公母兔交配，即所谓以优改劣，以优良性状纠正不良性状。例如在本品种中，有些肉用种兔繁殖性能较好，只是生长速度较慢，即可选择一只生长速度快的肉用公兔与其相配，使后代不仅繁殖力高，而且生长速度也较快。实践证明，这是一种可以用来改良许多性状的行之有效的选配方法。

2. 亲缘选配

亲缘选配，就是考虑到公母兔之间是否有血缘关系的一种选配方式，如果交配的公母兔双方有亲缘关系（在畜牧学上规定 7 代以内有血缘关系）称之为亲交。没有血缘关系的称之为非亲交。兔近亲交配往往带来不良后果，如繁殖力下降、后代生活力降低等。但也有报道认为，近交可使毛兔产毛量提高，皮用兔皮板面积增大。在育种过程中，应用近交有利于固定种兔优良性状，迅速扩大优良种兔群数量。由此可见，近交有有利的一面，也有不利的一面。在生产实践中，商品兔场和繁殖场不宜采用近交方法，尤其是养兔专业户更不宜采用。即使在兔育种中采用，也应加强选择，及时淘汰因近亲交配而产生的不良个体，防止品种衰退。

3. 年龄选配

年龄选配，就是根据公母兔的年龄进行选配的一种方法。兔的年龄明显地影响其繁殖性能。一般青年种兔的繁殖能力较差，随着年龄的增长繁殖性能逐渐提高，1～2 岁繁殖性能逐渐达到高峰，2 岁半以后逐渐下降。在我国饲养管理条件下，种兔一般使用到 3～4 岁。所以在养兔生产实践中，通常主张壮年公兔配壮年母兔，采用这种选配方式效果较好。

第五节 兔的繁殖

一、兔的繁殖生理

（一）精子的发生

公兔睾丸曲细精管上皮组织中的精原细胞在雄性激素的作用下，经过分裂、增殖和发育等不同阶段的复杂生理变化，形成精细胞，之后精细胞附着在营养细胞上，经过变态期，形成精子，这一过程称为精子的发生。一个精原细胞可生成多个精子，其外形如蝌蚪状，由头部、颈部和尾部组成，全长 33.5～62.5 微米。头部大部分被细胞核所占据，前部有顶体，后部有核后帽保护，是精子的核心。颈部起头、尾的连接作用。尾部是精子的运动器官，精子的运动主要靠尾的鞭索状波动向前推进。精子在发生过程中除了在形态上发生变化外，核酸、蛋白质、糖和脂类的代谢也发生了变化。但从睾丸释放出来的精子并不具有运动和授精的能力，在运行过程中，还需受附睾微环境中的 pH、渗透压、离子和大分子物质的作用，才逐渐获得运动和授精能力。当公兔交配射精时，精子通过输精管与副性腺分泌物混合成精液排出体外。一般公兔每次排出的精液量为 0.4～1.5 毫升，每毫升精液中含 100 万～200 万个精子。

（二）卵子的发生

母兔卵巢中的卵原细胞经增殖、生长和成熟等阶段成为卵子的过程，称为卵子的发生。在雌性胎儿的卵巢内由一种形成的细胞团，其中的性原细胞可分化成为卵原细胞。卵原细胞经分裂后进入生长期，于胎儿出生前或出生后不久增殖成为卵母细胞。卵母细胞的生长与卵泡的发育密切相关，在卵泡增长的后期，卵母细胞逐渐成熟，最后卵子从卵泡中释放出来。与精子的发生不同的是，在卵子发生过程中，一个卵母细胞仅变成一个卵子。卵子的形态为球形，其结构近似体细胞，有放射冠、透明带、卵黄膜及卵黄等构造。兔在一次发情期间，两侧卵巢所产生的卵子数约为18～20个。

（三）性成熟

兔长到一定月龄，性器官发育成熟，公兔睾丸能产生成熟的精子，母兔卵巢能产生成熟的卵子，并有发情表现，能交配受孕，称为兔的性成熟。兔达到性成熟的月龄因品种、性别、个体、营养水平、遗传因素等不同而有差异。一般小型兔3～4月龄，中型兔4～5月龄，大型兔5～6月龄达到性成熟。

（四）初配年龄

兔达到性成熟，不宜立即配种，因为此时兔体各部位器官仍处于发育阶段。如过早配种繁殖，不仅影响自身的发育，造成早衰，而且受胎率低，所产仔兔弱小，死亡率高。当然，初配时间也不宜过迟，过迟配种会减少种兔的终身产仔数，影响效益。兔的初配年龄应晚于性成熟年龄。在较好的饲养管理条件下，适宜的初配月龄为：小型品种4～5月龄，中型品种5～6月龄，大型品种7～8月龄。在生产中也可以体重来确定初配时间，即达到该品种成年体重的80%左右时初配。

（五）发情

母兔性成熟后，由于卵巢内成熟的卵泡产生的雌激素作用于大脑的性活动中枢，引起母兔生殖道发生一系列生理变化，出现周期性的性活动（兴奋）表现，称为发情。

母兔发情主要表现为：兴奋不安，在笼内来回跑动，不时用后脚拍打笼底板，发出声响。有的母兔食欲下降，常在料槽或其他用具上摩擦下颌，俗称“闹圈”。性欲旺盛的母兔主动向公兔调情爬跨，甚至爬跨其他母兔。发情母兔外阴部会出现红肿现象，颜色由粉红到大红再变成紫红色。但也有部分母兔（外来品种居多）的外阴部并无红肿现象，仅出现水肿、有腺体分泌物等含水湿润现象。当公兔爬跨时，发情母兔先逃避几步，随即便伏卧、抬尾迎合公兔的交配。

（六）发情周期

母兔性成熟后，每隔一定时间卵巢内就会成熟一批卵泡，使其发情，如果未经交配便不能排卵，这些成熟的卵泡在雌激素和孕激素的协同作用下会逐渐萎缩、退化；之后，新的卵泡又开始发育成熟、发情。从一次发情开始至下一次发情开始，为一个发情周期。兔具有刺激性排卵的特点，其发情周期不像其他家畜有准确的时间，变化范围较大，一般为 7～15 天，发情期一般为 3～5 天。最适宜的配种时间为阴部大红时，正如农谚所说：“粉红早，紫红迟，大红正当时。”对于发情时没有明显的红肿现象的母兔，则在阴部含水量多特别湿润时配种适宜。

（七）妊娠

公母兔交配后，在母兔生殖器官中，受精卵逐渐形成胎儿及胎儿发育至产出前所经历的一系列复杂生理过程叫妊娠，完成这一发育过程的整个时期就叫妊娠期。兔的妊娠期一般为 30～31 天，可在 28～34 天范围内变动。妊娠期的长短因品种、年龄、胎儿数量、营养水平和环境等不同而有所差异。大型品种比小型品种怀孕期长，老龄兔比青年兔怀孕期长，胎儿数量少的比数量多的怀孕期长，营养状况好的比差的母兔怀孕期长。临产母兔，尤其是母性强的母兔，产前食欲减退甚至拒食，乳房肿胀并可挤出乳汁。外阴部肿胀充血，黏膜潮红湿润，在产前数小时甚至 1～2 天开始衔草拉毛做窝。但少数初产母兔或母性不强的个体，产前征兆不明显。

（八）分娩

胎儿发育成熟，由母体内排出体外的生理过程，称为分娩。母兔分娩一般只需20～30分钟，少数需1小时以上。母兔分娩，一般不需人工照料，当胎儿产出后，母兔会吃掉胎衣，拉断脐带，舔干仔兔身上的血污和黏液。分娩完成后，由于体力消耗较大，容易感到口渴，应及时供给清洁的饮水，以防母兔食仔。

（九）繁殖利用年限

过了壮年期之后，兔的繁殖能力随着年龄的增长而下降。所以，种兔均有一个适宜的利用年限，一般是2～3年，视饲养管理的好坏和种兔体质状况可适当延长或缩短。

二、兔的繁殖技术

（一）兔的配种方法

兔的配种方法主要有三种，即自然配种、人工辅助配种和人工授精。

1. 自然配种

公、母兔混养在一起，任其自由交配，称为自然配种。自然配种的优点是配种及时，方法简便，节省人力；但容易发生早配、早孕，公兔追逐母兔次数多，体力消耗过大，配种次数过多，容易造成早衰，而且容易发生近交，无法进行选种选配，容易传播疾病等。在实际生产中，不宜采用此法配种。

2. 人工辅助配种

人工辅助配种就是将公母兔分群、分笼饲养，在母兔发情时，将母兔捉入公兔笼内配种。与自然配种相比，其优点是能有计划地进行选种选配，避免近交和乱交，能合理安排公兔的配种次数，延长种兔的使用年限，能有效防止疾病传播。在目前生产中，多采用这种方法配种。

具体操作方法如下：将经检查适宜配种的母兔捉入公兔笼内，公兔即爬跨母兔；若母兔正处于发情盛期，则略逃几步，随即伏卧任公兔爬跨，并抬尾迎合公兔的交配；当公兔阴茎插入母兔阴道射精时，公兔后躯卷缩，紧贴于母兔后躯上，并发出“咕咕”叫声，随即由母兔身上滑倒，顿足，并无意再爬，表示交配完成；此时可把母兔捉出，将其臀部提高，在后躯部用手轻轻拍击，以防精液倒流；然后将母兔捉回原笼，作好配种记录。

如果母兔发情不接受交配，但又应该配种时，可以采取强制辅助配种。即配种员用一手抓住母兔耳朵和颈皮固定母兔，另一只手伸向母兔腹下，举起臀部，以食指和中指固定尾巴，露出阴门，让公兔爬跨交配。或者用一细绳拴住母兔尾巴，沿背颈线拉向头的前方，一手抓住细绳和兔的颈皮，另一只手从母兔腹下稍稍托起臀部固定，帮助母兔抬尾迎接公兔交配。

3. 人工授精

采用一定器械人工采取公兔的精液，经品质检查、稀释后，再输入到母兔生殖道内，使其受胎。其优点在于能充分利用优良种公兔，提高兔群质量，迅速推广良种，还可减少种公兔的饲养量，降低饲养成本，减少疾病传播，克服某些繁殖障碍（如公母兔体型差异过大等），便于集约化生产管理。但需要操作者具备熟练的操作技术和必要的设备等。

（1）采精　采集精液的方法有按摩法、电击法、假台兔法和假阴道法，其中假阴道法最为常用。采精前应准备好采精器，目前我国没有标准的兔用采精器，可自己制作。采精器由外壳、内胎和集精杯3部分组成。外壳可用直径1.8～2.0厘米、长6厘米的橡胶管，将两端截齐，磨去棱角和毛边即可；内胎可用3.0～3.3厘米的人用避孕套；集精杯可用口沿外径与外壳内径相适应的青霉素小瓶。使用前先将采精器用清水冲洗，再用肥皂水清洗，然后用清水冲洗，最后用生理盐水冲洗。将避孕套放入外壳中，将盲端剪去一段，并翻转与外壳一端用橡皮筋固定好，提起内胎的另一端，往内胎与外壳之间的夹层注满45℃左右的温水，然后再将内胎外翻，同样用橡皮筋固定到外壳的另一端。最后将集精杯安上，并尽量往里推，使夹层里的水被推向另一端，增加内胎的压力，使入口处形成Y字形。用消过毒的温度计测量内胎里的温度，达到40℃时，便可采精。

采精时选一只发情母兔作台兔放在公兔笼内，待公兔爬跨后将其推下，反复2～3次，以提高公兔性欲，促进性腺的分泌，增加射精量和精子活力。之后操作者一手抓住台兔的耳朵及颈部的皮肤，一手握住采精器伸到台兔的腹下，将假阴道口紧贴在台兔外阴部的下面，突出约1厘米，其角度与公兔阴茎挺出的角度一致。当公兔的阴茎反复抽动时，操作者应及时调整采精器的角度，使阴茎顺利进入假阴道内。公兔射精后，应立即将采精器的开口抬高，使精液流入集精杯内，迅速从台兔腹下抽出。竖直采精器，取下集精杯，并将粘在内胎口处的精液引入集精杯，加盖贴上标签，送到人工授精室内进行精液品质检查。

（2）精液检查　精液品质与人工授精效果密切相关，精液稀释的倍数也必须根据精液的品质来确定，因此，采精后首先要对精液的品质进行检查。检查的项目见表2-2。

（3）精液稀释　稀释精液的目的在于增加精液量，增加配种数量，提高优良种公兔的利用率。同时，稀释液中的某些成分还具有营养和保护作用，起到缓冲精液酸碱度、防止杂菌污染、延长精子存活的作用。常用的稀释液有：

① 生理盐水稀释液：0.9%医用生理盐水。

② 葡萄糖稀释液：5%医用葡萄糖溶液。

③ 牛奶稀释液：用鲜牛奶加热至沸，维持15～20分钟，凉至室温，用4层纱布过滤。

④ 蔗糖奶粉稀释液：取蔗糖5.5克、奶粉2.5克、磷酸二氢钠0.41克、磷酸氢二钠1.69克、青霉素和链霉素各10万单位，加双蒸馏水至100毫升，使之充分溶解后再过滤。

⑤ 葡萄糖、蔗糖稀释液：取葡萄糖7克、蔗糖11克、氯化钠0.9克、青霉素和链霉素各10万单位，加双蒸馏水至100毫升，使之充分溶解后再过滤。

精液的稀释倍数根据精子密度、精子活力和输入精子数而定，通常稀释3～5倍。稀释时应掌握“三等一缓”的原则，即等温（30～35℃）、等渗（0.986%）和等值（pH6.4～7.8），缓慢将稀释液沿杯壁注入精液中，并轻轻摇匀。配制稀释液的用品、用具应严格消毒，

表 2-2 精液检查项目

项 目	要 求
射精量①	正常成年公兔一次射精量约为 1 毫升，射精量与品种、体型、年龄、营养状况、采精技术、采精频率等有关
色泽和气味	正常精液颜色为乳白色或灰白色，浑浊而不透明。精子密度越大，浑浊度越大。肉眼观察精液为红色、绿色、黄色等颜色者均属不正常色泽，都不可使用，应查明原因；正常精液应无臭味
精液 pH	一般用精密 pH 试纸测定，正常的精液 pH 为 6.6～7.6。如果 pH 偏高，可能是公兔生殖器官有疾患，不宜使用
精子密度②	分为密、中、稀 3 个等级。显微镜下精子布满整个视野，精子与精子之间几乎没有任何间隙，其密度可定为"密"（每毫升精液中约含 10 亿以上精子）；若视野中所观察的精子间有能容纳 1～2 个精子的间隙，其密度可定为"中"（每毫升含 1 亿～9 亿个精子）；若视野中所观察的精子间有能容纳 3 个或 3 个以上精子的间隙，其密度可定为"稀"（每毫升含精子数不足 1 亿）
精子活力③	兔新鲜精液的活力一般为 0.7～0.8，用于输精的常温精液的活力要求在 0.6 以上，冷冻精液精子活力在 0.3 以上
精子形态④	正常精液中畸形精子不应超过 20%

① 射精量是指公兔一次射出的精液数量，可从带有刻度的集精杯上直接读出。集精杯上无刻度时，需倒入带有刻度的小量筒内读数。

② 精子密度指单位体积精液中精子的数量。检查精子密度可判定精液优劣程度和确定稀释倍数，精子密度越大越好。测定精子密度的方法有估测法和计数法。生产中常用估测法，即依据显微镜视野中精子间的间隙大小来估测精子的密度。

③ 精子活力指做直线运动的精子占精子总数的比率，是评定精液品质的重要指标，精液品质越好，其活力越高。测定精子活力需借助显微镜，其方法是：在 30℃室温下，取 1 滴精液于干燥洁净的载玻片上，加盖片后，置于显微镜下放大 200～400 倍观察。若精子 100%呈直线运动，其活力定为 1.0；若 90%的精子呈直线运动，其活力定为 0.9，以此类推。如果多个视野内均无一个精子呈直线运动，其活力为 0。在评定精子活力时，应注意环境的温度和空气中是否有其他异味。低温和空气中含有大量的挥发性化学物质，都会影响精子的活力。

④ 对于精子形态，主要检查畸形精子率，即形态异常（如有头无尾、有尾无头、双头、双尾、头部特大、头部特小、尾部卷曲等）的精子数占精子总数的比率。其方法是做一精液抹片，自然干燥后，用红蓝墨水或伊红染色 3～5 分钟，冲洗晾干后，在400～600 倍显微镜下，从数个视野中统计不少于 500 个精子中畸形精子的数，并按下列公式计算畸形率：

$$\text{精子畸形率}=\frac{\text{畸形精子数}}{\text{观察精子总数}}\times 100\%$$

对于专业育种场，还应定期测定精子在体外环境中的存活时间和生存指数。

精液稀释后应再进行一次活力测定，如果差距不大，可立即输精。否则，应查明原因，并重新采精、测定和稀释。为了提高受胎率，应尽量缩短从采精到输精的时间。

（4）输精　兔是诱发排卵动物，对发情母兔人工授精前需进行诱发排卵处理。可采用结扎输精管的公兔交配刺激或注射激素诱导两种方法。对已发情母兔可耳静脉或肌内注射促排卵素2号（$LRH\text{-}A_2$）或促排卵素3号（$LRH\text{-}A_3$）3～7微克，或绒毛膜促性腺激素（HC克）50万单位，或促黄体素（LH）10万～20万单位，在注射后5小时内输精。对未发情的母兔先用孕马血清促性腺激素（PMSG），每天皮下注射120万单位，连续2天，待母兔发情后再做诱发排卵处理。输精器可用玻璃滴管，口端用酒精喷灯烧圆，按授精母兔的数量（一兔一管）备齐，消毒后待用。为了减少捉兔次数和减轻对母兔的刺激，输精应在注射完诱导排卵药物后依次进行。通常一次的输精量为0.2～1毫升稀释后的精液，其活精子数应为0.1亿～0.3亿个。

常用的输精方法有：

① 倒提法　由两人操作，助手一手抓住母兔耳朵及颈部皮肤，一手抓住臀部皮肤，使之头向下尾向上。输精员一手提起尾巴，一手持输精器，缓缓将输精器插入阴道深处。

② 倒夹法　由一人操作，输精员采取一个适中的坐姿，使母兔头向下，轻轻夹在两腿之间，一手提起尾巴，一手持输精器输精。

③ 仰卧法　输精员一手抓住母兔耳朵及颈部皮肤，使其腹部向上放在一平台上，一手持输精器输精。

④ 俯卧法　由助手保定母兔呈伏卧姿势，输精员一手提起尾巴，一手持输精器输精。

为提高母兔的受胎率，在整个输精操作过程中应注意：①输精器械要严格消毒，一只母兔用一支输精器，不能重复使用，待全部操作完毕后清洗、消毒备用；②输精前用蘸有生理盐水的药棉将母兔的外阴擦净，如果外阴污浊，应先用酒精药棉擦洗，再用生理盐水药棉擦拭，最后用脱脂棉擦干；③输精部位要准确，母兔膀胱在阴道内约5～6厘米处的腹面开口，大小与阴道腔孔径相当，而且在阴道下面与阴道平行，在输精时易将精液输入膀胱，过深又易将精液输入一侧子宫，造成另一侧空怀，因此在输精时，须将输精器朝向阴道壁的背面插入约6～7厘米深处，越过尿道口，将精液注入两子宫颈口附近，使精子自子宫颈进入两子宫内；④如果遇到母兔努责，应暂停输精，待其安静后再输，不可硬往阴道内插入输精器，以免损伤阴道壁；⑤在注入精液之前，可将输精器前后抽动数次，以刺激母兔，促进生殖道蠕动；⑥精液注入后，不要立即将输精器抽出，要用手轻轻捏住母兔外阴，缓慢将输精器抽出，并在母兔的臀部拍一下，防止精液逆流。

（二）妊娠诊断

母兔配种后，判断其是否妊娠的技术即为妊娠诊断。

妊娠诊断的方法有复配检查法、称重检查法和摸胎检查法三种：

1. 复配检查法

在母兔配种后7天左右，将母兔送入公兔笼中复配。如母兔拒绝交配，表示可能已怀孕；相反，若接受交配，则可认为未孕。此法准确性不高。

2. 称重检查法

母兔配种前先行称重，配种后10天左右复称一次。如果体重比配种前明显增加，表明已经受孕；如果体重相差不大，则视为未孕。

3. 摸胎检查法

在母兔配种后10天左右，用手触摸母兔腹部，判断是否受孕，称为摸胎检查法，在生产实际中多用此法诊断。

将母兔捉放于桌面或平地，一只手抓住母兔的耳朵和颈皮，使兔头朝向摸胎者，另一只手拇指与其余四指呈“八”字形，掌心向上，伸向腹部，由前向后轻轻沿腹壁摸索。若感腹部松软如棉花状，则未受孕；若摸到有花生米样大小的球形物滑来滑去，并有弹性感，则是胎儿。但要注意胚胎与粪球的区别，粪球质硬、无弹性、粗糙。摸胎检查法操作简便，准确性较高，但注意动作要轻，检查时不要将母兔提离地面悬空，更不要用手指去捏数胚胎数，以免造成流产。

妊娠诊断未孕者，应及时进行补配，减少空怀母兔，以提高母兔繁殖力。

（三）分娩与接产

胎儿在母体内发育成熟之后，经产道排出体外的生理过程称为分娩。母兔在临分娩前表现比较明显，多数母兔在临产前数天乳房肿胀，可挤出乳汁，腹部凹陷，尾根和坐骨间韧带松弛，外阴部肿胀出血，黏膜潮红湿润，食欲减退，甚至不吃食。在临产前数小时（也有的在前一两天便开始）衔草营巢，并将胸、腹部的毛用嘴拉下来，衔入巢箱内铺好。母兔分娩时，由于子宫的收缩和阵痛，表现精神不安、四爪刨地、顿足、弓背努责、排出羊水等。最后呈犬卧姿势，仔兔依次连同胎衣等一起产出。母兔边产边将仔兔脐带咬断，并将胎衣吃掉，同时舔干仔兔身上的血迹和黏液，分娩结束，跳出巢箱找水喝。

一般产完一窝仔兔只需 20～30 分钟；但也有个别母兔，产下一批仔兔后，间隔数小时或者数十小时再产第二批仔兔。因此，在母兔分娩完之后，最好检查一下所产仔兔的数量。如若发现仔兔过少，要检查一下母兔的腹内是否还有仔兔。把所有的仔兔放在温暖和安全的地方，以防冻死或被老鼠伤害。

母兔的妊娠期一般为 30～31 天，在产前必须做好接产准备工作。一般在妊娠的第 28 天，将消毒的产箱放入母兔笼内，里面放些柔软而干燥的垫草，让母兔熟悉环境，防止将仔兔产在产箱外。母兔产前多拉毛做窝，但有一些初产母兔及个别经产母兔不会拉毛，对此可在产前人工诱导拉毛或辅助拉毛。具体方法是：将母兔保定好，腹部向上，将其乳头周围的毛拔下一些，放在产箱里，这样可诱导母兔自己拉毛。对于产前没有拉毛的母兔，可产后人工辅助拉毛。应该注意的是，无论是在产前还是产后，拉毛面积不可过大，动作要轻，切记不可硬拉而使母兔的皮肤或乳房受伤，也防止对母兔的刺激太强。在母兔分娩时要保持环境安静，禁止陌生人围观和大声喧哗，更不可让其他动物闯入。

母兔产前应为其备好一些温开水放在笼内，若能备些麸皮淡盐水（含盐量 1%左右）或红糖水更好。母兔产后口渴，将仔兔掩护好后便出来找水喝，此时如果没有水喝，有可能返回产箱将仔兔吃掉。待母兔分娩完后可将产箱取出，清点仔兔数，扔掉死胎、弱胎及污物，换上新垫草。检查仔兔是否已经吃过奶，如果仔兔胃内无乳，应在6小时内人工辅助哺乳。

三、提高兔繁殖力

（一）影响兔繁殖力的主要因素

1. 环境因素

一切作用于兔机体的外界因素，统称为环境因素，如温度、湿度、气流、太阳辐射、噪声、有害气体、致病微生物等。

环境温度对兔的繁殖性能有较为明显的影响。超过30℃，即引起兔食欲下降、性欲减低。如果持续高温，可使公兔睾丸产生精子减少，甚至不产生精子。高温可影响公兔性欲，高温过后能很快恢复，但精液品质的恢复则需要2个月左右的时间。因为精子的产生到精子的成熟排出需要一个半月时间。这就是立秋后虽然天气凉爽，母兔发情，而兔（特别是长毛兔）却不易受胎的主要原因。所以，立秋后必须对种兔进行半个月的营养补饲。低温寒冷对兔繁殖也有一定影响。由于兔自身要产热御寒，消耗较多的营养，温度低于5℃就会使兔性欲减退，影响繁殖。

致病微生物往往伴随着温度和湿度对兔的繁殖产生影响。兔喜干厌湿、喜净厌污，潮湿污秽的环境，往往导致病原微生物的滋生，引起肠道病、球虫病、疥癣的发生，影响兔健康，从而影响兔的繁殖。

强烈的噪声、突然的声响能引起兔死胎或流产，甚至使母兔由于惊吓而吞食、咬死仔兔，或造成母兔不孕。

严寒的冬季贼风的袭击易使兔患感冒和肺炎，炎热的夏天太阳辐射易使兔中暑。

这些都是影响兔繁殖的不良因素。

2. 营养因素

实践证明，高营养水平往往引起兔过肥，过肥的母兔卵巢结缔组织沉积大量脂肪，影响卵细胞的发育，排卵率降低，造成不孕。营养水平过低或营养不全面，对兔的繁殖力也有影响。因为兔的繁殖性能在很大程度上受脑垂体机能的影响，若营养不全面，直接影响公兔精液品质和母兔脑垂体的机能，分泌激素能力减弱，使卵细胞不能正常发育，造成母兔长期空怀不孕。

3. 生理缺陷

如母兔产后子宫内留有死胎及阴道狭窄；公兔的隐睾和单睾等。因为隐睾或单睾不能使公兔产生精子，或者产生精子的能力较差，配种后不能使母兔受胎或受胎率不高。患有子宫炎、子宫留有死胎、阴道狭窄都是影响母兔繁殖力的因素。

4. 使用不当

母兔长期空怀或初配年龄过迟，往往产生卵巢机能减退，妊娠困难。公兔休闲期可能出现短暂的不育现象。公兔长期不配种或过夏天后的公兔，都是影响繁殖的因素。

5. 种兔年龄老化

实践证明，种兔的年龄明显地影响其繁殖性能。1～2 岁的公、母兔繁殖性能最好，2 岁以后，繁殖性能逐渐下降，3 年后一般失去繁殖能力，不宜再作种用。

（二）提高繁殖力的措施

1. 注意选种和合理配种

严格按选种要求选择符合种用的公、母兔，要防止近交，公、母兔保持适当的比例。一般商品兔场和农户，公、母比例为 1∶（8～10），种兔场纯繁以 1∶（5～6）适宜。在配种时要注意公兔的配种强度，合理安排公兔的配种次数。

2. 加强配种公、母兔的营养

从配种前 2 周起到整个配种期，都应加强公、母兔营养，尤其是蛋白质和维生素的供给要充足。

3. 适时配种

包括适当安排配种季节和配种时间。虽然兔可以四季繁殖产仔，但盛夏气候炎热，多有“夏季不孕”现象发生，即公兔性欲降低，精液品质下降，母兔多数不愿接受交配，即使配上，产弱仔、死胎也较多。一般不宜在盛夏季节繁殖，春秋两季是繁殖的好季节，冬季也可取得较好的效果，但须注意防寒保温。

除安排好季节外，母兔发情期内还要选择最佳配种时期，即发情中期，在母兔阴部大红或者含水量多、特别湿润时配种。

4. 人工催情

在实际生产中遇到有些母兔长期不发情，拒绝交配而影响繁殖，除加强饲养管理外，还可采用激素、性诱等人工催情方法。激素催情可用雌二醇、孕马血清促性腺激素等诱导发情，促排卵素3号对促使母兔发情、排卵也有较好效果。对长期不发情或拒绝配种的母兔，可采用关养或将母兔放入公兔笼内，让其追、爬跨后捉回母兔，经2～3次后就能诱使母兔分泌性激素，促使其发情、排卵。

5. 重复配种和双重配种

重复配种是指第一次配种后，再用同一只公兔重配。重复配种可增加受精机会，提高受胎率和防止假孕，尤其是长时间未配过种的公兔，必须实行重复配种。这类公兔第一次射出的精液中，死精子较多。

双重配种是指第一次配种后再用另一只公兔交配，双重配种只适宜于商品兔生产，不宜用于种兔生产，以防血缘混乱。双重配种可避免因公兔原因而引起的不孕，可明显提高受胎率和产仔数。在实施中须注意，要等第一只公兔气味消失后再与另一只公兔交配，否则，因母兔身上有其他公兔的气味而可能引起斗殴，不但不能顺利配种，还可能咬伤母兔。

6. 减少空怀

配种后及时检胎，没有配上的要及时重配，减少空怀。

7. 正确采取频密繁殖法

频密繁殖又称“配血窝”或“血配”，即母兔在产仔当天或第二天就配种，泌乳与怀孕同时进行。采用此法，繁殖速度快，但由于哺乳和怀孕同时进行，易损伤母兔体况，种兔利用年限缩短，自然淘汰率高，需要保证良好的饲养管理和营养水平。因此，采用频密繁殖生产商品兔，一定要用优质的饲料满足母兔和仔兔的营养需要，加强饲养管理，对母兔定期称重，一旦发现体重明显减轻时，就停止血配。

在生产中，应根据母兔体况、饲养条件，交替采用频密繁殖、半频密繁殖（产后7～14天配种）和延期繁殖（断奶后再配种）这三种方法。

8. 减少应激

创造良好的环境，保持适当的光照强度和光照时间；做好保胎接产工作，怀孕期间不喂霉烂变质、冰冻和打过农药的饲料；防止惊扰，不让母兔受到惊吓，以免引起流产。

第六节 常见误区纠错

一、品种选择和引进中的误区纠错

（一）对品种的概念不清楚

以獭兔为例，獭兔是一种皮用兔品种，目前市场饲养量较大。一些獭兔养殖户认为，獭兔是一种优良的皮用品种，只要是獭兔就一定是优良品种。不管是杂交后代还是纯繁个体，有没有血统档案，也不管是否经过选育，或发育情况好坏，都是獭兔品种。

【纠正措施】 獭兔品种是经过人工选择的产物，只有优良的品种，才能有更高的生产性能，更高的产品质量，才能获得更高的效益。品种的好坏是相对的，一般来说，只有适应性强，生产性能好，遗传性能稳定，种用价值高的品种，才算是好品种。也就是说，不经过选择，不符合品种条件的兔子，尽管它是獭兔配的、獭兔生的，也不能作为种用。

（二）为省钱购买体重小或质量劣的种兔

种兔的销售一般以体重为计价标准。也就是说，体重越大越贵。有的人买种为了少花钱，特意选购体重小的种兔。

市场上獭兔的质量差异很大，因而，售价高低相差悬殊。优质獭兔价格可能很高，而质量一般的兔子的价格可能较低。有的人为了省钱，哪儿的种兔便宜就从哪儿买，甚至到集市上购买没有任何谱系记录的商品兔作种。

【纠正措施】

（1）选择体重大的种兔　种兔体重小会影响抗病力和生产性能。体重小，对环境的适应性差，购买后容易发生疾病，或由于不能很好地生长发育而影响生产性能。在同龄的兔子中，体重越大，发育得越好，将来生产性能越高；体重小，发育慢，将来生产性能很难有高的表现。表型＝基因型＋环境，在同样的环境下饲养的兔子，表型的差距主要由基因决定。如果种兔体重小，其后代也难有高的生产性能。

（2）选择优质种兔　一只优质的种兔，不仅自身优良，更重要的是将自身的优良性状遗传给后代，将个体的优良性状变成群体的优良性状，使整个兔群的生产性能和产品品质得到较大幅度的提高，尤其是种公兔，其意义更大、更重要。仍以獭兔为例，獭兔早期的生长速度与被毛毛囊的分化是同步的，即生长速度快的兔子，被毛密度大。被毛密度是衡量獭兔质量高低的主要标准。如果一只獭兔被毛密度很低，不仅作种兔不合格，其后代很难有高的被毛密度，它甚至失去了作为毛皮动物的最起码的特征。

（三）购买的公兔数量严重不足

生产中，有的兔场（户）认为只要多养母兔就能获得更多的仔兔；公兔仅仅配种而已，饲养多了吃料多，消耗大，因此在购买种兔的时候，多买母兔，少买公兔。规模较小的兔场，只有3～5只公兔，就容易发生近亲交配现象，导致后代生长速度慢、被毛高低不平、产死胎和畸形胎儿、生长兔出现八字腿、牙齿错位、单睾或隐睾等。

【纠正措施】　要保证足够的公兔数量，或定期更新种兔，避免出现近亲交配现象。公、母兔比例应为1∶2或2∶3，最多为1∶4。引种时可向对方提出要求，公、母配比一定要合理，否则易造成浪费。

（四）认为国外的品种一定比国内的好

有些兔场（户）在引种方面存在“崇洋媚外”或“喜新厌旧”现象，认为凡是国外引进的都比国内的好，凡是新引进的都比以前引进的好。这样，盲目选择国外品种或新品种，结果有时表现并不尽如人意。

【纠正措施】 选择兔品种要了解其实际表现。例如獭兔最先由法国培养，最后被世界很多国家引进和饲养，并在不同国家的特定条件下培育成各具特色的种群或品系。我国目前饲养的獭兔，最初都是从不同的国家引进的，有美国的，有德国的，也有法国的。但是，这些种兔被引进之后，在我国不同的兔场经过多年的培育，尤其是通过不同品系之间的杂交，形成了很多优良种群。有的种群不仅质量高，而且经过多年的风土驯化，其适应性和抗病力有了较大幅度的提高。因此，国内的种兔有些是很好的。

（五）不了解种兔场的情况就盲目引种

有人购买种兔不了解种兔场的性质、规模和管理情况而盲目引种。有的种兔场选育措施不得力，种兔退化严重；不注重选配管理和兔场净化，使种兔质量下降；种兔场规模过小，近亲繁殖严重等。

【纠正措施】 到具有一定规模、饲养管理良好（注重选种选配，饲养管理精心）、种兔质量好、信誉度高（别的兔场已在这里引过种而且表现不错）的种兔场引种。为保证引进种兔的质量，引种前应首先对种兔的品种纯度、来源、生产性能、疫情及价格等情况了解清楚。多考察几个供种单位，以便进行鉴别比较，然后确定引种地区或引种场。要从未发生过传染病的兔场（户）内引种。若遇传染病流行，应暂缓引种。自己不懂的要请内行帮助，深入到种兔场了解种兔的品系特征是否明显，系谱是否明确，是否按免疫程序接种疫苗等。

（六）购买种兔时不签订合同或不注意保存合同和发票

市场经济时代，种兔也是商品。在订购种兔时必须要签订订购合同，以规定交易双方的责任和权力。但生产中，有的养殖户在购买种兔时不注意签订合同，或虽然签订有合同，但种兔购回后不注意保存而遗失，购买种兔的交款发票也不注意索要和保存，结果等到有问题或争议时没有证据，不利于问题的解决和处理，给自己造成一定的损失。

【纠正措施】

（1）提前订购种兔　根据自己兔场生产计划安排，选择管理严格、信誉高、有种种畜生产经营许可证和种兔质量好的场家定购。

（2）签订定购合同　合同内容应包括种兔的品种、数量、日龄、供货时间、价格、付款和供货方式、种兔的质量要求、违约赔付等，这样可保证养殖户按时、按量、按质获得种兔。无论购销双方是初次交易，还是曾有过多次交易，每次交易都要签订合同，这样可避免出现问题时责任不明。

（3）交纳货款时应索要发票　这样既可以减少国家税款流失，又有利于保护自己的权益，并注意保存合同和发票。

（4）饲养过程中出现问题，要及早诊断　如果发现是自己的饲养管理问题，应尽快采取措施纠正解决，减少损失；如果找不到原因或怀疑是种兔本身问题，可到一些权威机构进行必要的实验室诊断、化验，确诊问题症结所在。若是种兔问题，可以通过协商或起诉方式进行索赔，降低损失程度。

（七）忽视引种季节

有的兔场忽视引种季节，炎热夏季引种，热应激严重，造成较大损失。

【纠正措施】　一般引种以春秋季为宜，冬季也可，要避开酷暑炎热的夏季。

二、种兔配种误区纠错

（一）忽视种兔的营养、光照、淘汰，配种人员培训，配种记录等

许多养兔者都很重视公兔的选择、良好的饲养管理以及授精过程各环节的严格消毒，但忽视种兔的营养、光照、淘汰、不对配种人员进行培训，不作配种记录等，这会影响到人工授精的效果和种兔的繁殖性能。

【纠正措施】

（1）合理营养　在实际生产中，有的养兔者误认为合理营养就是让兔子吃饱。其实正确的理解应该是将能量、蛋白质、矿物质、维生素等营养物质根据兔的生理需要合理搭配。对种公兔的饲养，从幼到老都要注意饲料品质，不宜给体积过大或水分过多的饲料，特别是对幼年时期的兔，否则导致增重慢，成年兔体重小，种用性能差。一般

以麦麸、玉米、大麦等饲料为主，搭配适量青料，成年种公兔每天喂精料100～120克、青料500克左右，适当补充豆饼、动物性食料以及维生素、矿物质。集中配种期每天每只兔可添喂煮熟的黄豆6～8粒或1/3只鸡蛋。饲料中要补充复合维生素，特别是维生素A和维生素E，并保证Zn、Mn、Fe、Cu、Se的适当补给。值得一提的是，除注重营养的全面性外，同时应注意营养的长期性。对一个时期集中使用的种兔，应采用“短期优饲法”，在配种前15～20天调整日粮，达到营养全面、适口性好的要求。

（2）合理的光照　种兔必须要有适宜的光照，冬季、早春和晚秋光照时间短，光照时间达不到种兔要求，就需要人工补充光照，保证光照时间。一般母兔每天光照时间14～16小时，光照强度为3～4瓦/米^2；公兔每天光照时间12～16小时，光照强度为2～3瓦/米^2。补充光照，要有规律性，不能时停时补，否则会导致公兔性欲和母兔受孕率降低。

（3）注意淘汰　提高适龄母兔比例，淘汰不孕母兔，让适龄母兔在兔群中占绝对优势，是提高兔群受精率的重要途径之一。有些养兔户，兔子超过3年也不淘汰，结果母兔受精率低、产仔率低，仔兔成活率低。所以，每年应进行一次整群，适时淘汰老年兔，每年淘汰1/3，做到3年一轮换，这样，使繁殖母兔占绝对优势，有利于提高母兔受精率。对那些长期不孕的母兔要坚决淘汰。

（4）加强培训　加强对配种人员进行培训，提高他们的技术水平。

（5）作好配种记录　应记录好与配的公、母兔编号、品种、年龄、配种日期等。

（二）频密繁殖不当

家兔具有产后发情的特点，因此，根据这一生物学特性，生产中有“配热窝”或频密繁殖的做法，以提高繁殖率。频密繁殖，一般是在产后当日或次日配种，即血配。如果母兔膘情较好，受胎率还是较高的。但是，产后配种使母兔泌乳和妊娠同时进行，营养消耗非常大。如果连续血配，使母兔经常处于营养负平衡状态，将产生严重后果。生产中一些兔场连续不合理地频密繁殖，导致母兔泌乳量降低

(仔兔得不到足够的乳汁，发育不良。断乳体重小，断乳成活率低，育成率低，生长速度慢，不能进行快速育肥，因而经济效益低下)、妊娠质量差（母兔处于营养负平衡，使怀孕不能正常进行，出现死胎、弱胎，甚至流产)、屡配不孕（尽管产后多次配种，受胎率总是很低)、母兔寿命缩短（由于母兔体况得不到恢复，影响母兔遗传潜力的发挥，出现早衰）以及母兔发病死亡（当母兔出现严重的营养负平衡之后，在妊娠后期容易发生妊娠毒血症、产前或产后瘫痪，甚至造成死亡）等不良后果。

【纠正措施】 科学利用频密繁殖技术。一般是在春季繁殖的黄金季节，对于膘情好的壮年母兔采用；对于产仔数少、营养好的母兔，也可采用频密繁殖；但是，尽量不连续血配，应与半频密繁殖（产后10～12天配种最好）和延期繁殖（仔兔断乳后配种）结合进行；在实行血配之后，要加强母兔的营养供应，保证自由采食和自由饮水。同时，加强仔兔的早期补料和早期断奶。

（三）认为“早配早产早获利”

有的养兔者为了早日见到效益，只要母兔发情了，公兔能配种了，就开始利用，这是一个误区。仔兔生长发育到一定年龄，在公兔睾丸和母兔卵巢中能分别产出有生殖能力的精子和卵子时，即称性成熟。家兔达到了性成熟期，尽管具备了繁殖后代的功能，但不是最佳的繁殖后代的时机。此时，各器官仍处在发育阶段，身体并未完全成熟，尚不宜交配繁殖。过早配种不仅会影响兔本身的生长发育，而且还影响到母兔的繁殖性能，如导致母兔受胎率低、产仔数少、仔兔初生重小、母兔乳汁少、仔兔成活率低等结果。同时，过早利用种兔繁殖，还会缩短种兔使用年限。

【纠正措施】 不到适配月龄不配种，并开展有计划的繁殖。通常母兔3～4月龄性成熟。适宜的初配月龄：小型品种4～5月龄，体重2.5～3千克；中型品种6～7月龄；大型品种7～8月龄。

（四）认为体型（体重）越大开始配种越好

家兔体型的大小是由遗传因素决定的，也就是说不同品种兔成年时的体型大小是不同的，体型的大小与体重的大小成正相关，所以，生产上一般通过量化的体重大小来衡量体型的大小。但生产中，有的养兔者往往认为体型越大（即达到体成熟以后）开始初次配种越好，这种做法其实是不合适和不经济的。如果种兔达到体成熟后，仍不让其参加配种，兔体重就会不断增加，造成体况过肥，进一步影响繁殖能力，并且造成浪费。

【纠正措施】 根据饲养品种的最佳繁殖体重或品种指导手册上的配种体重要求确定配种时间。一般当家兔的体重达到成年体重的80%以上时就可以参加初次配种，此时配种既科学又经济。

（五）引进的优质种兔连续利用

有的养兔者认为到规范的种兔场引进的纯种种兔，生产性能好，并且能持续用上2～3年，这实际上是不对的。即使在规范的种兔场引进的纯种种兔，引进的一般是后备种兔或成年种兔，往往都只是通过系谱鉴定选择出来的，这些种兔本身没有繁殖性能记录，更没有后代的生产性能记录，不能确定其繁殖性能和后代生产性能，所以不一定能够连续使用。

【纠正措施】 优秀的种兔，不仅本身的生产性能要好，更关键的是能够把优良的生产性能遗传给后代，后代的生产性能也要好。在生产实际中，只有种兔繁殖性能好，后代的生产性能也好，这样的种兔才能继续留作种用；反之，就不能继续留作种用，应经过短期育肥后作为商品兔出售。

（六）母兔白天配种

进入发情期的母兔放对交配的时间，因季节的不同而不同。一般做法是在春秋两季，采用上下午放对配种；夏天气温高，一般安排在清早或傍晚进行；冬季舍内温度相对较低时，一般安排在中午配种。但实际上这样安排时间不能保证最好的繁殖效果。

【纠正措施】 无论什么季节，使家兔晚上配种，特别是在22：00时以后，放对配种，繁殖效果要好于白天。如果将白天发情的母兔于22：00时前后放入种公兔的笼内，让其同居一夜（即所谓的“夜配延时”配种技术），一夜交配次数一般在3次以上，可取得很好的繁殖效果。此法与白天放对配种技术相比较，可提高受胎率10%，产仔数增加1～5只。此种方法是符合家兔生物学特性的，即家兔昼伏夜出。

只是由于夜间放对配种占用了饲养人员的晚上休息时间，无疑延长了饲养人员的工作时间，这也是“夜配延时”配种技术难以推广的一个重要原因。

（七）认为种兔的后代都能留作种兔

有的养兔者认为优秀种兔的后代都可以作为种兔来饲养，结果导致后代生产性能差。

【纠正措施】 种兔的后代不一定就都能作种兔，只有那些继承了种兔优良特性的后代，才可以留作种用；反之，种兔的后代生产性能不如种兔时，就不适宜留作种用。一般情况下，在种兔的后代中，选择后代总数的30%左右留作种用，其余作为商品兔是比较合适的，如果能坚持下去，再定期进行血缘更新（即定期引进优良种公兔），那么整个兔群的质量就会得到不断提高，至少也不至于下降。如果养兔场（户）引进的是配套系中的父母代种兔，其本身就是杂交后代，父母代种兔繁殖的下一代绝对不能留作种用，只能进行商品兔生产。虽然商品代也具有繁殖功能，但由于其后代会出现性状分离现象，导致后代品质下降。

第三章

兔高效养殖饲料和日粮配制技术及常见误区纠错

日粮是兔生活和生产的物质基础，也是充分发挥其生产性能最重要的环境条件。只有根据兔的生理特点、营养需求，科学地选择和配制饲粮，才能取得较好的饲养效果。

第一节 兔饲料的养分和分类

一、兔饲料的养分及功能

饲料中含有兔所需要的各种营养物质，经常规化学分析得知，饲料中含有水、粗蛋白质、碳水化合物、粗脂肪、维生素和矿物质等六大营养物质。

（一）水

各种饲料中都含有水，但因饲料的种类不同其含水量差异很大。一般植物性饲料含水量在5%～95%范围。同一种植物性饲料，由于其收割期不同，水分含量也不尽相同，随其逐渐成熟而水分逐渐减少。

饲料中含水量的多少与其营养价值、贮存密切相关。含水量高的饲料，单位重量中含干物质较少，其中养分含量也相对减少，故其营养价值低，且容易腐败变质，不利于贮存与运输。适宜贮存的饲料，要求含水量在14%以下。

水是兔生活和生长发育必需的营养素，对兔体内正常物质代谢有特殊作用。水占兔体重的70%以上。水是重要的溶剂，营养物质的消化、吸收、运送、代谢产物的排出，均在水中进行。水的比热容大，导热性好，水分蒸发可以吸收大量的热量，具有很好的调节体温作用。生产中家兔缺水比其他养分不足的危害更大。如果水不足，饲料消化率和兔的生产力都会下降，严重时会影响兔体健康，甚至引起死亡。兔体内水分减少 5%时会出现严重的干渴感觉，食欲丧失，消化作用减慢；减少 10%时导致严重的代谢紊乱；减少 20%则导致死亡。高温环境下缺水，后果更为严重。因此，必须在饲养全期为兔供给充足、清洁的饮水。

（二）粗蛋白质

粗蛋白质是饲料中含氮物质的总称，包括纯蛋白质和氨化物。氨化物在植物生长旺盛时期和发酵饲料中含量较多（占含氮量的30%～60%），成熟籽实含量很少（占含氮量的 3%～10%）。氨化物主要包括未合成蛋白质分子的个别氨基酸、植物体内由无机氮（硝酸盐和氨）合成蛋白质的中间产物、植物蛋白质经酶类和细菌分解后的产物。

各种饲料中粗蛋白质的含量和品质差别很大，就其含量而言，动物性饲料中最高（40%～80%），油饼类次之（30%～40%），糠麸及禾本科籽实类较低（7%～13%）。就其品质而言，动物性饲料、豆科及油饼类饲料中蛋白质较好。一般来说，饲料中粗蛋白质含量愈多，蛋白质品质愈好，其营养价值就愈高。

蛋白质是动物体内的含氮有机物，是构成兔体组织的重要营养物质之一，具有极其重要的生理功能。蛋白质是兔生命活动所必需的各种酶、激素、抗体以及其他许多生物活性物质的组成原料。只有借助于这些物质，才能调节机体的新陈代谢并维持其正常的生理机能。蛋白质也是构成各种畜产品（如肉、皮、毛等）的重要原料等。

兔本身不能利用土壤和空气中的含氮化合物在体内合成蛋白质，其需要的蛋白质必须由饲料不断供给。日粮中缺乏蛋白质，不但影响兔的生长发育和健康，而且会降低兔的生产力和畜产品的品质。但日粮中蛋白质也不应过多。如过多，不仅会造成浪费，而且长期饲喂将引起机体代谢紊乱以及蛋白质中毒，从而使肝脏和肾脏由于负担过重而遭受损伤。

蛋白质是由氨基酸组成的，蛋白质营养实质上是氨基酸营养，所以其营养价值决定于氨基酸的组成，其品质的优劣是通过氨基酸的数量与比例来衡量的。氨基酸的组成和兔体内整个代谢相适应，品质就好。具体说，就是蛋白质中必需氨基酸的含量以及比例是否平衡，平衡性越好，品质越高。在营养学上将氨基酸分为必需氨基酸和非必需氨基酸。兔的必需氨基酸共 11 种，包括赖氨酸、苏氨酸、缬氨酸、组氨酸、苯丙氨酸、异亮氨酸、亮氨酸、蛋氨酸、色氨酸、甘氨酸、精氨酸，其中赖氨酸、蛋氨酸、精氨酸为限制性氨基酸。非必需氨基酸包括酪氨酸、丙氨酸、丝氨酸、谷氨酸、天冬氨酸、胱氨酸、半胱氨酸、脯氨酸、羟脯氨酸。

兔发达的盲肠所起的作用与反刍动物的瘤胃相似，非蛋白氮可作为兔盲肠微生物生长繁殖的氮源。兔盲肠中有水解尿素的细菌，如在兔饲料中添加尿素，应根据体重变化而逐渐增加，每只每日 0.3～0.5 克，10～20 天后，每千克体重每日添加尿素 2 克，但每日最大添加量不应超过 5 克。应注意的是，不能直接饲喂尿素，也不能将尿素溶于水中，应先将饲料拌湿后再加入尿素，搅拌均匀后饲喂，当天配当天喂。

（三）碳水化合物

碳水化合物是构成植物组织的主要成分，占其干物质的 50%～75%，在一些谷物籽实中，碳水化合物的含量可高达 80%，是各种动物日粮的主要组成成分。碳水化合物主要包括淀粉、纤维素、半纤维素、木质素及一些可溶性糖类。它（主要指淀粉和可溶性糖）在动物体内分解后产生热量，用以维持体温和供给体内各组织器官活动所需要的能量。

日粮中碳水化合物不足时，影响兔的生长发育；过多时，会影响其他营养物质的含量。饲料中粗纤维作为兔的能量来源意义不大，但可以刺激胃肠蠕动和消化液分泌，提高消化能力，并使胃肠道有一定的充盈度，防止高浓度淀粉进入后肠导致异常发酵而引起兔腹胀、腹泻等。兔饲粮中较适宜的粗纤维含量为 14%～16%。

（四）粗脂肪

饲料中能被有机溶剂（醚、苯等）浸出的物质称为粗脂肪，包括真脂和类脂（如卵磷脂、脑磷脂、肌醇磷脂等）。各种饲料中都含有粗脂肪，豆科饲料含脂量高，禾本科饲料含脂量低。脂肪含热能高，其热能是碳水化合物或蛋白质的2.25倍，为动物提供能量。

脂肪是体细胞的组成成分，也是脂溶性维生素的携带者，如维生素A、维生素D、维生素E、维生素K等必须以脂肪作溶剂才能被机体吸收。若日粮中缺乏脂肪时，则影响这一类维生素的吸收和利用，容易导致兔发生脂溶性维生素缺乏症。

（五）矿物质

矿物质元素是动物营养中的一大类无机营养素，它虽不含能量，但却是组成机体的重要成分之一。矿物质元素在动物体内发挥着重要的生理功能和代谢作用，它们具有调节血液和其他液体的浓度、酸碱度及渗透压，保持平衡，促进消化神经活动、肌肉活动和内分泌活动的作用。兔需要的矿物质元素有钙、磷、钠、钾、氯、镁、硫、铁、铜、钴、碘、锰、锌、硒等，其中前7种是常量元素（占体重0.01%以上），其他是微量元素。饲料中矿物质元素含量过多或缺乏都可能产生危害（表3-1）。

表3-1　矿物质元素的种类及功能

名称	功能	缺乏或过量危害	备注
钙、磷	钙、磷是兔体内含量最多的矿物质元素，是骨骼和牙齿生长需要的重要元素，此外还对维持神经、肌肉等正常生理活动起重要作用	缺乏主要表现为骨骼病变。幼兔出现佝偻病，成兔出现骨质疏松症。兔缺钙会导致痉挛、母兔产后瘫痪、泌乳期跛行等。缺磷主要表现为厌食、生长不良	日粮中谷物和麸皮比例不可过大，这些饲料中磷多于钙；日粮中的钙与磷适宜比例为（1.1～1.5）：1。一般说来，青绿多汁饲料中含钙、磷较丰富，且比例合适
氯、钠、钾	对维持机体渗透压、酸碱平衡与水的代谢有重要作用。食盐（氯化钠）既是营养物质又是调味剂，它能增进兔的食欲，促进消化，提高饲料利用率	缺钠和氯时，幼兔生长受阻，食欲减退，出现异食癖。钾缺乏时，肌肉弹性和收缩力降低，肠道膨胀。在热应激条件下，易发生低血钾症	一般食盐占日粮精料中的0.5%即足够。适宜的钾含量为0.6%～1.0%
镁	镁是构成骨质必需的元素，酶的激活剂，有抑制神经兴奋性等功能。它与钙、磷和碳水化合物的代谢有密切关系	镁缺乏时，肌肉痉挛，神经过敏，幼兔生长停滞，成兔耳朵明显苍白，毛皮粗劣	镁的需要量占日粮的0.25%～0.75%

续表

名称	功能	缺乏或过量危害	备注
铁	铁为形成血红蛋白、肌红蛋白等必需的元素。兔体内65%的铁存在于血液中，它与血液中氧的运输、细胞内的生物氧化过程关系密切	缺铁发生营养性贫血症，其表现：生长减慢，精神不振，背毛粗糙，皮肤多皱及黏膜苍白	兔饲料中含铁较多，兔一般不缺铁。在兔日粮中添加50～100毫克/千克的铁，对提高兔的生长速度有益
铜	铜虽不是血红蛋白的组成成分，但它在血红蛋白的形成过程中起催化作用。铜还与骨骼发育、中枢神经系统的正常代谢有关，也是机体内多种酶的组成成分与活化剂	缺铜的症状与缺铁相同。	过量的钼会造成铜的缺乏症状，故在钼污染地区应增加铜的补饲
锌	锌是兔体多种代谢所必需的营养物质，参与维持上皮细胞和被毛的正常形态、生长和健康，维持激素正常作用	缺锌时兔生长受阻，被毛粗乱，脱毛，患皮炎，发生繁殖机能障碍	日粮中锌为2～3毫克/千克时，母兔出现严重的生殖异常，幼兔2周后生长停滞；每千克日粮含锌50毫克时，生长和繁殖恢复正常
锰	锰是几种重要生物催化剂（酶系）的组成部分，与激素关系十分密切。对发情、排卵、胚胎、乳房及骨骼发育、泌乳及生长都有影响	缺锰导致骨骼变形，四肢弯曲和缩短，关节肿胀式跛行，生长缓慢等；摄入量过多，会影响钙、磷的利用率，引起贫血	需要量一般为20毫克/千克。如果钙、磷含量多，锰的需要量就要增加。常用硫酸锰来进行补充
碘	碘是合成甲状腺素的主要成分，对营养物质代谢起调节作用	缺碘发生代偿性甲状腺肿大。母兔产弱胎或死胎	日粮中补加0.2克/千克能满足需要。缺碘地区可在食盐中补加碘化钾或碘盐
硒	硒的作用与维生素E作用相似。补硒可降低兔对维生素E的需要量，并减轻因维生素E缺乏给兔带来的损伤	缺硒会出现肝坏死、肌肉营养不良及白肌病、肺出血等	缺硒时若添加硒无效果，则通过加入维生素E可缓解和治疗

（六）维生素

维生素是一组化学结构不同，营养作用、生理功能各异的低分子有机化合物，兔对其需要量虽然很少，但生物作用很大，主要以辅酶和催化剂的形式广泛参与体内代谢的多种化学作用，从而保证机体组织器官的细胞结构功能正常，调控物质代谢，以维持兔体健康和各种生产活动。缺乏时，可影响正常的代谢，出现代谢紊乱，危害兔体健康和正常生产。维生素的种类很多，但归纳起来分为两大类：一类是脂溶性维生素，包括维生素 A、维生素 D、维生素 E 及维生素 K 等；另一类维生素是水溶性维生素，主要包括 B 族维生素和维生素 C（表 3-2）。

表 3-2　常见的维生素及其功能

名称	主要功能	缺乏症状	主要来源
维生素 A	可以维持呼吸道、消化道、生殖道上皮细胞或黏膜结构完整与健全，增强机体对环境的适应力和对疾病的抵抗力	缺乏会导致夜盲症，长期缺乏会引起永久性失明；出现干眼症；肠炎发生率高；公兔精子生成停止；妊娠母兔易流产或胎儿弱小；出现神经性跛行、痉挛、麻痹和瘫痪	青绿多汁饲料中含有大量胡萝卜素（维生素 A 原）。日粮中维生素 A 的含量一般应达到 1 万国际单位/千克
维生素 D	降低肠道 pH 值，从而促进钙、磷的吸收，保证骨骼正常发育	缺乏维生素 D 影响钙、磷的吸收，其缺乏症同钙、磷缺乏症。饲料内钙、磷含量充足，比例也合适，如果维生素 D 不足，会影响钙、磷的吸收与利用	鱼肝油等动物性饲料内含量较多。青干草内含麦角固醇，在紫外线照射下生成维生素 D_2；皮肤中的 7-脱氢胆固醇，在紫外线照射下生成维生素 D_3
维生素 E	一种抗氧化剂和代谢调节剂，维持兔正常的繁殖机能所必需。与硒协同作用，保护细胞膜的完整性，维持睾丸、组织及胎儿正常机能。保护体内维生素 A 免受氧化	兔维生素 E 缺乏对非常敏感，不足时，容易导致肌肉营养性障碍（即骨骼肌和心肌变性）、运动失调、瘫痪，还会造成脂肪肝及肝坏死，繁殖机能受损，母兔受胎率下降、不孕、产死胎、流产，新生仔兔死亡率增高，公兔精液品质下降	青绿饲料、麦芽、种子的胚芽与棉籽油内，含有较丰富的维生素 E。兔处于逆境时需要量增加。其最低推荐量为每千克体重 0.32 毫克
维生素 K	催化合成凝血酶原（具有活性的是维生素 K_1、维生素 K_2 和维生素 K_3）	缺乏时会导致凝血时间过长，易出现皮下出血，妊娠母兔胎盘出血、流产	绿色植物如苜蓿、菠菜以及动物的肝脏内含量较多。日粮中含量 2.0 毫克/千克即可

续表

名称	主要功能	缺乏症状	主要来源
维生素 B_1（硫胺素）	参与碳水化合物的代谢，维持神经组织和心肌正常，有提高胃肠消化机能作用	食欲减退，胃肠机能紊乱，心肌萎缩或坏死，发生神经炎、疼痛、痉挛等	糠麸、青饲料、胚芽、草粉、豆类、发酵饲料、酵母粉、硫胺素制剂。日粮中最低需要量是 1 毫克/千克
维生素 B_2（核黄素）	参与机体复杂的氧化还原反应，是需多酶系统的重要组成部分	引起物质和能量代谢紊乱、消瘦、厌食、被毛粗糙、易脱落脱色、黏膜黄染、流泪、繁殖力下降	酵母、蔬菜等饲料中比较丰富，或用维生素 B_2 添加剂。
维生素 B_3（泛酸）	辅酶 A 的组成成分，与碳水化合物、脂肪和蛋白质的代谢有关	运动失调，四肢僵硬，脱毛等。怀孕母兔发生胚胎夭折或吸收，严重时母兔几乎不能繁殖	酵母、糠麸、小麦和豆科青草、花生饼等含泛酸丰富
维生素 B_5（烟酸或尼克酸）	某些酶类的重要成分，与碳水化合物、脂肪和蛋白质的代谢有关	皮肤脱落性皮炎，食欲下降或消失，下痢，后肢、肌肉麻痹，唇舌有溃疡病变，贫血，大肠有溃疡病变，心肝及体重减轻，呕吐等。	酵母、豆类、糠麸、青饲料、鱼粉、烟酸制剂
维生素 B_6（吡哆醇）	对促进体内氧化还原、调节细胞呼吸、维持胚胎正常发育及仔兔的生活力起重要作用	食欲不振，生长停止，发生皮炎、脱毛，神经系统受损，表现为运动失调，严重时痉挛	存在于青饲料、干草粉、酵母、鱼粉、糠麸、小麦等饲料中。兔的盲肠内能合成，生产水平高时需补充
维生素 H（生物素，维生素 B_7）	以辅酶形式广泛参与各种有机物的代谢	过度脱毛，皮肤溃烂和皮炎，眼周渗出液，嘴黏膜炎症	存在于鱼肝油、酵母、青饲料、鱼粉、糠中
胆碱	胆碱是构成卵磷脂的成分，参与脂肪和蛋白质代谢；蛋氨酸等合成时所需的甲基来源	幼兔表现为增重减慢、发育不良、被毛粗糙、贫血、虚弱、共济失调、步态不平衡、关节松弛和脂肪肝；母兔繁殖机能和泌乳下降，仔兔成活率低，断乳体重小	小麦胚芽、鱼粉、豆饼、甘蓝、氯化胆碱
维生素 B_{11}（叶酸）	以辅酶形式参与嘌呤、嘧啶、胆碱的合成和某些氨基酸的代谢	贫血和白细胞减少，繁殖和泌乳紊乱	青饲料、酵母、大豆饼、麸皮、小麦胚芽中含有。一般情况下不易缺乏

续表

名称	主要功能	缺乏症状	主要来源
维生素 B_{12}（钴胺素）	以钴酰胺辅酶形式参与各种代谢活动；有助于提高造血机能和日粮蛋白质的利用率	生长缓慢，贫血，被毛粗乱，后肢运动失调，母兔繁殖能力下降	一般植物性饲料中均含有。兔肠道微生物能合成，其合成受饲料中钴含量影响。生长兔和幼兔需要补充。推荐量为10微克/千克饲料
维生素C（抗坏血酸）	具有可逆的氧化和还原性，广泛参与机体的多种生化反应；能刺激肾上腺皮质合成；促进肠道内铁的吸收，使叶酸还原成四氢叶酸；提高抗热应激和逆境的能力	易患坏血病，生长停滞，体重减轻，关节变软，身体各部位出血、贫血，适应性和抗病力降低	青饲料、维生素C添加剂。兔可以利用葡萄糖在脾脏和肾脏合成维生素C，一般不会缺乏

（七）能量

能量对兔具有重要的作用，兔的全部生理过程（呼吸、血液循环、消化吸收、排泄、神经活动、体温调节、生殖和运动）都离不开能量。能量不足会影响兔的生长和繁殖，没有能量兔无法生存。兔在进行物质代谢的同时，也伴随着能量的代谢和转换。动物体所需的能量主要来源于采食的饲料。在饲料有机物中都蕴藏着化学能，在兔体内代谢过程中逐步释放能量，提供其各种需要。

饲料中各种营养物质的热能总值称为饲料总能。饲料中各种营养物质在兔的消化道内不能被全部消化吸收，不能消化的物质随粪便排出，粪中也含有能量。食入饲料的总能量减去粪中的能量，才是被兔消化吸收的能量，称为消化能。故兔饲料中的能量都以消化能来表示，其单位是兆焦/千克或千焦/千克。

兔对能量的需要包括本身的代谢维持需要和生产需要。影响能量需要的因素很多，如环境温度、兔的类型、品种、不同生长阶段、生理状况和生产水平等。日粮的能量值在一定范围，兔每天的采食量多少可由日粮的能量值而定，所以饲料中不仅要有适宜的能量值，而且与其他营养物质比例要合理，使兔摄入的能量与各营养素之间保持平衡，提高饲料的利用率和饲养效果。

兔的能量来源于饲料中的碳水化合物、脂肪和蛋白质。碳水化合物来源最广泛，而且是在饲粮中占比例最大的营养物质，是兔主要的能量来源。其主要成分包括单糖、双糖、多糖以及粗纤维。在谷实类饲料中含可溶性单糖和双糖很少，主要是淀粉，所以它是兔的主要能量来源。淀粉在消化道内由淀粉酶消化成葡萄糖后吸收进入血液。在体内生物氧化供能。兔对可溶性糖和淀粉的消化率为95%～100%。能量在体内的转化过程如图3-1所示。

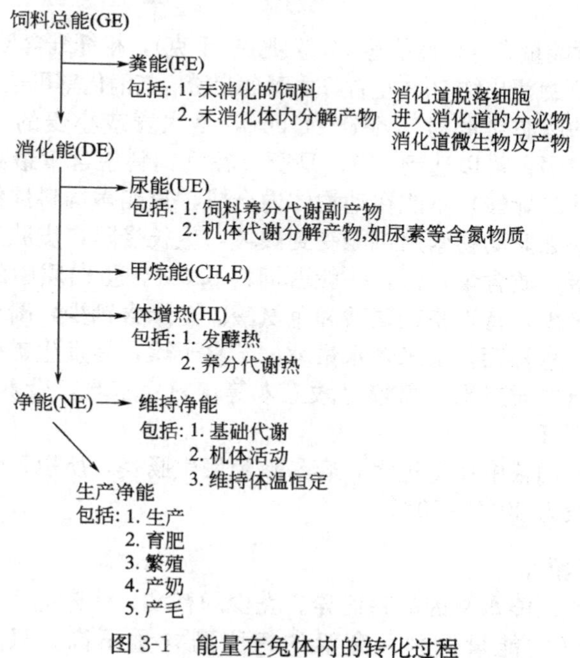

图3-1　能量在兔体内的转化过程

二、兔饲料的分类及营养特性

饲料种类繁多，养分组成和营养价值各异，为了解饲料的特点，以便合理地利用饲料，有必要对饲料进行分类。按其性质一般分为能量饲料、蛋白质饲料、青绿多汁饲料、粗饲料、糟渣类饲料矿物质饲料、饲料添加剂。

（一）能量饲料

能量饲料是指干物质中粗纤维含量在18%以下，粗蛋白质在20%以下的饲料。这类饲料主要包括禾本科的谷实饲料及其加工后的副产品、动植物油脂、糖蜜等。

1. 玉米

玉米是养兔生产中最常用的一种能量饲料，具有很好的适口性和消化性。

玉米含能量高（代谢能达14.27兆焦/千克），粗纤维含量低（仅2%左右），而无氮浸出物70%左右，主要含淀粉，其消化率可达90%。

玉米的脂肪含量为3.5%～4.5%，是大麦或小麦的2倍。玉米含亚油酸较多，可以达到2%，是所有谷物饲料中含量最高的。亚油酸（十八碳二烯酸）不能在动物体内合成，只能靠饲料提供，是必需脂肪酸，缺乏时动物繁殖机能受到破坏，生长受阻，皮肤发生病变。

玉米蛋白质含量较低，一般占饲料8.6%，蛋白质中的几种必需氨基酸含量少，特别是赖氨酸和色氨酸。玉米含钙少，磷也偏低，饲喂时必须注意补钙。玉米含水量大，不易干燥，易发生霉变。近年来培育的高蛋白质玉米、高赖氨酸玉米等饲料用玉米，营养价值更高，饲喂效果更好。

玉米在饲粮中用量过大，容易致兔发生肠炎，所以，兔饲料中玉米用量一般为30%～50%。

2. 高粱

籽实代谢能水平因品种而异。壳少的籽实，代谢能水平与玉米相近，是很好的能量饲料。高粱的粗脂肪含量不高，只有2.8%～3.3%，含亚油酸也少，约为1.13%。蛋白质含量高于玉米，但单宁（鞣酸）含量较多，使味道发涩，适口性差。在配合兔日粮时，深色高粱（单宁含量＞1%）用量不超过10%，浅色高粱（单宁含量＜1%）不超过20%，去除颖壳后可与玉米同样使用。

3. 小麦

小麦是我国人民的主要口粮，极少作为饲料，但在某些年份或地区，其价格低于玉米时，可以部分代替玉米作饲料。欧洲北部国家的能量饲料主要是麦类，其中小麦用量较大。

小麦的能量（14.36兆焦/千克）和粗纤维含量（2.2%）与玉米相近，粗脂肪含量（1.6%～2.7%）低于玉米，但粗蛋白含量（10%～12%）高于玉米，且氨基酸组成比其他谷实类饲料完全，B族维生素含量丰富。缺点是缺乏维生素A、维生素D，小麦内含有较多的非淀粉多糖，黏性大，适口性差，消化率低。在兔的配合饲料中不宜过多使用，一般用量为10%～30%。

4. 大麦

大麦有带壳的“皮大麦”（草大麦）和不带壳的青稞两种，通常饲用的是皮大麦。代谢能水平较低，约为11.51兆焦/千克。大麦适口性好，粗纤维5%左右，可促进动物肠道蠕动，使消化机能正常。

大麦粗蛋白质含量高于玉米（11%），蛋白质品质比玉米好，其赖氨酸是谷实类中含量较高者（0.42%～0.44%）。大麦粗脂肪含量低（2%），脂肪酸中一半为亚油酸。在兔饲料中用量不宜超过20%。

5. 稻谷、糙米和碎米

稻谷因含有坚实的外壳，故粗纤维含量高（8.5%左右），是玉米的4倍多；可利用消化能值低（11.29～11.70兆焦/千克）；粗蛋白质含量较玉米低，粗蛋白质中赖氨酸、蛋氨酸和色氨酸与玉米近似；稻谷钙少，磷多，含锰、硒较玉米高，含锌较玉米低；稻谷去壳后称糙米，其代谢能值高（13.94兆焦/千克），蛋白质含量为8.8%，氨基酸组成与玉米相近。糙米的粗纤维含量低（0.7%），且维生素比碎米更丰富。因此，以磨碎糙米的形式作为饲料，是一种较为科学、经济的利用稻谷的好方法。

6. 麦麸

麦麸含能量低，但蛋白质含量较高，各种成分比较均匀，且适口性好，价格便宜，是兔的常用饲料。麦麸的容积大，质地疏松，有轻泻作用，可用于调节营养浓度；母兔产后喂以适量的麦麸可以调养消化道，具有良好的保健作用。麦麸吸水性大，大量使用容易造成便秘。在饲料中的添加量一般为10%～20%。

7. 米糠

米糠是糙米加工成白米时分离出来的种皮、糊粉层与胚的混合物。加工白米越精，含胚乳物质越多，米糠的能量含量越高。米糠的粗蛋白质含量比麦麸低，比玉米高，品质也比玉米好，赖氨酸含量高达0.55%。米糠的粗脂肪含量很高，可达15%，因而能值居于糠麸类饲料之首。其脂肪酸的组成多属不饱和脂肪酸，油酸和亚油酸占79.2%，脂肪中还含有2%～5%的天然维生素E，B族维生素含量也很高，但缺乏维生素A、维生素D、维生素C。米糠粗灰分含量高。钙、磷比例极不平衡，磷含量高，但所含磷约有86%属植酸磷，利用率低，且影响其他元素的吸收利用。米糠在贮存中极易氧化、发热、霉变和酸败。米糠使用量一般为10%～20%。

8. 高粱糠

主要是高粱籽实的外皮。脂肪含量较高，粗纤维含量较低，代谢能略高于其他糠麸，蛋白质含量10%左右。有些高粱糠含单宁较高，适口性差。兔饲粮中含量不宜过多，以5%～15%为宜，喂量过大易造成便秘。

9. 次粉（四号粉）

次粉是面粉加工的副产品，营养价值高，适口性好。一般可占日粮的10%。

10. 根茎类和瓜类

含有较多的碳水化合物和水分，粗纤维和蛋白质含量低，适口性好，具有通便和调养作用，是兔的优良饲料。用作饲料的根茎类和瓜类饲料主要有马铃薯、甘薯、南瓜、胡萝卜、甜菜等。

（1）甘薯　产量高，以块根中干物质计算，比玉米、水稻产量高得多。其茎叶是良好的青饲料。薯块含水分高且淀粉多，粗纤维少，是很好的能量饲料。但粗蛋白含量低，钙少，富含钾盐。适口性好，特别对育肥期、泌乳期的肉兔有促进消化、积累脂肪、增加泌乳的功能，也是肉兔冬季不可缺少的多汁料，是胡萝卜素的重要来源。但储存不当会发芽、腐烂出现黑斑。在兔饲粮中的添加量可达到30%。

（2）木薯　是热带多年生灌木，薯块富含淀粉，叶片可以养蚕，制成干粉含有较多的蛋白质，可以用作兔饲料。木薯中含有氰化物，多食可引起中毒。饲用时需进行处理：削皮或切成片浸在水中 1～2 天或切片晒干放在无盖锅内煮沸 3～4 小时。兔饲料中木薯干用量不能超过 10%。

(3) 马铃薯　块茎主要成分是淀粉，粗蛋白含量高于甘薯，其中非蛋白氮很多。含有有毒物质龙葵素（茄素）。兔采食多会引起肠炎，甚至中毒死亡。如发芽，应削去芽眼部分。煮熟喂较好，煮熟后可提高适口性和消化率；生喂不仅消化率低，还会影响生长。但蒸煮水不能喂兔。

(4) 南瓜　多作蔬菜，也是喂兔的优质高产饲料。南瓜中无氮浸出物含量高，其中多为淀粉和糖类，还有丰富的胡萝卜素，特别适用于繁殖和泌乳母兔。南瓜应充分成熟后收获，过早收获，含水量大，干物质少，适口性差，不耐贮藏。

(5) 饲用甜菜　饲用甜菜适应性强，产量高而稳定，其无氮浸出物主要是糖分，也含有少量淀粉与果胶物质。甜菜适口性好，容重小，有轻泻性，耐贮存，是兔育肥的良好饲料。使用时要鲜喂。

（二）蛋白质饲料

兔的生长发育和繁殖都需要大量的蛋白质，通过饲料供给。蛋白质饲料是指干物质中粗蛋白质含量在 20%以上（含 20%），粗纤维含量在 18%以下（不含 18%）的饲料。可分为植物性蛋白质饲料、动物性蛋白质饲料和单细胞蛋白质饲料三大类（见表 3-3）。

表 3-3　蛋白质饲料的类型及营养特点

类型	来　源	营养特点
植物性蛋白质饲料	榨油工业副产品	(1)蛋白质含量高(20%～45%)，饼类高于籽实。氨基酸平衡，蛋白质利用率高 (2)无氮浸出物含量低(30%) (3)脂肪含量变化大，油籽类含量高，非油籽类含量低。饼(粕)类也有较大差异 (4)粗纤维含量不高，平均为 7% (5)矿物质含量与谷类籽实相似，钙少磷多，维生素含量较不平衡，B 族维生素含量丰富，而胡萝卜素含量较少 (6)使用量大，适口性较差

续表

类型	来　源	营养特点
动物性蛋白质饲料	屠宰厂、水产品加工厂和皮革厂的下脚料、鱼粉及蚕蛹等	(1)蛋白质含量高。除肉骨粉(30.1%)外，粗蛋白质含量均在40%以上，高者可达90%。蛋白质品质好，各种氨基酸含量较平衡，一般饲粮中易缺乏的氨基酸在动物性蛋白质中含量都较多，且易于消化 (2)糖类含量少，几乎不含粗纤维，粗脂肪含量变化大 (3)矿物质、维生素含量高，利用率高。动物性蛋白质饲料中钙、磷含量较植物性蛋白质饲料高，且比例适宜。B族维生素含量丰富，特别是维生素 B_2、维生素 B_{12} 含量相当丰富 (4)含有未知生长因子(UFG)。能促进动物对营养物质的利用，有利于动物生长
单细胞蛋白质饲料	某些微生物和单细胞藻类，如各种酵母、蓝藻、小球藻类等	(1)蛋白质含量较高(40%～80%)，但蛋氨酸、赖氨酸和胱氨酸受限 (2)核酸含量较高，酵母类含6%～12%核酸，藻类含3.8%，细菌类含20% (3)维生素含量较丰富。特别是酵母，它是B族维生素最好的来源之一。矿物质含量不平衡，钙少磷多 (4)适口性较差，如酵母带苦味，藻类和细菌类具有特殊的不愉快气味 (5)单细胞蛋白质饲料的营养价值较高，且繁殖力特别强，是蛋白质饲料的重要来源，很有开发利用价值。根据单细胞饲料的营养特点，在配合饲料中宜与饼(粕)类饲料搭配使用，并平衡钙、磷比例。我国发展饲料酵母生产的资源丰富，各类糟渣均可用于生产酵母

1. 大豆饼（粕）

大豆饼（粕）是应用最广泛的蛋白质饲料。因榨油方法不同，其副产物可分为豆饼和豆粕两种类型。含粗蛋白质40%～50%，各种必需氨基酸组成合理，赖氨酸含量较其他饼（粕）高，但蛋氨酸缺乏。消化能为13.18～14.65兆焦/千克；钙、磷、胡萝卜素、维生素D、维生素 B_2 含量少；胆碱、烟酸的含量高。适口性好，在兔日粮中一般使用10%～15%。

2. 花生饼（粕）

花生饼的粗蛋白质含量略高于豆饼，为42%～48%，精氨酸和组氨酸含量高，赖氨酸含量低。粗纤维含量低，适口性好于豆饼。花生饼的氨基酸组成不平衡，使用时与精氨酸含量较低的菜籽粕、血粉、鱼粉搭配使用效果好。花生饼脂肪含量高，不耐贮藏，易污染黄曲霉而产生黄曲霉毒素，这种毒素对兔危害严重。在兔日粮中的用量一般为3%～5%。

3. 棉籽饼（粕）

我国棉籽饼（粕）产量大，用作饲料的比例较低，是一种很有开发潜力的植物性蛋白质饲料资源。由于加工工艺不同，分为饼（带壳榨油的称棉籽饼，脱壳榨油的称棉仁饼。棉籽饼含粗蛋白质17%～28%，棉仁饼含粗蛋白质39%～40%）和粕。一般说的棉籽饼（粕）是指棉仁饼（粕）。

棉籽饼（粕）氨基酸组成中赖氨酸缺乏，粗纤维含量高（10%～14%），含消化能12.13兆焦/千克左右，矿物质含量很不平衡。在棉籽内，含有棉酚和环丙烯脂肪酸，对家畜健康有害。喂前应脱毒，可采用长时间蒸煮或0.05%$FeSO_4$溶液浸泡等方法，以减少棉酚对兔的毒害作用。我国已培育出低棉酚含量的棉花品种，含游离棉酚为0.009%～0.04%，可以适当增加用量。

4. 菜籽饼（粕）

菜籽饼含粗蛋白质35%～40%，赖氨酸比豆粕低50%，氨基酸组成较为平衡，含硫氨基酸高于豆粕14%；粗纤维含量为12%，影响其有效能值，有机质消化率为70%。可代替部分豆饼喂兔。由于菜籽饼中含有毒物质（硫代葡萄糖苷），喂前宜采取脱毒措施。菜籽饼（粕）不脱毒只能限量饲喂，配合饲料中用量一般2%～4%。

5. 芝麻饼

芝麻饼是芝麻榨油后的副产物，含粗蛋白质40%左右，蛋氨酸含量高，适当与豆饼搭配喂兔，能提高蛋白质的利用率，一般在配合饲料中用量可占1%～3%。由于芝麻饼含脂肪多而不宜久贮，最好现粉碎现喂。

6. 亚麻籽饼（胡麻籽饼）

亚麻籽饼蛋白质含量在29.1%～38.2%，高的可达40%以上，但赖氨酸仅为豆饼的1/3。含有丰富的维生素，尤以胆碱含量为多，而维生素D和维生素E很少。其营养价值高于芝麻饼和花生饼。在肉兔饲粮中用量为5%，在浓缩料中可用到20%，与大麦、小麦配合优于与玉米配合使用。

7. 玉米蛋白粉和玉米胚芽粉

玉米蛋白粉（玉米面筋粉）是玉米淀粉厂的主要副产品之一。蛋白质含量因加工工艺不同而有很大差异，一般为35%～60%。氨基酸组成不佳，蛋氨酸含量很高，与相同蛋白质含量的鱼粉相等，而赖氨酸和色氨酸严重不足，不及相同蛋白质含量鱼粉的1/4。代谢能水平接近玉米，粗纤维含量低、易消化。矿物质含量少，钙、磷含量均低。胡萝卜素含量高，B族维生素含量少。

玉米胚芽饼（粕）是玉米胚芽脱油后所剩的残渣。粗蛋白质含量一般为15%～21%，氨基酸组成较好，赖氨酸0.7%，蛋氨酸9.3%，色氨酸含量也较高。维生素E含量丰富。适口性好，价低廉，是较好的兔饲料。

8. 鱼粉

鱼粉是最理想的动物性蛋白质饲料，其蛋白质含量高达45%～60%，而且在氨基酸组成方面，赖氨酸、蛋氨酸、胱氨酸和色氨酸含量高。鱼粉中含丰富的维生素A和B族维生素，特别是维生素B_{12}。另外，鱼粉中还含有钙、磷、铁等。用它来补充植物性饲料中限制性氨基酸的不足，效果很好。一般在配合饲料中用量可占2%～5%。

鱼粉有特殊的鱼腥味，在肉兔日粮中不宜使用。

由于鱼粉的价格较高，掺假现象较多，使用时应仔细辨别和化验。使用鱼粉要注意盐含量，盐分若超过兔的饲养标准规定量，极易造成食盐中毒。

9. 血粉

血粉是屠宰场的下脚料加工而成，是很有开发潜力的动物性蛋白质饲料之一。蛋白质的含量很高，达80%～82%，但血粉加工所需的高温易使蛋白质的消化率降低，赖氨酸受到破坏。血粉有特殊的臭味，适口性差，日粮中用量为3%～5%，添加异亮氨酸更好。

近年来推广了发酵血粉，发酵既可以提高蛋白质的消化率，也可增加氨基酸的含量，饲粮中加入3%～5%的发酵血粉，可提高日增重9%～12%，降低饲料消耗。血粉与花生饼（粕）或棉籽饼（粕）搭配效果更好。

10. 肉骨粉

肉联厂的下脚料及动物屠宰后的废弃肉经高温处理制成，是一种良好的蛋白质饲料。肉骨粉粗蛋白质含量达40%以上，蛋白质消化率高达80%，赖氨酸含量丰富，蛋氨酸和色氨酸较少，钙、磷含量高，比例适宜，因此是兔很好的蛋白质和矿物质补充饲料，日粮中用量应控制在8%以下，最好与其他蛋白质补充料配合使用。肉骨粉易变质，不易保存，如果处理不好或者存放时间过长，发黑、发臭，则不宜作饲料。

11. 蚕蛹粉

蚕蛹粉含粗蛋白质68%左右，且蛋白质品质好，限制性氨基酸含量高，可代替鱼粉补充饲粮蛋白质，并能提供良好的B族维生素。脂肪含量高（10%以上）。具有特殊气味，影响适口性，不耐贮藏，产量少，价格高。兔饲料中用量不应超过10%。

12. 羽毛粉

羽毛粉是禽类屠宰后干净及未变质的羽毛经过高压处理的产品。羽毛的基本成分为蛋白质，其中主要为角蛋白，在天然状态下角蛋白不能在胃中消化。利用现代加工技术，将羽毛中的蛋白质局部水解，提高了适口性和消化率。水解羽毛粉含粗蛋白质近80%，但蛋氨酸、赖氨酸、色氨酸和组氨酸含量低，使用时要注意氨基酸平衡问题，应该与其他动物性饲料配合使用。一般在配合饲料中用量为2%～5%。

13. 酵母饲料

酵母饲料是在一些饲料中接种专门的菌株发酵而成，既含有较多的能量和蛋白质，又含有丰富的B族维生素和其他活性物质，蛋白质消化率高，能提高饲料的适口性及营养价值，一般含蛋白质20%～40%。但如果用蛋白质丰富的原料生产酵母混合饲料，再掺入皮革粉、羽毛粉或血粉之类的高蛋白饲料，也可使产品的蛋白质含量提高到60%以上。酵母饲料中含有未知生长因子，有明显的促生长作用。但其味苦，适口性差，饲料中一般使用量为2%～5%。

（三）青绿多汁饲料

凡兔可食的绿色植物都包含在这类饲料中，一般指的是天然水分含量高于60%的一类饲料。这类饲料来源广、种类多，主要包括牧草类、青刈作物、蔬菜类、树叶、水生饲料等（表3-4）。

表3-4　青绿多汁饲料的种类及特点

种类		特点
天然牧草		我国地域辽阔，天然牧草和杂草种类繁多，是农村小规模养兔的主要饲料，兔喜欢采食的有蒲公英、车前草、芦菜、马齿苋、野苋菜、胡枝子、冰草等，但其品质差异较大
栽培牧草（人工播种栽培的各种牧草，其种类很多，但以产量高、营养价值高的豆科和禾本科牧草为主）	紫花苜蓿	最重要、最经济的栽培牧草之一，产量高，品质好，适应性强。紫花苜蓿的营养价值很高，在初花期收割的干物质中粗蛋白质为20%～22%，氨基酸组成较为合理，赖氨酸达1.34%，此外，还含有丰富的维生素和矿物质。紫花苜蓿的营养价值与收割时期关系很大：幼嫩时水分含量多，粗纤维少；收割过迟，茎的比重增加而叶的比重下降，饲用价值降低。其适宜的收割时期应在第一朵花出现至1/10开花、根茎上又长出大量新芽阶段，此时营养含量高，根部养分蓄积多，再生良好。蕾前或现蕾时收割蛋白质含量高，饲用价值大，但产量降低，且根部养分蓄积少，影响再生能力。饲喂要求不同，收割时期也有差异，如青饲宜早，调制干草可在盛花期收割。紫花苜蓿为多年生牧草，良好管理时可用5年以上，以第三、四年产草量最高。由于苜蓿等豆科牧草含有皂角素，有抑制酶的作用，采食大量鲜嫩苜蓿后，可在瘤胃内形成大量泡沫样物质，引起臌胀病，所以应控制喂量
	三叶草	三叶草属共300多种，大多数为野生种，少数为重要牧草，目前栽培较多的为红三叶和白三叶，其次为地三叶、杂三叶和绛三叶。新鲜的红三叶含干物质13.9%，粗蛋白质2.2%，以干物质计算，其所含可消化粗蛋白质低于苜蓿，但净能值较苜蓿略高。红三叶是很好的放牧牧草，发生臌胀病的机会较苜蓿少，但仍应注意预防；白三叶为多年生牧草，适口性好，营养价值高，青草中粗蛋白质含量较红三叶高，而粗纤维含量较红三叶低。再生性好，耐践踏，适于放牧

续表

种类		特点
栽培牧草(人工播种栽培的各种牧草,其种类很多,但以产量高、营养价值高的豆科和禾本科牧草为主)	草木樨	草木樨属植物约20种,栽培面积最多的是二年生白花草木樨和黄花草木樨。我国北方地区以栽培白花草木樨为主,它既是一种优良的豆科牧草,又是重要的保土植物和蜜源植物,利于发展养蜂事业。草木樨可青饲、调制干草、放牧或青贮,具有较高的营养价值,与苜蓿相似。新鲜的草木樨含干物质约16.4%,粗蛋白质3.8%,粗纤维4.2%,钙0.22%,磷0.06%。草木樨中含有香豆素,被咀嚼后游离香豆素即释放出来,产生不良的气味和苦味,故适口性差,饲喂时应由少到多,使家畜逐渐适应。当草木樨保存不当而发霉变坏时,香豆素会变为双香豆素,其结构与维生素K相似,二者具有拮抗作用。家畜采食了霉烂的草木樨后,遇到内外划伤或手术,血液不易凝固,有时会因出血过多而死亡。减喂、混喂、轮换喂可防止出血症的发生
	沙打旺	适应性强,产量高,是饲用、绿肥、固沙、保土的优良牧草,茎叶鲜嫩,营养丰富,新鲜的沙打旺含干物质33.29%、粗蛋白质4.85%、粗脂肪1.89%、粗纤维9.0%、无氮浸出物15.20%、灰分2.35%,干物质中粗蛋白质含量占14.6%。沙打旺老化后茎秆粗硬,品质低劣,适口性很低,不宜青饲,可与其他多汁饲料混合,切碎后青贮
	黑麦草	黑麦草属植物有20多种,其中最有饲用价值的是多年生黑麦草和一年生黑麦草。黑麦草生长快,分叶多,繁殖力强,一年可多次刈割,产量高,茎叶柔嫩、光滑,适口性好,以开花前期的营养价值最高,可青饲、放牧或调制干草。新鲜的黑麦草干物质含量17%,粗蛋白质2%
青刈作物		将玉米、麦类、豆类等农作物或饲料作物进行密植,在结实前或籽实未成熟前收割下来饲喂兔。青刈玉米青嫩多汁,适口性好,含有丰富的碳水化合物。青刈玉米要注意其生长期,待玉米苗长到50厘米高时即可刈割喂兔。青刈大麦苗是兔很好的青饲料来源,其再生性强,叶茂盛,适口性好。青刈大豆苗营养丰富,叶多,适口性好。青刈幼嫩的高粱和苏丹草中含有氰苷配糖体,兔采食后会在体内转变为氢氰酸而中毒。为了防止中毒,宜在抽穗期刈割,也可调制成干草或青贮,使毒物减弱或消失

续表

<table>
<tr><th colspan="2">种类</th><th>特点</th></tr>
<tr><td rowspan="6">叶菜类饲料（叶菜类饲料种类多，栽培广，除了作为栽培饲料的苦荬菜、聚合草、甘蓝、牛皮菜、猪苋菜等外，还有食用蔬菜、根茎瓜类的茎叶等，都是良好的青饲料来源）</td><td>苦荬菜</td><td>适应性强，再生力强，生长快，产量高，南方一年可刈割5～8次，北方3～5次。营养好，鲜嫩可口，粗蛋白质含量较高，粗纤维含量少，是兔的良好青饲料</td></tr>
<tr><td>聚合草</td><td>产量高，营养丰富，利用期长，适应性广，全国各地都可栽培。干草的粗蛋白质含量与苜蓿接近，高的可达24%，粗纤维含量比苜蓿低。聚合草为多年生草本植物，再生性强，南方一年可刈割5～6次，北方3～4次。随刈割次数的增加，干物质和粗蛋白质含量有所增加，而粗纤维和粗灰分含量有所减少。聚合草有粗硬短毛，畜、禽不喜食，可在饲喂前先经粉碎或打浆，具有黄瓜香味，或与粉状精料拌和，则适口性提高，饲用效果较好，也可调制成干草或青贮</td></tr>
<tr><td>牛皮菜</td><td>适应性广，易于种植，产量高，叶柔嫩多汁，适口性好，营养价值也较高。鲜菜中干物质含量5.6%，粗蛋白质1.1%，粗脂肪0.2%，粗纤维0.5%，粗灰分0.9%，无氮浸出物2.9%。喂时宜生喂，忌熟喂，煮熟放置时易产生亚硝酸盐而导致中毒</td></tr>
<tr><td>菜叶、蔓秧类</td><td>菜叶是指瓜果、豆类的叶子，这些菜叶种类多，来源广，数量大，以干物质计能量较高，易消化。尤其是豆类的叶子营养价值很高，能量、蛋白质含量都高。蔓秧指作物的藤蔓和幼苗，一般粗纤维含量较高</td></tr>
<tr><td>蔬菜类</td><td>人类可食的蔬菜几乎都可作为兔饲料，主要有白菜、萝卜、菠菜、甘蓝、胡萝卜及胡萝卜叶等。在蔬菜旺季，大量剩余的蔬菜、次菜、菜帮等均可饲喂兔。但此类饲料因水分含量过多，易使兔患消化道疾病，故应限制其用量</td></tr>
<tr><td colspan="2">青绿的嫩树叶</td><td>有些青绿树叶蛋白质含量高，营养丰富，是兔的优质饲料。主要有槐树叶、桑叶、榆树叶、茶树叶等</td></tr>
</table>

（四）粗饲料

粗饲料是指粗纤维含量在18%以上的饲料，主要包括农作物的秸秆、秕壳、各种干草、干树叶等。其营养价值受收获、晾晒、运输和贮存等因素的影响。粗纤维含量高，消化能、蛋白质和维生素含量很低。灰分中硅酸盐含量较多，会妨碍其他养分的消化利用。所以粗饲料在兔饲粮中的营养价值不是很高，主要是提供适量的粗纤维，在冬、春季节也可作为兔的饲料来源。

1. 干草和干草粉

干草是指青草或栽培青饲料在未结实以前刈割下来经日晒或人工干燥而制成的干燥饲草。制备良好的干草仍保留一定的青绿颜色，所以又称青干草。干草粉是将适时刈割的牧草经人工快速干燥后，粉碎而成的青绿色草粉。干制青饲料的目的与青贮相同，主要是为了保存青饲料的营养成分，便于随时取用，以代替青饲料，调节青饲料供给的季节性不平衡，缓解枯草季节青饲料不足的问题。

干草和干草粉的营养价值因干草的种类、刈割时期及晒制方法不同而有较大的差异。优质的干草和干草粉富含蛋白质和氨基酸，如三叶草草粉所含的赖氨酸、色氨酸、胱氨酸等比玉米高 3 倍，比大麦高 1.7 倍；粗纤维含量不超过 22%～35%；含有胡萝卜素、维生素 C、维生素 K、维生素 E 和 B 族维生素；矿物质中钙多磷少，磷不属于植酸磷，铁、铜、锰、锌等较多。在配合饲料中加入一定量的草粉，对促进兔生长、维持健康体质和降低成本有较好的效果。

豆科牧草是品质优良的粗饲料，粗蛋白质、钙、胡萝卜素的含量都比较高，其典型代表是苜蓿。其他的豆科牧草有三叶草、红豆草、紫云英、花生、豌豆等。禾本科牧草的营养价值低于豆科牧草，粗蛋白质、维生素、矿物质含量低。禾本科牧草有羊草、冰草、黑麦草、无芒雀麦、鸡脚草、苏丹草等。豆科牧草应在盛花前期刈割，禾本科牧草应在抽穗期刈割，过早刈割则干草产量低，过晚刈割则干草品质粗老，营养价值降低。

2. 作物秸秆和秕壳

秸秆和秕壳是农作物收获籽实后所得的副产品。脱粒后的作物茎秆和附着的干叶称为秸秆，如玉米秸、玉米芯、稻草、谷草、各种麦类秸秆、豆类和花生的秸秆等。籽实外皮、荚壳、颖壳和数量有限的破瘪谷粒等称为秕壳，如大豆荚、豌豆荚、蚕豆荚、稻壳、大麦壳、高粱壳、花生壳、棉籽壳等。

此类饲料粗纤维含量高达 30%～50%，其中木质素比例大，一般为 6.55%～12%，所以其适口性差，消化率低，能值低。蛋白质的含量低，只有 2%～8%，品质也差，缺乏必需氨基酸，豆科作物较禾本科要好些。矿物质含量高，如稻草中高达 17%，其中大部分为硅酸盐。钙、磷含量低，比例也不适宜。除维生素D以外，其他维生素都缺乏，尤其缺乏胡萝卜素。可见，作物秸秆和秕壳饲料营养价值非常低，但因兔饲粮中需要有一定量的粗纤维，所以这类饵料作为兔饲粮的原料，主要作用是补充粗纤维。

3. 树叶饲料

我国树木资源丰富，除少数不能饲用外，大多数树木的叶子、嫩枝和果实都可作为兔饲料。如槐树叶、榆树叶、紫穗槐叶、刺槐叶等粗蛋白质含量较高，达15%以上，维生素、矿物质含量丰富。因含有单宁和粗纤维，不利于兔对营养物质的消化，所以蛋白质和能量的消化利用率很低。在没有粗饲料来源时，树叶可作为饲粮的一部分。

值得一提的是松针粉在饲料中的应用。松针粉外观草绿色，具有针叶固有的气味，主要特点是富含维生素C、维生素E、胡萝卜素以及B族维生素、钙、磷等。尽管蛋白质含量不高，但含有17种氨基酸，微量元素也十分丰富。在饲料中加入3%～8%松针粉，能促进动物健康，提高生产性能。

（五）糟渣类饲料

糟渣类饲料是禾谷类、豆科籽实和甘薯等原料在酿酒、制酱、制醋、制糖及提取淀粉过程中残留的糟渣产品，包括酒糟、酱糟、醋糟、糖糟、豆腐渣、粉渣等。它们的共同特点是水分含量较高（65%～90%）；干物质中淀粉较少；粗蛋白质等其他营养物质都较原料含量约增加2倍；B族维生素含量增多，粗纤维也增多。糟渣类饲料的营养价值因制作方法不同差异很大。干燥的糟渣有的可作蛋白质补充料或能量饲料，但有的只能作粗料。

1. 酒糟

酒糟有白酒糟和啤酒糟。白酒糟是原料发酵提取碳水化合物后的剩余物，粗蛋白质、粗脂肪、粗纤维等成分所占比例相应提高，无氮浸出物含量则相应较低，B族维生素含量较高。酒糟中各类营养物质的消化率与原料相比没有差异，所以其能值下降不多，但在酿造过程中，常常加入20%～25%的稻壳作为疏松物质以提高出酒率，从而使粗纤维含量提高，营养价值也大大降低。发酵使B族维生素含量大大提高。酒糟由于含水量（70%左右）高，不耐存放，易酸败，必须进行加工贮藏后才能充分利用。酒糟喂量过多，容易导致便秘。

啤酒糟是用大麦酿造啤酒提取可溶性碳水化合物后所得的糟渣副产品，其成分除淀粉减少外与原料相似，但含量比例增加。干物质中粗蛋白质含量22%～27%，氨基酸组成与大麦相似。粗纤维含量较高（15%），矿物质、维生素含量丰富。粗脂肪含量5%～8%，其中亚油酸占50%以上。

2. 酱油糟和醋糟

酱油糟是用大豆、豌豆、蚕豆、豆饼、麦麸及食盐等按一定比例配合，经曲霉菌发酵使蛋白质和淀粉分解等一系列工艺酿制成酱油后的残渣。酱油糟的营养价值因原料和加工工艺不同而有很大差异。一般干物质中粗蛋白质含量为20%～32%，粗纤维含量13%～19%，无氮浸出物含量低，有机物质消化率低，因此能值较低。其突出特点是灰分含量高，多半为食盐（7%）。鲜酱油糟水分含量高，易发霉变质，具有很强的特殊异味，适口性差。但经干燥后气味减弱，易于保存，可用作饲料，但使用时应测定其盐分的含量，防止中毒。

醋糟是以高粱、麦麸及米糠等为原料，经发酵酿造提取醋后的残渣。其营养价值受原料及加工方法的影响较大。粗蛋白质含量10%～20%，粗纤维含量高。其最大特点是含有大量醋酸，有酸香味，能增加动物食欲，调匀饲喂能提高饲料适口性。但使用时应避免单一使用，最好和碱性饲料一起饲喂，以中和其中过多的醋酸。

3. 豆腐渣

豆腐渣是以大豆为原料制作豆腐时所得的残渣。鲜豆腐渣水分含量高达78%～90%，干物质中蛋白质含量和粗纤维含量高，分别是21.7%和22.7%，而维生素大部分转移到豆浆中。豆腐渣中也含有胰蛋白酶抑制因子，需煮熟后使用。鲜豆腐渣经干燥、粉碎后可作配合饲料原料，但加工成本高，故多以鲜豆腐渣直接饲喂。

4. 粉渣

粉渣是以豌豆、蚕豆、马铃薯、甘薯等为原料生产淀粉、粉丝、粉条、粉皮等食品的残渣。由于原料不同，营养成分差异也很大。鲜粉渣水分含量高，一般为80%～90%。粉渣中含有可溶性糖，易引起乳酸菌发酵而带有酸味，pH一般为4.0～4.6，存放时间愈长，酸度愈大，且易被霉菌和腐败菌污染而变质，从而丧失其饲用价值，故用作饲料时需经过干燥处理。干物质中无氮浸出物50%～80%，粗蛋白质4%～23%，粗纤维8.7%～32%，钙、磷含量低。

5. 玉米麸料

玉米麸料是含有玉米纤维质外皮、玉米浸渍液、玉米胚芽粉和玉米蛋白粉的混合物。一般纤维质外皮40%～60%，玉米蛋白粉15%～25%，玉米浸渍液固体物25%～40%。其蛋白质含量10%～20%，粗纤维在11%以下。

（六）矿物质饲料

兔的生长发育、机体的新陈代谢需要钙、磷、钠、钾、硫等多种矿物质元素，上述青绿饲料、能量饲料、蛋白质饲料中虽均含有矿物质，但含量远不能满足兔的需要，因此在兔日粮中常常需要专门加入矿物质饲料。

1. 食盐

食盐主要用于补充兔体内的钠和氯，保证兔体新陈代谢正常，还可以促进兔的食欲，用量可占日粮的0.3%～0.5%。

2. 骨粉或磷酸氢钙

骨粉中含有大量的钙和磷，而且比例合适。添加骨粉或磷酸氢钙，主要用于补充兔饲料中磷含量的不足。

3. 贝壳粉、石粉、蛋壳粉

此三者均属于钙质饲料。贝壳粉是最好的钙质矿物质饲料，含钙量高，又容易吸收。石粉价格便宜，含钙量高，但兔吸收能力差。蛋壳粉可以自制，将各种蛋壳经水洗、煮沸和晒干后粉碎即成。蛋壳粉的吸收率也较好，但要严防疾病传播。

（七）饲料添加剂

饲料添加剂是指在那些常用饲料之外，为满足动物生长、繁殖、生产各方面营养需要或为某种特殊目的而加入配合饲料中的少量或微量的物质。其目的是强化日粮的营养价值或满足兔的特殊需要，如保健、促生长、增食欲、防霉、改善饲料品质和兔产品质量。

1. 营养性添加剂

营养性添加剂是指用于补充饲料营养成分的少量或微量物质，主要有维生素、微量元素和氨基酸。

（1）维生素添加剂　在集约化饲养条件下，兔的生产性能高，采食高能高蛋白的配合饲料，需要在饲料中添加多种维生素，添加时按产品说明书要求的用量。兔处于逆境时对这类添加剂需要量加大。

（2）微量元素添加剂　微量元素添加剂主要是含有需要元素的化合物，这些化合物一般有无机盐类、有机盐类和微量元素-氨基酸螯合物。添加微量元素可不考虑饲料中的含量，把饲料中的含量作为“安全裕量”。

（3）氨基酸添加剂　目前人工合成而作为饲料添加剂进行大批量生产的是赖氨酸、蛋氨酸、苏氨酸和色氨酸，前两者最为普及。以大豆饼为主要蛋白质来源的日粮，添加蛋氨酸可以节省动物性饲料用量；豆饼不足的日粮添加蛋氨酸和赖氨酸，可以大大强化饲料的蛋白质营养价值；在杂粕含量较高的日粮中添加赖氨酸和氨基酸，可以提高日粮的消化利用率。赖氨酸促进生长作用明显，饲养生长育肥兔时应特别注意添加；蛋氨酸可以促进毛皮发育，改善兔的毛皮质量；在仔兔饲料中添加苏氨酸，可以提高生长速度，改善饲料利用率。

2. 非营养性饲料添加剂

非营养性添加剂有着特殊明显的维护健康、促进生长和提高饲料转化率等作用，这类添加剂的品种繁多。

（1）抗生素添加剂　预防兔的某些细菌性疾病，兔处于逆境或环境卫生条件差时，加入一定量的抗生素添加剂有良好效果。常用的抗生素有青霉素、链霉素、金霉素、土霉素等。

（2）中草药饲料添加剂　抗生素的残留问题越来越受到关注，许多抗生素被禁用或限用。中草药饲料添加剂毒副作用小，不易在产品中残留，且具有多种营养成分和生物活性物质，兼具有营养和防病的双重作用。其天然、多能、营养的特点，可起到增强免疫作用、激素样作用、维生素样作用、抗应激作用、抗微生物作用等。

（3）酶制剂　酶是动物、植物机体合成的具有特殊功能的蛋白质。酶是促进蛋白质、脂肪、碳水化合物消化的催化剂，并参与体内各种代谢过程的生化反应。在兔饲料中添加酶制剂，可以提高营养物质的消化率。目前，在生产中应用的酶制剂可分为两类：一是单一酶制剂，如淀粉酶、脂肪酶、蛋白酶、纤维素酶和植酸酶等；二是复合酶制剂，它是由一种或几种单一酶制剂为主体，加上其他单一酶制剂混合而成，或者由一种或几种微生物发酵获得。复合酶制剂可以同时降解饲料中的多种底物（多种抗营养因子和多种养分），可最大限度地提高饲料的营养价值。

（4）微生态制剂　微生态制剂也称有益菌制剂或益生素，是将动物体内的有益微生物经过人工筛选培育，再经过现代生物工程工厂化生产，专门用于动物营养保健的活菌制剂。其内含有十几种甚至几十种畜禽胃肠道有益菌，如加藤菌、EM原液、益生素等；也有单一菌制剂，如乳酸菌制剂。在养殖业中，除一些特殊的需要外，都用多种菌的复合制剂。除了可以饲料添加剂和饮水剂饲用外，还可以用来发酵秸秆、畜禽粪便制成生物发酵饲料，既提高粗饲料的消化吸收率，又变废为宝，减少污染。微生态制剂进入消化道后，首先建立并恢复其内的优势菌群和微生态平衡，并产生一些消化菌、类抗生素物质和生物活性物质，从而提高饲料的消化吸收率，降低饲料成本；抑制大肠杆菌等有害菌感染，增强机体的抗病力和免疫力，可少用或不用抗菌类药物；明显改善饲养环境，使兔舍内的氨、硫化氢等臭味减少70％以上。

（5）低聚糖　又名寡聚糖，是由2～10个单糖通过糖苷键连接成直链或支链的小聚合物的总称。其种类很多，如异麦芽糖低聚糖、异麦芽酮糖、大豆低聚糖、低聚半乳糖、低聚果糖等。它们不仅具有低热、稳定、安全、无毒等良好的理化特性，而且由于其分子结构的特殊性，饲喂后不能被人和单胃动物消化道的酶消化利用，也不会被病原菌利用，而直接进入肠道被乳酸菌、双歧杆菌等有益菌分解成单糖，再通过糖酵解的途径被利用，促进有益菌增殖和消化道的微生态平衡，对大肠杆菌、沙门氏菌等病原菌产生抑制作用。因此，低聚糖亦被称为化学微生态制剂。但它与微生态制剂的不同点在于，低聚糖主要作用是促进并维持动物体内已建立的正常微生态平衡；而微生态制剂则是外源性的有益菌群，可重建、恢复消化道有益菌群并维持其微生态平衡。

（6）糖萜素　糖萜素是从油茶饼（粕）和菜籽饼（粕）中提取的、由30％的糖类、30％的萜皂素和有机酸组成的天然生物活性物质。它可促进畜禽生长，提高日增重和饲料转化率，增强机体的抗病力和免疫力，并有抗氧化、抗应激作用，可降低畜产品中锡、铅、汞、砷等有害元素的含量，改善并提高畜产品色泽和品质。

（7）大蒜　大蒜有刺激食欲和抗菌作用。用作饲料添加剂的有大蒜粉和大蒜素，有诱食、杀菌、促生长、提高饲料利用率和畜产品品质的作用。

（8）驱虫保健剂　主要指一些抗球虫、绦虫和蛔虫等的药物。目前常用的有氯苯胍、敌菌净、磺胺二甲嘧啶、球净、地克珠利等。

（9）防霉剂　配合饲料保存时期较长时，需要添加防霉剂。防霉（腐）剂种类很多，如甲酸、乙酸、丙酸、丁酸、乳酸、苯甲酸、柠檬酸、山梨酸及其盐类。饲料防霉剂主要有有机酸类（如丙酸、山梨酸、苯甲酸、乙酸、脱氢乙酸和富马酸等）、有机酸盐（如丙酸钙、山梨酸钠、苯甲酸钠、富马酸二甲酯等）和复合防霉剂。生产中常用的防霉剂有丙酸钙、丙酸钠、克饲霉（丙酸及其盐类为主的复合制剂）等。

（10）抗氧化剂　饲料存放过程中易氧化变质，不仅影响饲料的适口性，而且降低饲用价值，甚至还会产生毒素，造成兔死亡。所以，长期贮存饲料，必须加入抗氧化剂。抗氧化剂种类很多，目前常用的抗氧化剂多由人工化学合成，如丁基化羟基甲苯（BHT）、乙氧基喹啉（山道喹）、丁基化羟甲基苯（BHA）等，抗氧化剂在配合饲料中的添加量为0.01％～0.05％。

（11）其他添加剂　除以上介绍的添加剂外，还有调味剂（如乳酸乙酯、葱油、茴香油、花椒油等）、激素类等。

第二节　兔的营养需要

所谓营养需要，就是指兔在生长发育、繁殖、生产等生理活动中每天对能量、蛋白质、维生素和矿物质的需要量。兔的生活和生产过程实质是对各种营养物质的消耗过程，只有了解兔对各种营养物质的确切需要量，才能按照需要进行提供，既能最大限度满足兔的需要，又不会造成营养浪费。

饲养标准是以兔的营养需要（兔在生长发育、繁殖、生产等生理活动中每天对能量、蛋白质、维生素和矿物质的需要量）为基础的，经过多次试验和反复验证后对某一类兔在特定环境和生理状态下的营养需要得出的一个在生产中应用的估计值。在饲养标准中，详细地规定了兔在不同生长时期和生产阶段，每千克饲粮中应含有的能量、粗蛋白质、各种必需氨基酸、矿物质及维生素含量或每天需要的各种营养物质的数量。有了饲养标准，就可以按照饲养标准来设计日粮配方，进行日粮配制，避免实际饲养中的盲目性。但是，兔的营养需要受兔的品种、生产性能、饲料条件、环境条件等多种因素影响，选择标准应该因兔制宜，因地制宜。各类兔的饲养标准见表3-5～表3-7，以供参考。

表3-5　我国建议的兔营养供给量

指　标	生长兔		妊娠兔	哺乳兔	成年产毛兔	生长育肥兔
	3～12周	12周以后				
消化能/(兆焦/千克)	12.2	11.3～10.45	10.45	10.87～11.29	10.45	12.12
粗蛋白/%	18	16	15	18	14～16	16～18
粗脂肪/%	2～3	2～3	2～3	2～3	2～3	3～5
钙/%	0.9～1.1	0.5～0.7	0.5～0.7	0.8～1.1	0.5～0.7	1.0
总磷/%	0.5～0.7	0.3～0.5	0.3～0.5	0.5～0.8	0.3～0.5	0.5
赖氨酸/%	0.9～1.0	0.7～0.9	0.7～0.9	0.8～1.0	0.5～0.7	1.0
蛋氨酸+胱氨酸/%	0.7	0.6～0.7	0.6～0.7	0.6～0.7	0.6～0.7	0.4～0.6
精氨酸/%	0.8～0.9	0.6～0.8	0.6～0.8	0.6～0.8	0.6	0.6
食盐/%	0.5	0.5	0.5	0.5～0.7	0.5	0.5
铜/(毫克/千克)	15	15	10	10	10	20
铁/(毫克/千克)	100	50	50	100	50	100
锰/(毫克/千克)	15	10	10	10	10	15
锌/(毫克/千克)	70	40	40	40	40	40
镁/(毫克/千克)	300～400	300～400	300～400	300～400	300～400	300～400
碘/(毫克/千克)	0.2	0.2	0.2	0.2	0.2	0.2
维生素A/(万单位/千克)	0.6～1.0	0.6～1.0	0.6～1.0	0.6～1.0	0.6～1.0	0.6～1.0
维生素D/(万单位/千克)	0.10	0.1	0.1	0.1	0.1	0.1

表 3-6　我国建议的安哥拉毛兔营养需要量

指　　标	幼兔	青年兔	妊娠母兔	哺乳母兔	产毛兔	种公兔
消化能/(兆焦/千克)	10.46	10.04～10.64	10.04～10.64	10.88	10.04～11.72	12.12
粗蛋白/%	16～17	15～16	16	18	15～16	17
可消化蛋白/%	12～13	10～11	11.5	13.5	11	13
粗纤维/%	14	16	14～15	12～13	12～17	16～17
粗脂肪/%	2.0	3.0	3.0	3.0	3.0	3.0
钙/%	1.0	1.0	1.0	1.2	1.0	1.0
总磷/%	0.5	0.5	0.5	0.8	0.5	0.5
赖氨酸/%	0.8	0.8	0.8	0.9	0.7	0.8
蛋氨酸+胱氨酸/%	0.7	0.7	0.8	0.8	0.7	0.7
精氨酸/%	0.8	0.8	0.8	0.9	0.7	0.9
食盐/%	0.3	0.3	0.3	0.3	0.3	0.3
铜/(毫克/千克)	2～200	10	10	10	20	10
锰/(毫克/千克)	30	30	50	50	30	30
锌/(毫克/千克)	50	50	70	70	70	70
钴/(毫克/千克)	0.1	0.1	0.1	0.1	0.1	0.1
维生素 A/(国际单位/千克)	8000	8000	8000	8000	6000	12000
胡萝卜素/(克/千克)	0.83	0.83	0.83	1.0	0.62	1.2
维生素 D/(国际单位/千克)	900	900	900	1000	900	900
维生素 E/(国际单位/千克)	50	50	60	60	50	60

表 3-7　肉兔的营养需要

指　　标	生长兔	妊娠母兔	哺乳母兔及仔兔	种公兔
消化能/(兆焦/千克)	10.45	10.45	11.28	10.30
粗蛋白/%	15～16	15	18	18
蛋氨酸+胱氨酸/%	0.50	—	0.60	—
赖氨酸/%	0.66	—	0.75	—
精氨酸/%	0.90	—	0.80	—
苏氨酸/%	0.55	—	0.70	—
色氨酸/%	0.18	—	0.22	—
组氨酸/%	0.35	—	0.43	—
缬氨酸/%	1.20	—	1.40	—
苯丙氨酸+酪氨酸/%	0.70	—	0.85	—
亮氨酸/%	1.05	—	1.25	—
钙/%	0.50	0.80	1.10	—
磷/%	0.30	0.50	0.80	—
食盐/%	0.40	0.40	0.40	—

第三节 兔饲料的配合、加工和调制

一、兔的日粮配合

（一）配合饲料的特点

1. 营养丰富而全面

配合饲料是根据动物营养需求的最新研究成果、消化特点，制订科学的配方和采用最新加工工艺而生产，因此完全符合兔的营养需求，能充分发挥其遗传潜力，从而提高饲养效率，降低成本。

2. 合理利用饲料资源

配合饲料是由多种饲料配合而成，因而可以因地制宜、合理地利用各种饲料资源。如各种农副产品、屠宰、食品工业下脚料等；此外，还可根据各种原料千变万化的价格，选定及调整配方，以降低成本。

3. 提高生产性能

配合饲料中添加了多种微量成分，如微量元素、维生素、药物添加剂等。这些组分虽然所占日粮的比例很低，但能使日粮更加平衡，防止各种营养缺乏症的发生，增强兔的适应力和抗病力，保证生产性能充分发挥。

4. 饲用方便安全

配合饲料可以直接饲用或稍加其他原料混合后使用，简单方便。配合饲料是由专用的配合饲料生产设备，采用先进的加工工艺，在严格的质量管理体系监管下生产的产品，因而其中的微量成分能充分混合，均匀一致，保证了产品的饲用安全性。

（二）配合饲料的种类

1. 添加剂预混料

添加剂预混料是由营养物质添加剂（维生素、氨基酸和微量元素）和非营养物质添加剂（抗生素、抗氧化剂、驱虫剂等），以石粉或小麦粉为载体，按规定量进行预混合的一种产品，可供养殖场平衡混合料之用。另外还有单一的预混料，如微量元素预混料、维生素预混料、复合预混料等。

预混料不能直接饲用，需与其他饲料原料配合。

预混料是全价配合饲料的重要组成部分，虽然只占全价配合饲料的0.25%～3%，却是提高饲料产品质量的核心部分。

2. 浓缩饲料

浓缩饲料是由添加剂预混料、蛋白质饲料、常量矿物质饲料等按比例配合而成。蛋白质含量一般为30%～75%。浓缩饲料不能直接饲用，必须与一定比例的能量饲料混匀后才能使用。

3. 全价配合饲料

全价配合饲料是根据兔的不同生理阶段和生产水平，把多种饲料原料和添加剂预混料按一定的加工工艺配制而成的均匀一致、营养价值完全的饲料。可直接饲用，无需添加任何饲料或添加剂。

（三）配合饲料的形状

1. 粉料

粉料的优点是使兔不能挑食，适于各种类型和不同年龄的兔。但应注意，粉料不宜磨得过碎，否则适口性差，采食量小，易飞散损失。兔是草食动物，如果饲喂粉料，就必须补充适量的青绿饲料或干草，因此粉料也被称作精料补充料。

2. 颗粒饲料

颗粒饲料目前应用广泛。颗粒饲料是将饲粮配方中的各种原料粉碎，混合均匀后再通过颗粒机压制成颗粒。现代的颗粒机一般均可自动计量，自动配料、粉碎，最后挤压成颗粒。颗粒饲料具有许多优点，除了便于机械化管理外，还有适口性好、兔采食量大、营养丰富、使兔不能挑食、可全部吃净、防止浪费、符合兔的啃食习性等优点。

3. 碎料

碎料是将饲料先加工成颗粒，然后再打成碎料，它具有颗粒饲料的一切优点，而且采食时间长，适于各种年龄兔。但碎料加工成本高，饲喂时应适当限制喂料量。

(四) 兔日粮配合的原则

1. 营养原则

配合日粮时，应该以兔的饲养标准为依据。但兔的营养需要是个极其复杂的问题，饲料的品种、产地、保存好坏会影响饲料的营养含量，兔的品种、类型、饲养管理条件等不同，兔的实际营养需要量也不同，温度、湿度、有害气体、应激因素、饲料加工调制方法等也会影响兔的营养需要和消化吸收。因此，在生产中原则上按饲养标准配合日粮，再根据兔的生长和生产情况作适当的调整。一般按兔的膘情和季节等条件的变化，在饲养标准的上下10%范围内进行调整，同时注意保证能量的供给。

2. 生理原则

配合日粮时，必须根据各类兔的不同生理特点，选择适宜的饲料进行搭配和合理加工调制。配制兔饲料必须保持一定的粗纤维含量，如果粗纤维不足，会造成兔消化道疾病。成年兔饲料中粗纤维含量在12%以上，但幼龄兔的粗纤维含量不能过高。兔饲料要有适宜的容积，一般兔饲料中麸皮、干草等低密度饲料应占整个配合饲料的30%～50%，幼龄兔少些，成年兔多一些。要注意饲料的适口性，选择多种饲料原料配制饲粮，既能提高适口性，又能使各种饲料的营养物质互相补充，以提高其营养价值。

3. 经济原则

在养兔生产中，饲料费用占很大比例，一般要占养兔成本的70%～80%。因此，配合日粮时，应就地取材，选用营养丰富、价格低廉的饲料原料来配合日粮，以降低生产成本，提高经济效益。同时，配合饲料必须注意混合均匀，才能保证配合饲料的质量。

4. 安全性原则

饲料安全关系到兔群健康，更关系到食品安全和人民健康。所以，配制的饲料要符合国家饲料卫生质量标准，饲料中含有的物质、品种和数量必须控制在允许的安全范围内，有毒物质、药物添加剂、细菌总数、霉菌总数、重金属等不能超标。

（五）兔日粮配方设计方法

配合日粮首先要设计日粮配方，然后“照方抓药”。兔日粮配方的设计方法很多，如四角形法、试差法、计算机法等。目前多采用试差法和计算机法。

1. 试差法

试差法是畜牧生产中常用的一种日粮配合方法。此法是根据饲养标准及饲料供应情况，选用数种饲料，先初步规定用量进行试配，然后将其所含养分与饲养标准对照比较，可通过调整饲料用量弥补差值，使营养含量符合饲养标准的规定。应用试差法一般需经过反复的调整计算和对照比较。如使用青干草粉、玉米、小麦麸、大豆饼、大麦、贝壳粉、骨粉、食盐和1%的预混剂等饲料设计一个生长肉兔全价饲料配方。

第一步：根据饲养标准，确定营养需要，例如表3-8。

表3-8　生长肉兔的营养需要

养　分	需要量	养　分	需要量
消化能/(兆焦/千克)	10.45	赖氨酸/%	0.66
粗蛋白/%	16	蛋氨酸+胱氨酸/%	0.5
钙/%	0.50	食盐/%	0.40
磷/%	0.3		

第二步：根据饲料原料成分表，查出所用各种饲料的养分含量，见表3-9。

表3-9　各种饲料的养分含量

饲料	消化能/(兆焦/千克)	粗蛋白/%	粗纤维/%	钙/%	磷/%	赖氨酸/%	蛋氨酸+胱氨酸/%
青干草粉	2.47	8.90	13.9	0.54	0.25	0.31	0.21
玉米	14.18	8.60	2.00	0.04	0.21	0.27	0.31
大麦	12.18	10.50	6.50	0.06	0.21	0.37	0.35

续表

饲料	消化能/(兆焦/千克)	粗蛋白/%	粗纤维/%	钙/%	磷/%	赖氨酸/%	蛋氨酸+胱氨酸/%
豆粕	13.10	45.6	5.40	0.26	0.57	2.45	1.08
小麦麸	12.39	15.4	5.10	0.33	0.48	0.32	0.33

第三步：初拟配方。根据饲养经验，初步拟定配合比例，然后计算能量蛋白质营养物质含量。初拟的配方和计算结果见表 3-10。

表 3-10　初拟配方及配方中能量蛋白质含量

饲料及比例/%	代谢能/(兆焦/千克)	粗蛋白/%
青干草粉 23	2.47×23%=0.5681	8.90×23%=2.047
玉米 35	14.18×35%=4.963	8.6×35%=3.01
大麦 20	12.18×20%=2.436	10.50×20%=2.1
豆粕 15	13.10×15%=1.965	45.6×15%=6.84
小麦麸 5	12.39×5%=0.6195	15.4×5%=0.77
合计 98	10.55	14.767

第四步：调整配方，使能量和蛋白质符合营养标准。由表 3-10 中可以算出能量比标准多 0.10 兆焦/千克，蛋白质少 1.233%，用蛋白质含量高的豆粕代替玉米，增加 1.233%蛋白质需要的代替比例为 3.33% [1.233÷(45.6−8.6)×1%]，能量可减少 0.036 兆焦/千克，与标准接近。

第五步：计算矿物质和氨基酸的含量，如表 3-11。

表 3-11　矿物质和氨基酸含量

饲料比例/%	钙/%	磷/%	赖氨酸/%	蛋氨酸+胱氨酸/%
青干草粉 23	0.124	0.058	0.0713	0.0483
玉米 31.67	0.013	0.067	0.0855	0.098
大麦 20	0.012	0.042	0.074	0.07
豆粕 18.33	0.077	0.104	0.449	0.198
小麦麸 5	0.0165	0.024	0.016	0.0165
合计 98	0.243	0.295	0.696	0.431

根据上述配方计算得知，饲粮中钙比标准低 0.257%，磷基本满足需要，只需要添加 0.79%(0.257÷32.6×100%) 的贝壳粉。赖氨酸满足要求，不用添加。蛋氨酸+胱氨酸比标准少 0.069%，可补充蛋氨酸 0.07%。补充 0.5%的食盐和 1%的预混剂。最后配方总量为 100.36%，可将玉米减去 0.36%，不用再计算（一般能量饲料调整不大于 1%的情况下，日粮中的能量、蛋白质指标的变化不大，可以忽略)。

第六步：列出配方和主要营养指标。

饲料配方：青干草粉 23%，玉米 31.31%、大麦 20%、豆粕 18.33%、小麦麸 5%、贝壳粉 0.79%、食盐 0.5%、预混剂 1%、蛋氨酸 0.07%，合计 100%。

营养水平：消化能 10.51 兆焦/千克、粗蛋白 16%、钙 0.50%、磷 0.3%、蛋氨酸+胱氨酸 0.501%、赖氨酸 0.696%。

2. 四角法

四角法又称对角线法，此法简单易学，适用于饲料品种少、指标单一的配方设计，特别适用于使用浓缩料加能量饲料配制成全价饲料。其步骤是：

(1) 画一个正方形，在其中间写上所要配的饲料的粗蛋白质百分含量，并与四角连线。

(2) 在正方形的左上角和左下角分别写上所用能量饲料（玉米)、浓缩料的粗蛋白质含量。

(3) 沿两条对角线用大数减小数，把结果写在相应的右上角及右下角，所得结果便是玉米和浓缩料配合的份数。

(4) 把两者份数相加之和作为配合后的总份数，以次作除数，分别求出两者的百分数，即为它们的配比。

3. 计算机法

应用计算机设计饲料配方可以考虑多种原料和多个营养指标，且速度快，能调出最低成本的饲料配方。现在应用的计算机软件，多是应用线性规划，就是在所给饲料种类和满足所求配方的各项营养指标的条件下，使设计的配方成本最低。但计算机也只能是辅助设计，需要有经验的营养专家进行修订，检查原料限制，以及作最终的确定。

二、兔用饲料的调制加工

为提高饲料的适口性，增进食欲，提高饲料的利用率，喂前对饲料应进行合理的加工调制。

（一）青饲料的采集及利用

无论是人工牧草还是野生杂草，采集后均要清洗，做到不带泥水、无毒、不带刺、不受污染，采集后要摊开，不可堆捂，以免变质、发黄和发热。带雨水或露水的青草应晾干再喂。喂草时，不必切得太碎，只要干净、幼嫩即可。霉烂变质的饲料绝不可用于喂兔。

（二）多汁饲料加工

多汁饲料，如胡萝卜等，应先洗净切成块或刨成丝喂用，但不宜切得太碎，否则造成浪费和营养水分损失。有黑斑的甘薯和发芽的马铃薯最好不用于喂兔。即使饲喂，一定要把黑斑和芽眼部位彻底深削，蒸煮熟后再喂。

（三）青干草的制作

选择盛花期之前收割的青草，在晴朗的天气里尽快晒干，可得到优质的青干草。晒制时间越短，营养损失越少，若有条件采用人工加温干燥法制晒青草，则干草的品质会更好。干草的含水量要适当，过分干燥时不宜转运，并且容易变碎损失；过湿时则易霉变，不利于长期保存。一般水分含量控制在10%以内即可。因干草的营养大多集中在叶上，在晒制和搬动过程中，要尽量减少草叶的散落。品质好的青干草应不霉变、色青绿、味清香。饲喂时最好粉碎成草粉与精料、粉料混喂。

（四）精饲料的加工调制

精料种类较多，不同精料采用不同的加工调制方法。

1. 压扁与粉碎

小麦、大麦、稻谷、燕麦等可整粒喂兔，兔也喜欢吃，但玉米颗粒大而坚硬，应压扁饲喂。饲喂整粒谷物，不仅消化率低，而且不易与其他饲料均匀混合，也不便于配制全价日粮。一般认为，谷物饲料应压扁或粉碎后再喂。粉碎粒度不宜太细，太细有可能引起拉稀。适于兔的粉粒直径，我国尚无报道，据国外报道，粉粒直径以1～2毫米为宜。

2. 浸泡与蒸煮

豆类、饼（粕）类和谷类，经水浸泡后膨胀变得柔软，容易咀嚼，可以提高消化率。豆科籽实及其生豆渣、生饼（粕）等，必须经蒸煮后饲喂。因为生豆类饲料内含抗胰蛋白酶，通过蒸煮，可以将其破坏，从而提高适口性和消化率。

3. 去毒

棉籽饼、菜籽饼富含蛋白质，前者含蛋白质30%以上，后者含蛋白质高达30%～40%，都可作为蛋白质补充料。

但它们都含有毒素，在使用之前必须进行去毒处理，而且要限制饲喂量：

（1）棉籽饼　含有游离棉酚，未去毒或使用不当会使兔中毒。使用前一定要对棉籽饼进行去毒处理。经去毒后的棉籽饼仍有少量残余棉酚存在，因此应限量饲喂。棉籽饼喂量占日粮的水平不宜超过10%。据作者等试验，用硫酸亚铁去毒的棉籽饼占精料量的15%，对兔的生长和繁殖等未见有不良反应。棉籽饼去毒方法有：

① 用水煮沸棉籽饼粉，保持沸腾半小时，冷却即可饲喂。

② 向棉籽饼粉中加入硫酸亚铁，根据棉籽饼中游离棉酚含量，加入等量的铁，即游离棉酚：铁＝1：1，拌匀后直接与其他饲料饲喂。

（2）菜籽饼　含有硫葡萄糖苷类化合物，长期饲喂可引起兔中毒。未经去毒的菜籽饼不可用来喂兔，去毒后的菜籽饼饲喂量不宜超过日粮的10%。其去毒方法有：

① 土埋法　选择向阳、干燥、地温较高地方，挖一长方形的坑。坑宽0.8米，深0.7～1米，长度根据菜籽饼数量决定。将菜籽饼粉按1：1的比例用水浸透泡软后埋入坑内，底部和顶部各加一层草，顶部覆土20厘米以上。埋2个月后，可脱毒90%以上，但蛋白质会

损失 3%～8%。

② 氨处理法　以 7%氨水 22 份，均匀喷洒 100 份菜籽饼，闷盖 3～5 小时，再放进蒸笼蒸 40～50 分钟，晒干或炒干后喂兔。

4. 发芽

冬季在青饲料缺乏情况下，由于维生素缺乏，往往影响兔的繁殖率。因此，在生产上常常采用大麦发芽进行补饲。发芽后的大麦中胡萝卜素、维生素 B_2、蛋氨酸和赖氨酸含量明显增加。

（五）青贮饲料制作

在夏、秋季青饲料生长旺盛时期，适时收割青贮，可供冬季和早春利用。

1. 青贮原料

紫苜蓿、红三叶、紫云英、白三叶、鸡脚草、苏丹草、燕麦、青玉米、青大麦、青绿豆、青豌豆、青大豆、青甘薯藤、胡萝卜、甘蓝、各种野草、水浮莲、水葫芦、水花生等均可作为青贮饲料。但要注意豆科植物不宜单独贮存，要与禾本科植物（任何一种均可）混合贮存。

2. 青贮设备

根据贮存量和各地条件，可采用窖、壕、塔、缸、塑料袋等。窖、壕要建造在地势高、地下水位低、土质坚硬、靠近畜舍的地方，圆形、长方形均可，但内壁要光滑无缝隙。窖、壕的贮存量一般每立方米可装填含水分 60%～70%的青饲料 500～600 千克。用塑料袋贮存青饲料时，可以在田间装贮，封口后运送至兔舍内堆放。

3. 装窖

将割下的青料运至窖、壕旁，切成 2～4 厘米长，压实。窖、壕内空气要排尽，防止因空气多、发酵、温度升高，而造成养分损失，霉烂变质。原料切碎成 2～4 厘米后，随即分层压实，每层厚度约 20 厘米。原料装满高出窖面 70～90 厘米，上面先盖一层秸秆或软草，或铺上塑料薄膜，最后用黏性土覆盖，压实，以防止透气和雨水渗入。青饲料贮存在缺氧条件下，有利于乳酸菌大量繁殖，酸度逐渐增加，抑制腐败菌及有害菌生长，此过程约需20天。

4. 注意事项

（1）选择晴天收割后，晾晒1～2天，或加入适量秸秆粉、糠麸粉，使含水量降低。

（2）有条件的在青贮时加入适量甲酸（蚁酸）、甲醛（福尔马林）、尿素等。每吨青饲料加85%甲酸2.85千克，或加90%甲酸4.53千克。加甲酸后，制作的青贮料颜色鲜绿，气味香浓。但对于含糖量高的饲料如玉米等，应按青贮原料重量的0.1%～0.6%加入5%甲醛。每吨青贮玉米若添加5千克尿素，可使青贮玉米总蛋白质含量达到12.5%。

（3）近十多年来，推广应用低水分青贮法，也叫半干青贮，即含水量为45%～60%，使青料收割后经24～30小时风干。

（4）青饲料贮存后，约30～40天即可随取随喂。取后加盖，以防止与空气接触而霉烂变质。试验证明，在基础日粮相同的情况下，饲喂青贮料的兔增重和泌乳量都有较大幅度提高，并有促进母兔发情配种、提高受胎率的良好作用。

（六）颗粒饲料的制作

1. 原料选择

（1）精饲料　兔常用的精饲料有玉米、大麦、高粱、麸皮、豆饼、葵花籽饼、花生饼、芝麻饼、鱼粉等。要求精料的含水量不超过安全贮藏水分限量，无霉变，杂质不超过2%。发霉变质及掺假的原料坚决不用。

（2）粗饲料　兔常用的粗饲料有玉米秸秆、豆秸、谷草、花生秧、栽培干牧草、树叶等。晒制良好的粗饲料水分含量14%～17%。玉米秸秆容重小，加工时不易颗粒化或加工出的成品硬度小，故宜与谷草、豆秸等饲料搭配使用。

2. 原料粉碎

在其他因素不变的情况下，原料粉碎得越细，产量越高。一般粉碎机的筛板孔径以1～1.5毫米为宜。对于贮备的粗饲料，一般应选择晴天的中午加工。

3. 称量混合

加工颗粒饲料，先将粉碎的精料按照配方比例称量混匀，再按精、粗料比例与粗料混合。为了混合均匀，应注意下面几点：

（1）采用预混料　将微量元素添加剂或预防用药物制成预混料。

（2）控制搅拌时间　一般卧式带状螺旋混合机每批宜混合 2～6 分钟；立式混合机则需混合 15～20 分钟。

（3）装料量适宜　每次混合料以装至混合机容量的 60%～80% 为宜。

（4）加料顺序合理　配比量大的组分先加，量小的后加；密度小的先加，密度大的后加。此外，对于干进干出的制粒机，须在制粒前搅拌时加入一定比例的水分。

4. 压制成形

这一过程是将混合料经制粒机压制加工成颗粒料。颗粒料的物理性状（如长度、直径、硬度等）是颗粒料质量的重要表现。颗粒料直径、长度对断奶新西兰白兔的生长性能有明显影响，从平均日增重、日采食量、料肉比综合评定，颗粒长度应小于 0.64 厘米，直径不大于 0.48 厘米。

第四节　兔的实用配方

一、生长兔饲料配方

见表 3-12、表 3-13。

二、妊娠母兔的饲料配方

见表 3-14、表 3-15。

三、泌乳母兔的饲料配方

见表 3-16、表 3-17。

表 3-12　生长兔饲料配方一　　　　单位：%

原　料	配　方　编　号											
	1	2	3	4	5	6	7	8	9	10	11	12
玉米	20.0	20.0	20.0	25.3	24.0	31.6	22.0	28.0	20.0	24.0	20.0	20.9
豆粕	21.8	5.0	14.8	10.5	10.7	13.5	8.0	15.0	20.0	13.0	10.0	15.0
花生饼	0	11.2	4.0	9.0	6.0	8.8	5.0	5.0	5.0	8.0	9.0	7.0
小麦麸	19.0	15.0	22.5	21.0	11.4	12.7	13.8	15.0	10.0	18.0	21.3	14.0
花生秧	30.0	36.0	30.0	0	20.0	15.5	0	0	0	0	25.0	0
玉米秸粉	7.0	0	0	0	0	0	0	0	29.4	0	0	0
苜蓿草粉	0	10.4	0	15.0	15.0	15.0	38.0	15.5	0	0	12.0	0
青干草	0	0	0	0	0	0	0	18.3	0	0	0	29.4
洋槐叶粉	0	0	0	0	10.0	0	10.0	0	12.0	13.5	0	10.0
大豆秸粉	0	0	6.5	16.0	0	0	0	0	0	19.7	0	0
磷酸氢钙	0	0	0	1.0	0.7	0.7	1.0	1.0	1.4	1.6	0.5	1.5
食盐	0.5	0.5	0.5	0.5	0.5	0.5	0.5	0.5	0.5	0.5	0.5	0.5
预混剂	1.7	1.9	1.7	1.7	1.7	1.7	1.7	1.7	1.7	1.7	1.7	1.7
营养成分												
代谢能/(兆焦/千克)	9.32	9.54	9.54	9.26	9.71	9.75	9.46	9.42	10.10	10.81	9.63	9.11
粗蛋白	18.00	17.46	17.70	17.23	17.40	18.10	18.00	17.80	17.20	17.15	17.30	17.90
粗纤维	12.00	12.00	12.40	15.10	12.70	15.10	12.00	13.00	12.30	12.86	12.50	12.67
钙	1.00	1.20	1.00	0.77	0.59	0.63	1.18	0.76	1.04	0.79	0.69	0.758
总磷	0.41	0.34	0.41	0.55	0.61	0.44	0.47	0.51	0.50	0.57	0.48	0.54
赖氨酸	0.83	0.71	0.73	0.72	0.69	0.76	0.71	0.77	0.74	0.93	0.72	0.68
蛋氨酸＋胱氨酸	0.60	0.52	0.57	0.45	0.54	0.48	0.42	0.49	0.43	0.41	0.49	0.44

表 3-13　生长兔饲料配方二

单位：%

原料	配方编号											
	1	2	3	4	5	6	7	8	9	10	11	12
玉米	20.0	22.0	20.0	20.0	22.0	22.0	22.5	25.0	22.0	23.0	20.0	22.0
豆粕	13.0	12.4	10.6	10.0	11.0	12.0	13.0	12.0	14.0	13.0	8.0	8.3
花生饼	9.0	5.0	6.1	4.0	0	0	0	0	0	0	6.0	8.0
棉籽饼	5.0	7.0	5.0	5.0	5.0	5.0	5.0	5.0	5.0	5.0	5.0	5.0
菜籽饼	0	0	0	0	3.0	3.0	3.0	3.3	4.0	3.0	0	0
小麦麸	13.3	14.0	8.7	21.3	3.0	10.3	25.0	10.0	15.3	3.3	8.3	18.0
花生秧	20.0	25.0	32.0	25.0	5.2	25.0	0	15.0	0	25.0	10.0	25.0
酒糟	0	0	0	0	11.0	20.0	0	0	0	5.0	0	0
玉米秸粉	17.0	0	0	0	0	0	0	0	0	5.0	0	0
苜蓿草粉	0	0	0	12.0	15.0	0	0	27.0	20.0	10.0	5.0	0
甘薯藤粉	0	12.0	0	0	12.0	0	10.0	0	0	5.0	10.0	0
洋槐叶粉	0	0	15.0	0	0	0	13.5	0	0	0	20.0	0
大豆秸粉	0	0	0	0	10.0	0	5.2	0	17.0	0	5.0	11.0
磷酸氢钙	0.5	0.4	0.4	0.5	0.6	0.5	0.6	0.5	0.5	0.5	0.5	0.5
食盐	0.5	0.5	0.5	0.5	0.5	0.5	0.5	0.5	0.5	0.5	0.5	0.5
预混剂	1.7	1.7	1.7	1.7	1.7	1.7	1.7	1.7	1.7	1.7	1.7	1.7
营养成分												
代谢能/(兆焦/千克)	9.21	9.79	10.40	9.63	9.37	9.63	9.61	8.90	8.75	9.63	9.59	9.25
粗蛋白	17.81	17.80	17.81	17.30	17.89	17.05	17.80	17.50	17.80	17.10	18.00	17.10
粗纤维	14.80	14.00	12.00	12.50	12.20	14.25	12.08	15.0	14.6	13.0	12.6	15.13
钙	0.63	0.71	0.57	0.69	0.57	0.64	0.68	0.68	0.65	0.97	0.52	0.64
总磷	0.58	0.61	0.54	0.56	0.64	0.54	0.54	0.42	0.52	0.52	0.35	0.40
赖氨酸	0.76	0.74	0.65	0.72	0.77	0.83	0.75	0.73	0.78	0.71	0.58	0.68
蛋氨酸+胱氨酸	0.50	0.50	0.45	0.49	0.56	0.56	0.50	0.51	0.53	0.55	0.39	0.47

表 3-14　妊娠母兔饲料配方一

单位：%

原　料	配　方　编　号											
	1	2	3	4	5	6	7	8	9	10	11	12
玉米	22.0	35.0	21.8	23.0	24.4	22.0	22.0	25.0	25.0	26.0	22.0	27.0
豆粕	11.0	11.0	8.0	10.0	8.0	8.0	10.0	13.0	10.0	8.0	6.0	10.0
花生饼	4.0	4.0	4.0	4.0	4.0	4.0	4.0	4.0	0	0	0	0
菜籽饼	4.0	4.0	4.0	4.0	4.0	4.0	4.0	4.0	5.0	4.0	3.8	4.0
棉籽饼	0	0	0	0	0	0	0	0	5.0	4.0	3.0	4.0
小麦麸	17.2	4.0	11.0	10.0	18.4	7.8	7.8	7.3	8.3	8.5	12.0	7.1
花生秧	10.0	20.0	21.0	0	0	20.0	0	0	25.0	20.0	0	0
玉米秸粉	0	20.0	0	0	0	3.0	0	32.0	20.0	0	8.0	0
苜蓿草粉	0	0	10.0	10.0	12.0	12.0	0	0	0	0	20.0	15.0
青干草	0	0	18.0	0	0	17.0	18.0	0	0	18.0	0	20.0
洋槐叶粉	0	0	0	0	0	0	12.0	12.0	0	10.0	0	0
大豆秸粉	0	0	0	0	27.0	0	0	0	0	0	23.0	0
甘薯藤粉	30.0	0	0	37.0	0	0	20.0	0	0	0	0	11.0
磷酸氢钙	0.6	0.8	1.0	0.8	1.0	1.0	1.0	1.5	0.5	0.3	1.0	0.7
食盐	0.5	0.5	0.5	0.5	0.5	0.5	0.5	0.5	0.5	0.5	0.5	0.5
预混剂	0.7	0.7	0.7	0.7	0.7	0.7	0.7	0.7	0.7	0.7	0.7	0.7
营养成分												
代谢能/(兆焦/千克)	9.50	9.71	8.79	9.17	8.24	8.83	9.53	11.03	9.00	8.80	8.37	8.80
粗蛋白	16.60	15.13	16.32	16.00	16.28	16.40	16.30	15.71	15.87	16.20	16.60	16.30
粗纤维	13.47	13.10	14.37	14.30	15.48	14.54	13.90	13.00	14.66	12.78	14.85	14.30
钙	1.04	1.04	1.22	1.05	0.81	0.68	1.08	1.08	1.07	1.05	0.88	0.78
总磷	0.45	0.40	0.46	0.42	0.50	0.60	0.425	0.50	0.43	0.37	0.47	0.44
赖氨酸	0.69	0.65	0.65	0.66	0.65	0.64	0.59	0.65	0.68	0.59	0.71	0.69
蛋氨酸+胱氨酸	0.44	0.43	0.44	0.43	0.42	0.47	0.39	0.38	0.47	0.42	0.47	0.47

表 3-15　妊娠母兔饲料配方二

单位：%

原　料	配方编号											
	1	2	3	4	5	6	7	8	9	10	11	12
小麦	0	0	0	0	0	23.8	20.0	25.0	20.0	25.0	20.0	20.0
玉米	26.0	20.0	20.0	23.0	20.0	0	0	0	0	0	0	0
豆粕	0	3.0	3.0	3.0	4.8	7.0	5.0	5.0	5.0	5.0	5.0	5.0
芝麻饼	0	4.0	4.0	4.0	4.0	0	0	0	0	0	0	0
菜籽饼	4.0	0	0	0	0	4.0	4.0	4.0	4.0	4.0	4.0	3.0
棉籽饼	4.0	0	0	0	0	4.0	4.0	3.0	4.0	3.0	3.0	3.0
小麦麸	14.8	8.0	9.3	9.8	9.0	12.0	10.3	12.8	15.3	9.3	5.3	9.8
米糠	0	0	0	0	0	10.0	10.0	8.0	8.0	10.0	10.0	10.0
酒糟	20.0	0	0	0	0	0	0	0	0	0	0	18.0
麦芽根	0	20.0	15.0	25.0	15.0	25.0	0	0	0	0	0	0
花生秧	25.0	0	0	0	5.0	13.0	0	0	0	0	8.0	25.0
玉米秸粉	0	0	0	23.0	0	0	0	0	0	0	0	0
苜蓿草粉	5.0	20.0	0	0	5.0	0	20.0	20.0	15.0	0	10.0	5.0
青干草	0	0	14.0	0	20.0	0	0	0	12.0	0	18.0	0
洋槐叶粉	0	0	18.0	10.0	15.0	0	0	0	0	15.0	14.0	0
大豆秸粉	0	0	0	0	0	0	0	20.0	0	26.0	0	0
甘薯藤粉	0	23.5	15.0	0	0	0	25.0	0	15.0	0	0	0
磷酸氢钙	0	0.30	0.5	1.0	1.0	0	0.5	1.0	0.5	1.5	1.5	0
食盐	0.5	0.5	0.5	0.5	0.5	0.5	0.5	0.5	0.5	0.5	0.5	0.5
预混剂	0.7	0.7	0.7	0.7	0.7	0.7	0.7	0.7	0.7	0.7	0.7	0.7
营养成分												
代谢能/(兆焦/千克)	9.79	8.99	9.35	9.32	9.36	9.58	9.21	8.62	8.87	9.14	9.62	9.72
粗蛋白	16.06	16.42	15.70	15.80	16.50	15.84	15.87	16.09	15.87	15.74	15.90	16.20
粗纤维	12.36	13.55	12.60	12.60	12.50	13.09	12.87	13.82	13.70	13.23	12.30	12.90
钙	0.87	0.87	1.11	0.88	0.95	0.90	0.91	0.87	0.76	1.17	1.01	1.02
总磷	0.44	0.44	0.42	0.55	0.55	0.49	0.52	0.56	0.55	0.56	0.69	0.56
赖氨酸	0.71	0.64	0.48	0.60	0.55	0.63	0.61	0.61	0.61	0.50	0.51	0.70
蛋氨酸＋胱氨酸	0.49	0.44	0.35	0.39	0.40	0.48	0.46	0.46	0.47	0.39	0.43	0.50

表 3-16　泌乳母兔饲料配方一　　单位：%

原料	配方编号											
	1	2	3	4	5	6	7	8	9	10	11	12
小麦	20.0	20.0	23.0	20.0	20.0	20.0	0	0	0	0	0	0
玉米	0	0	0	0	0	0	20.3	23.0	22.5	25.0	21.0	20.0
豆粕	13.5	15.0	16.0	9.0	10.8	14.0	10.0	18.0	14.0	16.0	15.0	12.0
菜籽饼	3.0	4.0	4.0	3.0	3.0	4.5	4.0	4.0	4.0	4.0	4.0	4.0
棉籽饼	3.0	3.0	4.0	3.0	3.0	4.5	5.0	5.0	4.0	4.0	3.0	3.0
小麦麸	8.0	5.3	3.3	3.0	7.0	5.3	18.5	5.8	6.0	13.8	16.0	16.0
米糠	0	8.0	7.0	5.0	6.0	8.0	0	0	0	0	0	0
酒糟	15.0	0	0	0	0	0	12.0	0	0	0	0	0
麦芽根	0	17.0	0	0	0	0	0	0	0	0	0	0
花生秧	25.0	0	0	28.0	22.0	24.0	29.0	0	0	0	9.0	18.0
玉米秸粉	0	10.0	30.0	0	0	18.0	0	27.0	0	0	0	0
苜蓿草粉	0	0	0	0	15.0	0	0	0	15.0	15.0	10.0	0
青干草	0	0	0	0	12.0	0	0	0	10.0	0	20.0	0
洋槐叶粉	0	15.0	10.0	12.0	0	0	0	15.0	0	0	0	0
大豆秸粉	0	0	0	0	0	0	0	0	0	20.0	0	0
大麦皮	10.0	0	0	15.0	0	0	0	0	22.0	0	0	25.0
磷酸氢钙	1.3	1.5	1.5	0.8	0	0.5	0	1.0	1.3	1.0	0.8	0.8
食盐	0.5	0.5	0.5	0.5	0.5	0.5	0.5	0.5	0.5	0.5	0.5	0.5
预混剂	0.7	0.7	0.7	0.7	0.7	0.7	0.7	0.7	0.7	0.7	0.7	0.7
营养成分												
代谢能/(兆焦/千克)	10.12	9.12	9.16	9.78	9.15	9.26	9.63	10.23	9.29	8.96	8.96	9.75
粗蛋白	18.22	15.95	17.80	17.70	18.05	18.10	17.20	17.17	17.73	18.06	17.70	17.20
粗纤维	13.32	12.34	12.6	11.3	13.34	14.10	12.20	11.88	12.75	13.46	13.50	12.50
钙	0.93	0.84	0.84	1.18	0.97	1.09	1.05	0.95	0.82	0.80	0.86	0.92
总磷	0.69	0.67	0.59	0.50	0.42	0.51	0.46	0.47	0.64	0.51	0.53	0.64
赖氨酸	0.89	0.50	0.77	0.62	0.75	0.81	0.76	0.72	0.75	0.79	0.77	0.70
蛋氨酸＋胱氨酸	0.55	0.43	0.47	0.45	0.50	0.51	0.53	0.47	0.55	0.53	0.52	0.53

表 3-17　泌乳母兔饲料配方二　　单位：%

原　料	配方编号											
	1	2	3	4	5	6	7	8	9	10	11	12
玉米	22.0	20.0	22.8	20.0	20.0	21.0	20.0	25.8	20.0	23.0	22.5	26.0
豆粕	7.0	5.0	16.0	9.0	12.0	8.0	15.0	18.0	15.0	18.0	9.0	10.0
花生仁饼	8.0	10.0	4.0	5.0	3.0	8.0	0	0	0	0	0	0
菜籽饼	4.0	4.0	4.0	4.0	4.0	4.0	4.0	4.0	4.0	4.0	0	0
芝麻饼	0	0	0	0	0	0	3.0	3.0	4.0	5.0	5.0	5.0
棉籽饼	0	0	0	0	0	0	0	0	0	0	0	0
小麦麸	23.0	23.8	12.0	13.8	9.8	9.8	22.2	10.0	16.0	5.8	9.0	5.8
酒糟	0	0	0	0	0	31.0	0	0	0	0	0	0
麦芽根	0	0	0	0	0	0	0	0	0	0	8.0	12.0
花生秧	26.8	32.0	0	31.0	0	17.0	11.0	28.0	9.0	0	20.0	0
玉米秸粉	0	0	0	0	0	0	0	10.0	0	27.0	0	0
苜蓿草粉	0	0	12.0	10.0	35.0	0	0	0	10.0	0	15.0	0
青干草	0	0	0	6.0	0	0	0	0	20.0	0	10.0	15.0
洋槐叶粉	0	0	0	0	0	0	0	0	0	15.0	0	10.0
大豆秸粉	0	4.0	0	0	15.0	0	0	0	0	0	0	0
甘薯藤粉	8.0	0	28.0	0	0	0	23.0	0	0	0	0	14.0
磷酸氢钙	0	0	0	0	0	0	0.6	0	0.8	1.0	0.3	1.0
食盐	0.5	0.5	0.5	0.5	0.5	0.5	0.5	0.5	0.5	0.5	0.5	0.5
预混剂	0.7	0.7	0.7	0.7	0.7	0.7	0.7	0.7	0.7	0.7	0.7	0.7
营养成分												
代谢能/(兆焦/千克)	9.98	9.75	9.71	9.37	8.79	9.83	9.63	9.79	8.96	10.23	9.17	9.53
粗蛋白	17.30	17.67	17.90	17.18	17.90	18.40	17.30	15.57	17.68	17.17	17.71	17.70
粗纤维	11.90	12.43	12.70	13.04	13.38	12.73	12.87	12.53	13.54	11.88	12.56	12.10
钙	0.97	1.03	0.69	1.10	0.65	0.71	0.97	1.23	0.86	0.95	1.07	0.82
总磷	0.43	0.43	0.39	0.37	0.365	0.56	0.51	0.46	0.53	0.47	0.37	0.42
赖氨酸						0.84	0.74	0.79	0.77	0.72	0.69	0.64
蛋氨酸＋胱氨酸						0.63	0.51	0.53	0.52	0.47	0.52	0.51

第五节 常见误区纠错

一、选择饲料原料时的误区纠错

饲料原料质量直接关系到配制的全价饲料质量，同样一种饲料原料的质量可能有很大差异，配制出的全价饲料饲养效果就很不同。有的养殖户在选择饲料原料时存在注重饲料原料的数量而忽视质量的误区，甚至有的为图便宜或害怕浪费，将发霉变质、污染严重或掺杂使假的饲料原料配制成全价饲料，结果严重影响到全价饲料的质量和饲养效果，甚至危害兔的健康。

【纠正措施】 在配制全价饲料选择饲料原料时，必须注意不仅要考虑各种饲料原料的数量，更应注重质量，要选择优质的、不掺杂使假、没有发霉变质的饲料原料。

玉米是最重要的饲料原料，也是饲料原料中常出现质量问题的因素之一，关键是含水率。含水率高的玉米（尤其是陈玉米）的芽孢部分最容易变质。购买玉米时，我们一定要对其含水量进行鉴别。方法是将玉米放入口中用牙咬，如果咬碎后裂成四五块说明含水量低，如果只碎成两三块说明含水量高，这样的玉米尽量不要购买。

麸皮是最容易变质的一种原料，而且麸皮变质易导致兔子拉稀，引发魏氏梭菌病、大肠杆菌病、黏液肠病等，因此更要引起重视。可用嘴尝鼻嗅的方法鉴别麸皮是否变质。方法是用手伸进口袋，掏里边的料进行鉴别，如果发现有异味就千万不要购买和使用（记住：不管买进来多少，加工前每袋都要验）。

豆粕不易发生霉变，其主要问题是掺假，市场上的掺假豆粕占60%左右。豆粕掺假的危害：一是不知道里面是否掺了有毒的东西，有可能会对兔子造成极大危害；二是掺假豆粕中蛋白质的含量仅为正常豆粕的3/4或2/3，如果使用了这样的豆粕，饲料中蛋白质含量就会大大降低，兔子会出现明显滞长的情况。对掺假豆粕的鉴别方法：一是价格，如果豆粕的价格比正常价格低很多，肯定有假；二是包装，正规大厂生产的豆粕包装严密精美，标签齐全，凡包装粗糙的一般掺假居多；三是外观，正常的豆粕块大且整齐，大小基本一致，掺假豆粕块大小不一，有碎屑和粉末，如用放大镜观察，掺假豆粕形状、颜色不一；四是品尝，品质好的豆粕不硌牙，有一种熟豆的香味，掺假豆粕常有咬不动的硬东西或有其他怪味道。另外，购买豆粕时一定要选购熟豆粕。生豆粕中有大量蛋白酶抑制剂等有毒成分，千万不要使用。如果购买了生豆粕，一定要炒熟后再用。豆粕是生是熟一尝就可以分辨出来，熟豆粕有一种熟香味而生豆粕没有。另外，小作坊生产的豆粕大多是生豆粕。

兔离不开粗饲料，草粉（常用的有花生壳、花生秧、红薯秧、青草粉等）是常用的粗饲料。外购的草粉大多都是露天存放，日晒雨淋，霉变相当严重，泥土含量高，非常不洁净。养殖户买来这些带土的草粉饲喂兔子，兔子会发生不断拉稀、腹泻、腹胀。所以，必须加强粗饲料的选择和管理，最好自己采集和购买粗饲料，保证其洁净卫生。

二、兔添加维生素的误区纠错

维生素是维持机体生命活动过程中不可缺少的一类有机物质，包括脂溶性维生素（如维生素 A、维生素 D、维生素 E 及维生素 K 等）和水溶性维生素（如 B 族维生素和维生素 C 等），它的主要生理功能是调节机体的物质和能量代谢，参与氧化还原反应。另外，许多维生素是酶和辅酶的主要成分。兔肠道虽然能够合成一些维生素满足其需要，但在规模化、集约化饲养条件下，生产性能提高，繁殖能力增强，加之不同类型兔对维生素需求有差异，还需要在饲料中添加维生素。但在添加使用中存在一些误区：

一是选购不当。市场上维生素品种繁多，质量参差不齐，价格也有高有低。饲养者缺乏相关知识，不了解生产厂家状况和产品质量，选择了质量差或含量低的多种维生素制品，影响了饲养的效果。

二是使用不当。

① 添加剂量不适宜。有的过量添加，增加饲养成本，有的添加剂量不足，影响饲养效果，有的不了解使用对象或不按照维生素生产厂家的添加要求盲目添加等。

② 饲料混合不均匀。维生素添加量很少，都是比较细的物质，有的饲养者不能按照逐渐混合的混合方法混合饲料，结果导致混合不

均匀。

③ 不注意配伍禁忌。在兔发病时经常会使用几种药物和维生素混合饮水使用。添加维生素时不注意维生素之间及在其他药物或矿物质间的拮抗作用（如 B 族维生素与氨丙啉不能混用，链霉素与维生素 C 不能混用等），影响使用效果。

④ 不能按照不同阶段兔特点和不同维生素特性正确合理地添加。

【纠正措施】

（1）选择适当的维生素制剂　不同的维生素制剂产品，其剂型、质量、效价、价格等均有差异，在选择产品的时候要特别注意和区分。对于维生素单体，要选择较稳定的制剂和剂型；对于复合多维产品，由于检测成本的关系，很难在使用前对每种单体维生素含量进行检测，因此在选择时应选择有质量保证和信誉好的产品。同时还应注意产品的出厂日期，以近期内出厂的产品为佳。

（2）正确把握兔对维生素的需要量　兔的种类、性质、品种以及饲养阶段不同，对各类维生素的需要量也不同。饲料中多种维生素的添加可在生产厂家要求的添加量的基础上增加 10%～15%的安全裕量。在使用和生产维生素添加剂时，考虑到加工、贮藏过程中所造成的损失以及其他各种影响维生素效价的因素，应当在兔需要量的基础上，适当超量应用维生素，以确保兔生产的最佳效果。另外，兔的健康状况及各种环境因素的刺激也会影响其对维生素的需要量。一般在应激情况下，兔对某些维生素的需要量将会提高。如在接种疫苗、感染球虫病以及发生呼吸道疾病时，各种维生素的补充均显得十分重要。在高温季节，要适当增加 B 族维生素的用量，尤其要注意对维生素 C 的补充。外界环境任何微小的变化都可能使其产生应激反应，同时也极容易受到外界各种有害生物的侵袭而感染疾病，添加维生素 A、维生素 C、维生素 K 可增强机体的免疫功能，提高兔体对各种应激的耐受力，促进病后恢复和生长发育。维生素 K 能缩短凝血时间，减少失血，因此对一些有出血症状的疾病能起到减轻症状、减少死亡的作用。

（3）注意维生素的理化特性，防止配伍禁忌　使用维生素添加剂时，应注意了解各种维生素的理化特性，重视饲料原料的搭配，防止各饲料成分间的相互拮抗，如抗球虫药物与维生素 B_1、有机酸防霉剂与多种维生素、氯化胆碱与其他维生素之间均应存在配伍禁忌。氯化胆碱有极强的吸湿性，特别是与微量元素铁、铜、锰共存时，会大大影响维生素的生理效价，所以在生产维生素预混料时，如加氯化胆碱则须单独分装。

（4）正确使用与贮藏　维生素添加剂要与饲料充分混匀，浓缩制剂不宜直接加入配合饲料中，而应先扩大预混后再添加。市售的一些维生素添加剂一般都已经加有载体而进行了预配稀释。选用复合维生素制剂时，要十分注意其含有的维生素种类，千万不要盲目使用。购进的维生素制剂应尽快用完，不宜贮藏太久。一般添加剂预混料要求在1～2个月内用完，最长不得超过6个月。维生素添加剂应贮藏在干燥、密闭、避光、低温的环境中。

（5）采用适当的措施防止霉菌污染　在高温高湿地区，霉菌及其毒素的侵害是普遍问题。饲料中霉菌及其毒素不仅危害畜禽健康，而且破坏饲料中的维生素。但如果为了控制霉菌而在饲料中使用一些有机酸类饲料防霉剂，则将导致天然维生素含量的大幅度降低。

三、选用饲料添加剂时的误区纠错

饲料添加剂可以完善日粮的全价性，提高饲料利用率，促进兔生长发育，防治某些疾病，减少饲料贮藏期间营养物质的损失，改进产品品质等。在使用饲料添加剂时，也存在一些误区：一是不了解饲料添加剂的性质特点而盲目选择和使用；二是不按照使用规范使用；三是搅拌不匀；四是不注意配伍禁忌，影响使用效果。

【纠正措施】

（1）正确选择　目前饲料添加剂的种类很多，每种添加剂都有各自的用途和特点。因此，使用前应充分了解它们的性能，然后结合饲养目的、饲养条件、兔的品种及健康状况等合理选择使用。选择国家允许使用的添加剂。

（2）用量适当　用量少，达不到目的；用量过多会引起中毒，增加饲养成本。应严格遵照生产厂家在包装上所注的说明或实际情况确定用量。

（3）搅拌均匀　搅拌均匀程度与饲喂效果直接相关。具体做法是先确定用量，将所需添加剂加入少量的饲料中，拌和均匀，即为第一层次预混料；然后把第一层次预混料掺到一定量（饲料总量的1/5～1/3）饲料中，再充分搅拌均匀，即为第二层次预混料；最后把第二层次预混料掺到剩余的饲料中，拌匀即可。这种方法称为饲料三层次分级拌合法。由于添加剂的用量很少，只有多层分级搅拌才能混匀。如果搅拌不均匀，即使是按规定的量饲用，也往往起不到作用，甚至会出现中毒现象。

（4）混于干饲料中　饲料添加剂只能混于干饲料（粉料）中，短时间贮存待用才能发挥它的作用。不能混于加水的饲料和发酵的饲料中，更不能与饲料一起加工或煮沸使用。

（5）注意配伍禁忌　多种维生素最好不要直接接触微量元素和氯化胆碱，以免降低药效。在同时饲用两种以上的添加剂时，应考虑有无拮抗、抑制作用，是否会产生化学反应等。

（6）贮存时间不宜过长　大部分添加剂不宜久放，特别是营养添加剂、特效添加剂，久放后易受潮发霉变质或氧化还原而失去作用，如维生素添加剂、抗生素添加剂等。

四、预混料选用的误区纠错

预混料是由一种或多种营养物质补充料（如氨基酸、维生素、微量元素）和添加剂（如促生长剂、驱虫剂、抗氧化剂、防腐剂等）与某种载体或稀释剂，按配方要求比例均匀配制的混合料。添加剂预混料是一种半成品，可供饲料厂生产全价配合饲料或浓缩料，也可供有条件的养殖户配料使用。在配合饲料中预混料的添加量为0.5%～3%。养殖户可根据预混料厂家提供的参考配方，利用自家的能量饲料、蛋白质补充料和预混料配合成全价饲料，饲料成本比使用全价成品料和浓缩料都降低。预混料是兔饲料的核心，用量小，作用大，直接影响到饲料的全价性和饲养效果。但在选择和使用预混料时存在一些误区：

一是缺乏相关知识，盲目选择。目前市场上的预混料生产厂家多，品牌多，品种繁多，质量参差不齐，由于缺乏相关知识，盲目选择，结果选择的预混料质量差，影响饲养效果。

二是过分贪图便宜，购买质量不符合要求的产品。俗话说“一分价钱一分货”，产品质量好的饲料，货真价实，往往价钱高，价钱低的产品往往质量也低。

三是过分注重外在质量而忽视内在品质。产品质量是产品内在质量和外在质量的综合反映。产品的内在质量是指产品的营养指标，如产品的可靠性、经济性等；产品的外在质量是指产品的外形、颜色、气味等。有部分养殖户在选择饲料产品时，往往偏重于看饲料的外观、包装如何，其次是看色、香、味。由于饲料市场竞争激烈，部分商家想方设法在外包装和产品的色、香、味上下功夫，但产品内在质量却未能提高，养殖户不了解，往往上当。

四是不能按照预混料的配方要求来配制饲料，随意改变配方。各类预混料都有各自经过测算的推荐配方，这些配方一般都是科学合理的，不能随意改变。例如，豆粕不能换成菜粕或者棉粕，玉米也不能换成小麦，更不能随意增减豆粕的用量，否则会造成蛋白质含量过高或不足，影响兔的生长发育，降低经济效益。

五是混合均匀度差。目前，农村大部分养殖户在配制饲料时都是采用人工搅拌，均匀度达不到要求，严重影响了预混料的使用效果。

六是使用方式和方法欠妥。如不按照生产厂家的要求添加，添加过多或过少；有的不看适用对象，随意使用；或其他饲料原料粒度过大等，影响使用效果。

【纠正措施】

（1）正确选择　根据不同的使用对象，如不同类型的兔或不同阶段兔正确选用不同的预混料品种。选择质量合格产品。根据国家对饲料产品质量监督管理的要求，凡质量合格的产品应符合如下条件：①有产品标签，标签内容包括产品名称、饲用对象、批准文号、营养成分保证值、用法、用量、净重、生产日期、厂名、厂址；②有产品说明书；③有产品合格证；④有注册商标。

（2）保证质量　选择规模大、信誉度高的厂家生产的质量合格、价格适中的产品。不要一味考虑价格，更要注重品质。长期饲喂营养含量不足或质量低劣的预混料，兔会出现拉稀、腹泻现象，这样既阻碍兔的正常生长和繁殖，又要增加医药费，反而增加了养殖成本，得不偿失。

（3）正确使用　按照要求的比例准确添加，按照预混料生产厂家提供的配方配制饲料，不要有太大改变。用量小不能起到应有的作用；用量大饲料成本提高，甚至可能引起中毒。

（4）搅拌均匀　添加剂用量微小，在没有高效搅拌机的情况下，应采取多次稀释的方法，使之与其他饲料充分混匀。例如 1 千克添加剂加 100 千克配合饲料时，应将 1 千克添加剂先与 1～2 千克饲料充分拌匀后，再加 2～4 千克饲料拌匀，这样少量多次混合，直到全部拌匀为止。

（5）妥善保管　添加剂预混料应存放于低温、干燥和避光处，与耐酸、碱性物质放在一起。包装要密封，启封后要尽快用完，注意有效期，以免失效。贮放时间不宜过长，时间一长，预混料就会分解变质，色味发生变化。一般添加剂预混料有效期为夏季最多 3 天，其他季节不得超过 6 天。

五、饲料配制的误区纠错

（一）精饲料含量过高

许多养殖户认为，精饲料是兔生长发育不可缺少的重要物质，因此，从小兔可以采食起，就把颗粒饲料中精饲料比例提高，有些地区甚至提高到 70%；有的养殖户认为母兔吃的饲料精，才能繁殖好，给母兔饲喂过多精饲料，其实这是不科学的。

【纠正措施】　兔主要以草为食物，其胃肠功能也是适应食草的习性的，因此，粗纤维饲料应该占饲料中的大多数。

从各种饲料的成分来看，豆饼（粕）主要含油脂，其作用是增加皮毛厚度和密度，增加母兔的泌乳量。麸皮的主要成分是蛋白质、微量元素等，其作用是补充兔所需的各种元素，增加钙质，促进生长。玉米等粮食作物主要含脂肪等，其作用主要是促进皮板边大，增加兔体重。粗纤维饲料常见的有玉米秸、黄豆秸、花生秧、绿豆秧、苜蓿草、碱蓬草等，其主要作用是促进消化，使营养吸收全面。

不同时期不同年龄精饲料配比要有所区别。断奶后至 2 个月期间的小兔，是需要营养的时期，这个时期饲料的优劣，直接影响今后兔的生长状况，但精料比例绝对不能高于 45%，否则容易引起腹泻、黄尿病、生长发育缓慢等。精料组成要求：玉米 30%～35%，量大易得肠炎；大麦适宜喂兔，用量为30%～40%；豆粕小于25%；麸皮小于30%；花生粕一般限制不严格，但要注意精氨酸的量；菜粕适口性差且含有有毒物质，一般不要大于5%，如用量大的话，应间隔用；棉粕含有有毒物质，用量小于3%。在此期间，应增加粗纤维，尤其是玉米秸粉的含量，有利于仔兔成活率的提高。种兔的饲料中精饲料的成分最多不高于35%，草料（苜蓿草、碱蓬草）成分要适当增加，这样既能保证母兔繁殖需要的营养，也能满足种公兔配种，同时还可以降低发病率。商品兔饲料中应适当增加豆类食品的比例，粗饲料中增加秸秆的比例，精饲料不能超过30%。

（二）粗饲料质量差

有些养殖者认为兔是采食家畜，可以消化利用大量粗饲料，就大量选用统糠或玉米秸秆等劣质粗饲料喂兔，结果饲养效果不好。

【纠正措施】 粗饲料是指干物质中粗纤维含量≥18%，单位饲料容积大的饲料。兔用粗饲料主要包括干草、秸秆两大类。其中常见的有干青草、干苕藤、豆秸、花生壳和秧、玉米秆等。

一般以营养价值和处理方法为标准来选用粗饲料。小麦草质地粗糙、坚硬，叶带芒刺，有机物消化率低；大麦草质地优于小麦草，春大麦草比冬大麦草质地好；燕麦草质地软，秆滑，不带芒刺，是秸秆中最好的；稻草木质素含量高，饲用价值较低。总之，此类饲料质地坚硬，粗纤维中木质素含量高，饲用价值不高。花生藤、大豆秆等是较好的秸秆饲料。

粗饲料中用干草喂兔较秸秆饲料好。一般干草在配合饲料中可占20%～30%，而秸秆饲料则不宜超过20%。统糠是一种质量较差的粗饲料，很多农户都用它与麸皮等混合来喂兔，但是统糠不适宜喂断奶兔，只能用于饲喂大兔和育肥兔，且用量不宜超过15%。

就干草来说，以选用人工高温干制的营养价值较好，但若考虑饲料成本，则以自然干制的成本最低；豆科干草较禾本科干草营养价值高，应优先考虑。应注意的是，人工干制的干草维生素损失较大，使用时应考虑饲料中维生素的缺乏，相应添加维生素添加剂。

另外，粗饲料一般宜粉碎后与精料混合使用（制成颗粒或拌湿）。优质禾本科干草可喂兔，粉碎时不宜过细，过细的粉末反而不利于家兔的正常消化和排泄，其细度以便于与其他精料混匀为宜，家兔喜欢采食。

（三）饲料单一

有的养殖户喂兔不注意多种饲料搭配，饲料种类单一，影响兔的生长发育和饲料利用率。

【纠正措施】 不同种类饲料的营养物质含量不同，可以充分利用其营养物质互补性，提高饲料的营养物质含量和平衡性。如玉米中含能量较高、蛋白质少，特别是缺少赖氨酸和蛋氨酸，而豆科类植物蛋白质含量较高，两种相互配合使用，就可以使蛋白质的利用率大大提高。不同品种、不同用途以及不同阶段的兔的饲料要求各不一样。如果不注意饲料搭配，就会造成营养缺乏和食欲减退，从而影响兔的正常生长发育。因此，一定要做到精、粗、青饲料合理搭配，营养全面均衡。在具体实施中，可结合本地条件，因地制宜地选择多种饲料原料，合理搭配，并根据饲料原料的市场变化适当调整，既能满足兔的营养需要，又能降低饲料成本。

第四章

兔高效养殖的环境控制技术及常见误区纠错

第一节 科学选择场址和规划布局

一、场址选择

兔场场址的选择直接关系到场区环境的控制和舍内小气候的维持。

（一）场地

兔场应选在地势高、有适当坡度、背风向阳、地下水位低、排水良好的地方。低洼潮湿、排水不良的场地不利于兔体热调节，却有利于病原微生物的滋生，特别是适合寄生虫（如蛲虫、球虫等）的生存，不能用于建兔场。为便于排水，兔场地面要平坦或稍有坡度，以1%～3%为宜；兔场的地形要开阔、整齐、紧凑，不宜过于狭长或边角过多，以便缩短道路和管线长度，提高场地的利用效率，节约资金和便于管理。可利用天然地形、地物（如林带、山岭、河川等）作为天然屏障和场界。

（二）土质

理想的土质为沙壤土，其兼具沙土和黏土的优点，透气透水性好，雨后不会泥泞，易于保持适当的干燥。其导热性差，土壤温度稳定，既利于兔子的健康，又利于兔舍的建造和延长使用寿命。土壤的生物学指标见表4-1。

表 4-1　土壤的生物学指标

污染情况	寄生虫卵/(个/千克土)	细菌总数/(万个/千克土)	大肠杆菌/(个/克土)
清洁	0	1	1
轻度污染	1～10	—	—
中等污染	10～100	10	20
严重污染	＞100	100	1000～2000

注：清洁和轻度污染的地块适宜作场址。

（三）水源

一般兔场的需水量比较大，除了人和兔的饮用外，粪便的冲刷、笼具的消毒、用具和衣服的洗刷等需用的水更多，必须要有足够的水源。同时，水质状况直接影响兔和人员的健康。对水源的要求是水量足，不含过多的杂质、细菌和寄生虫，不含腐败有毒物质，矿物质含量不应过多或不足，还要便于保护和取用。最理想的水为地下水。

作为兔场水源的水质，必须符合卫生要求（表 4-2、表 4-3）。饮用水中农药含量不能超过表 4-4 的规定。

表 4-2　畜禽饮用水质量

项　目	自备水	地面水	自来水
大肠杆菌/(个/升)	3	3	
细菌总数/(个/升)	100	200	
pH 值	5.5～8.5		
总硬度/(毫克/升)	600		
溶解性总固体/(毫克/升)	2000		
铅/(毫克/升)	Ⅳ地下水标准	Ⅳ地下水标准	饮用水标准
铬(六价)/(毫克/升)	Ⅳ地下水标准	Ⅳ地下水标准	饮用水标准

表 4-3　水的质量标准（无公害食品畜禽饮用水水质标准 NY 5027—2008）

指标	项　目		畜(禽)标准
感官性状及一般化学指标	色度	≤	30
	浑浊度	≤	20
	臭和味		不得有异臭异味
	肉眼可见物		不得含有
	总硬度(以 $CaCO_3$ 计)/(毫克/升)	≤	1500
	pH 值	≤	5.0～5.9(6.5～8.5)
	溶解性总固体/(毫克/升)	≤	4000(2000)
	硫酸盐(以 SO_4^{2-} 计)/(毫克/升)	≤	500(250)

续表

指标	项目		畜(禽)标准
细菌学指标	总大肠杆菌群数/(个/100毫升)	≤	成畜100;幼畜和禽10
毒理学指标	氟化物(以F^-计)/(毫克/升)	≤	2.0
	氰化物(毫克/升)	≤	0.2(0.05)
	总砷(毫克/升)	≤	0.2
	总汞(毫克/升)	≤	0.01(0.001)
	铅(毫克/升)	≤	0.1
	铬(六价)/(毫克/升)	≤	0.1(0.05)
	镉(毫克/升)	≤	0.05(0.01)
	硝酸盐(以N计)/(毫克/升)	≤	10(3.0)

表4-4 畜禽饮用水中农药限量指标 单位：毫克/毫升

农药	限量	农药	限量
马拉硫磷	0.25	林丹	0.004
内吸磷	0.03	百菌清	0.01
甲基对硫磷	0.02	甲萘威	0.05
对硫磷	0.003	2,4-D	0.1
乐果	0.08		

(四) 交通

兔场建成投产后，物流量比较大，如草料等物资的运进，兔产品和粪肥的运出等，对外联系也多，若交通不便则会给生产和工作带来困难，甚至会增加兔场的开支。因此，兔场一定要交通方便。

(五) 场地面积

兔场面积要根据兔场生产方向、饲养规模和饲养管理方式等来确定。在计划时既要考虑满足生产需要，又要为扩大发展留有余地。一般以1只种兔及其仔兔占0.8米^{2}建筑面积计算，兔场的建筑系数为15%，则500只基础母兔的兔场需要占地约700米^2。

(六) 周围环境

兔场的周围环境主要包括居民区、交通、电力和其他养殖场等。兔生产过程中形成的有害气体及排泄物会对大气和地下水产生污染，因此兔场不宜建在人烟密集的繁华地带，而应选择相对隔离的偏僻地方，有天然屏障（如河塘、山坡等）作隔离则更好。大型兔场应建在远离居民区500米以上的地点，处于居民区的下风头，地势低于居民区。兔场建设应避开生活污水的排放口，远离造成污染的环境，如化工厂、屠宰场、制革厂、造纸厂、牲口市场等，并处于它们的平行风向或上风头。兔子胆小怕惊，因此兔场应远离噪声源，如铁路、石场、打靶场和爆破声的场所。集约化兔场对电力条件有很高的要求，应靠近输电线路，同时应自备电源。为了便于防疫，兔场应距主要道路300米以上（如设隔离墙或有天然屏障，距离可缩短一些），距一般道路100米以上。

二、兔场的规划布局

兔场建筑物布局的要求是：应从人和兔的保健角度出发，建立最佳的生产联系和卫生防疫条件，合理安排不同区域的建筑物，特别是在地势和风向上进行合理的安排和布局（如图4-1）。

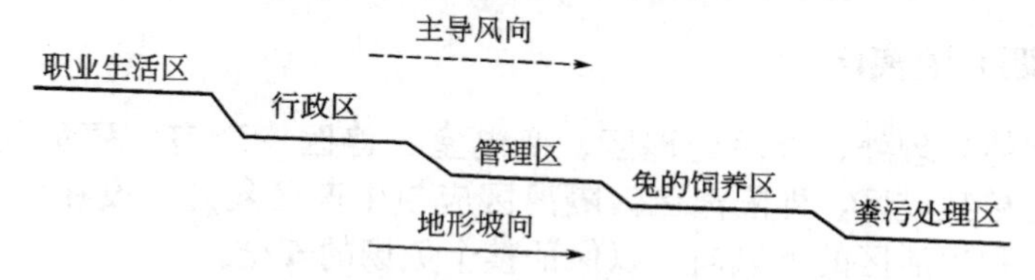

图4-1　场区的生产联系和卫生防疫示意图

具有一定规模的兔场要分区布局，一般分成生产区、管理区、生活区、隔离区四大块。

（一）生活区

生活区主要包括职工宿舍、食堂和文化娱乐场所。为了防疫应与生产区分开，并在两者入口连接处设置消毒设施。办公区应占全场的上风向和地势较好的地段。至于各个区域内的具体布局，则本着利于生产和防疫、方便工作及管理的原则，合理安排。

（二）管理区

管理区是办公和接待来往人员的地方，通常由办公室、接待室、陈列室和培训教室组成。其位置应尽可能靠近大门口，使对外交流更加方便，也减少对生产区的直接干扰；供水设施和供电设施可以设置在管理区内。

（三）生产区

生产区即养兔区，是兔场的主要建筑，包括种兔舍、繁殖舍、育成舍、育肥舍或幼兔舍等。生产区是兔场的核心部分，其排列方向应面对该地区的长年风向。为了防止生产区的气味影响生活区，生产区应与生活区并列排列，并处于偏下风位置。优良种兔舍（即核心群）应置于环境最佳的位置，育肥舍和幼兔舍应靠近兔场一侧的出口处，以便于出售。生产区入口处以及各兔舍的门口处，应有相应的消毒设施，如车辆消毒池、脚踏消毒池、喷雾消毒室、紫外灯消毒室等。兔舍间距保持 10～20 米；饲料加工车间、饲料库（原料库和成品库）等靠近生产区，兼顾饲料的运进和饲料的分发；生产区的运料路线（清洁道）与运粪路线（污染道）不能交叉。

（四）隔离区

尸体处理处、粪污处理区、变电室、兽医诊断室、病兔隔离室等，应单独成区，即隔离区。隔离区应与生产区隔开，设在生产区、管理区和生活区的下风向，以保证整个兔场的安全。

兔场的布局示意图如图 4-2。

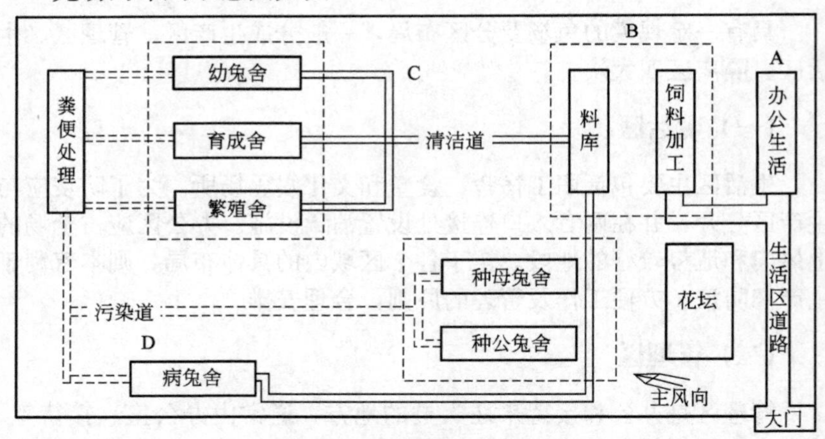

图 4-2 兔场布局示意图

A—生活区；B—管理区；C—生产区；D—隔离区

第二节　兔舍的建筑设计

一、兔舍的类型

（一）封闭式兔舍

兔舍上部有顶，四周有墙，前后有窗，是规模化养殖最为广泛的一种兔舍类型。可分为单列式和双列式（图 4-3）。

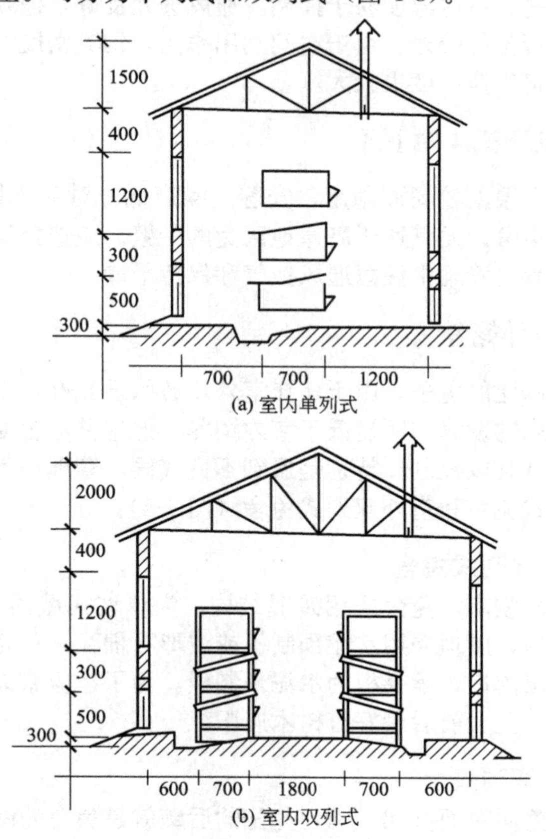

图 4-3　封闭式兔舍（单位：毫米）

1. 单列式

兔笼列于兔舍内的北面，笼门朝南，兔笼与南墙之间为工作走道，兔笼北墙之间为清粪道，南北墙距地面 20 厘米处留对应的通风孔。这种兔舍优点是冬暖夏凉，通风良好，光线充足；缺点是兔舍利用率低。

2. 双列式

两列兔笼背靠背排列在兔舍中间，两列兔笼之间为清粪沟，靠近南北墙各一条工作走道。南北墙有采光通风窗，接近地面处留有通风孔。这种兔舍，室内温度易于控制，通风透光良好，但朝北的一列兔笼光照、保暖条件较差。由于空间利用率高，饲养密度大，在冬季门窗紧闭时有害气体浓度也较大。

（二）地下或半地下式

利用地下温度较高而稳定、安静、噪声低、对兔无惊扰的优点，在地下建造兔舍。尤其适于高寒地区兔的冬繁。应选择地势高燥、背风向阳处建舍，管理中注意通风换气和保持干燥。

（三）室外笼舍

在室外修建的兔舍。由于建在室外，通风透光好，干燥卫生，兔的呼吸道疾病的发病率明显低于室内饲养。但这种兔舍受自然环境影响大，温湿度难以控制。特别是遇到不良气候，管理很不方便。常分为室外单列式兔舍和室外双列式兔舍（图 4-4）：

1. 室外单列式兔舍

兔笼正面朝南，兔舍采用砖混结构，为单坡式屋顶，前高后低，屋檐前长后短，屋顶采用水泥预制板或波形石棉瓦，兔笼后壁用砖砌成，并留有出粪口，承粪板为水泥预制板。为了适应露天条件，兔舍地基宜高些，兔舍前后最好有树木遮阳。

2. 室外双列式

两列兔笼面对面排列，两列兔笼的后壁就是兔舍的两面墙体，两列兔笼之间为工作走道，粪沟在兔舍的两面外侧，屋顶为双坡式或

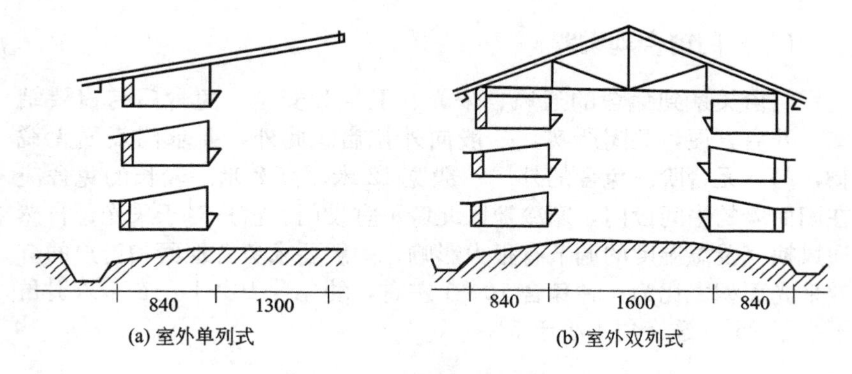

图 4-4　室外笼舍（单位：毫米）

钟楼式。兔笼结构与室外单列式兔舍基本相同。与室外单列式兔舍相比，这种兔舍保暖性能较好，饲养人员可在室内操作，但缺少光照。

（四）塑料棚舍

在室外的笼舍上部架一塑料大棚。塑料膜为单层或双层，双层膜之间有缓冲层，保温效果好。这种兔舍适于寒冷地区或其他地区冬季繁殖。

二、兔舍的建筑要求

（一）兔舍的要坚固耐用

一是基础要坚固，一般比墙宽 10～15 厘米，埋置深度在当地上层最大冻结深度以下。

二是墙体要坚固，要抗震、防水、防火、抗冻和使于消毒，同时具备良好的保温隔热性能。

三是屋顶和天花板要严密、不透气。多雨多雪和大风较多的地区，屋顶坡度适当大些。

四是地板要致密，平坦而不滑，耐消毒液及其他化学物质的腐蚀，容易清扫，保温隔热性能好。地板要高出舍外地面 20～30 厘米。

五是兔笼材料要坚固耐用，防止被兔啃咬损坏。

（二）门窗合理设置

门窗关系到兔舍的通风、采光、卫生和安全。兔舍门与窗要结实，开启方便，关闭严实，一般向外拉启。此外，要求门表面无锐物，门下无台阶。兔舍的外门一般宽12米、高2米。较长的兔舍应在阳面墙的中间设门，寒冷地区北墙不宜设门。窗户对于采光、自然通风换气及温湿度的调节有很大影响。一般要求兔舍地面和窗户的有效采光面积之比为：种兔舍10∶1左右，幼兔舍10∶1左右。入射角不小于25°，透光角不小于5°。

（三）有利于舍内干燥

兔舍内要设置排水系统。排粪沟要有一定坡度，以便在打扫和用水冲时能将粪尿顺利排出舍外，通往蓄粪池，也便于尿液随时排出舍外，降低舍内湿度和有害气体浓度。

（四）保持适宜的高度

兔舍的高度和规格根据笼具形式及气候特点而定。在寒冷地区。兔舍高度宜低，以2.5米左右为宜；炎热地区和实行多层笼养，其高度应再增加0.5～1米；单层兔笼可低些，三层兔笼宜高些。

对兔舍的跨度没有统一规定，一般来说，单列式应控制在3米以内，双列式在4米左右，三列式5米左右，四列式6～7米。

对兔舍的长度没有严格的规定，一般控制在50米以内，或根据生产定额，以一个班组的饲养量确定兔舍长度。

第三节 兔场的设备

一、兔笼

目前国内多采用多层兔笼，上下笼体完全重叠，层间设承粪板，一般2～3层。该种形式的笼具房舍的利用率高，但重叠层数不宜过多。兔舍的通风和光照不良，也给管理带来不便。最底层兔笼的离地高度应在

25厘米以上，以利通风、防潮，使底层兔亦能有较好的生活环境。

（一）兔笼的结构

兔笼是由笼体及附属设备组成。笼体由如下部分构成：

1. 笼门

笼门安装于笼前，要求启闭方便，能防兽害、防啃咬，可用竹片、打眼铁皮、镀锌冷拔钢丝等制成。一般以右侧安转轴，向右侧开门为宜。为提高工效，草架、食槽、饮水器等均可挂在笼门上，以增加笼内实用面积，减少开门次数。

2. 笼壁

笼壁一般用水泥板或砖、石等砌成，也可用竹片或金属网钉成，要求笼壁保持平滑，坚固防啃，以免损伤兔体和钩脱兔毛。如用砖砌或水泥预制件，需预留承粪板和笼底板的搁肩（3厘米）；如用竹木栅条或金属网条，则以条宽1.5～3.0厘米，间距1.5～2.0厘米为宜。

3. 承粪板

承粪板的功能是承接兔排出的粪尿，以防污染下面的兔及笼具。通常承粪板选用石棉瓦、油毡纸、水泥板、玻璃钢、石板等材料制作，要求表面平滑，耐腐蚀，质量轻。安装承粪板应呈前高后低式倾斜，并且后边要超出下面兔笼8～15厘米，以便粪便顺利流出而不污染下面的笼具。

4. 笼底网

笼底网一般用镀锌冷拔钢丝制成，要求平而不滑，坚而不硬，易清理，耐腐蚀，能够及时排除粪便。宜设计成活动式，以利清洗、消毒或维修。网孔要求：断乳后的幼兔笼1.0～1.1厘米，成兔1.2～1.3厘米。

（二）兔笼的材料

1. 水泥预制件兔笼

兔笼的侧壁、后墙和承粪板采用水泥预制件或砖块砌成，笼门及笼底板仍由其他材料制成。这类兔笼的优点是构件材料来源较广，价格低廉，施工方便，防腐性能强，能进行各种方式的消毒。缺点是防潮、隔热性能较差，通风不良。

2. 竹、木制兔笼

在山区竹、木材料普遍以及兔饲养量较少的情况下，可以采用竹、木制兔笼。这类兔笼的优点是可就地取材，价格低廉，使用方便，有利于通风、防潮，隔热性能较好。缺点是易腐烂和被啃咬，不能长久使用。

3. 金属兔笼

一般由镀锌钢丝焊接而成。这类兔笼的优点是结构合理，安装、使用方便，特别适宜于集约化、机械化生产。缺点是造价较高，只适用于在室内或比较温暖地区使用，室外使用时间较长容易生锈，必须设有防雨、防风设施。

4. 全塑兔笼

采用工程塑料零件组合而成。这类兔笼的优点是结构合理，拆装方便，便于清洗和消毒，耐腐蚀性能较好。缺点是造价较高，只能采用药液消毒，不宜在室外使用，应用不很普遍。

（三）笼的规格

育肥兔笼的单笼规格是宽 66～86 厘米，深 50 厘米，高 35～40 厘米。每个笼可养育肥兔 7 只左右。

种兔笼的规格如表 4-5。

表 4-5　种兔笼的规格　　单位：厘米

饲养方式	种兔类型	笼宽	笼深	笼高
室内笼养	大型	80～90	55～60	40
	中型	70～80	50～55	35～40
	小型	60～70	50	30～35
室外笼养	大型	90～100	55～60	45～50
	中型	80～90	50～60	40～45
	小型	70～80	50	35～40

二、饲喂设备

（一）食槽

兔用食槽有很多种类型，有简易食槽，也有自动食槽。因制作材料的不同，又有竹制食槽、陶制食槽、水泥食槽、铁皮食槽、塑料食槽之分。

工厂化养兔多用自动食槽。自动食槽容量较大，安置在兔笼前壁上，适合盛放颗粒饲料，从笼外添加饲料，喂料省时省力，饲料不容易被污染，浪费也少。自动食槽用镀锌铁皮制作或用工程塑料模压成型，兼有喂料及贮料的功能，加料一次，够兔只几天采食。

食槽由加料口、采食口两部分组成，多悬挂于笼门外侧，笼外加料，笼内采食。食槽底部均匀地分布着小圆孔，以防颗粒饲料中的粉尘被吸入兔的呼吸道而引起咳嗽和鼻炎。

常见的饲槽类型如图 4-5。

（二）草架

草架为盛放粗饲料、青草和多汁饲料的饲具（图 4-6），是家庭兔场必备的工具。为防止饲草被兔踩踏污染，节省饲草，一般采用草架喂草。笼养兔的草架一般固定在兔笼前门上，呈“V”形，草架内侧间隙为 4 厘米，外侧为 2 厘米，可用金属丝、木条和竹片制作。

三、饮水设备

常见的兔的饮水器有瓶式自动饮水器、弯管瓶式自动饮水器、乳头式自动饮水器（图 4-7）。

养兔场多采用乳头式自动饮水器。其采用不锈钢或铜制作，由外壳、伸出体外的阀杆、装在阀杆上的弹簧和阀杆乳胶管等组成。饮水器与饮水器之间用乳胶管及三通相串联，进水管一端接水箱，另一端则予以封闭。平时阀杆在弹簧的弹力下与密封圈紧密接触，使水不能流出。当兔子口部触动阀杆时，阀杆回缩并推动弹簧，使阀杆与密封圈产生间隙，水通过间隙流出，兔子便可饮到清洁的饮水。当兔子停止触动阀杆时，阀杆在弹簧的弹力下恢复原状，水停止外流。这种饮

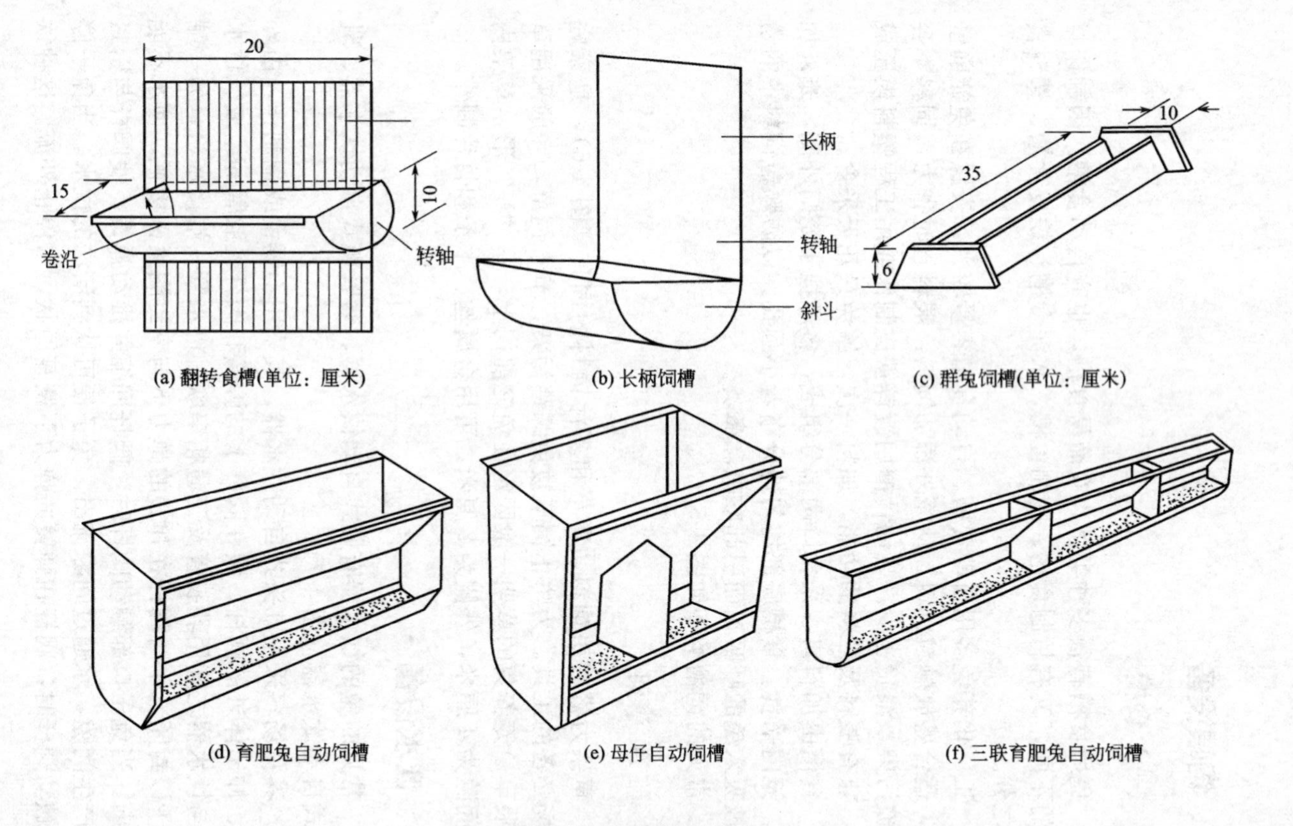

(a) 翻转食槽(单位：厘米)　(b) 长柄饲槽　(c) 群兔饲槽(单位：厘米)

(d) 育肥兔自动饲槽　(e) 母仔自动饲槽　(f) 三联育肥兔自动饲槽

图 4-5　常用的饲槽类型

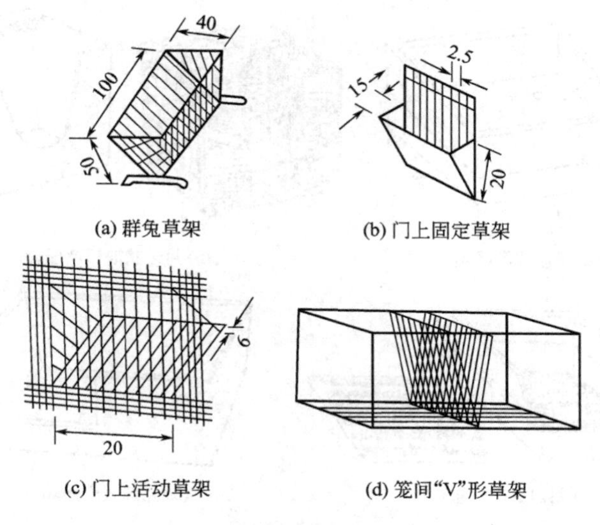

(a) 群兔草架　(b) 门上固定草架

(c) 门上活动草架　(d) 笼间“V”形草架

图 4-6　草架（单位：厘米）

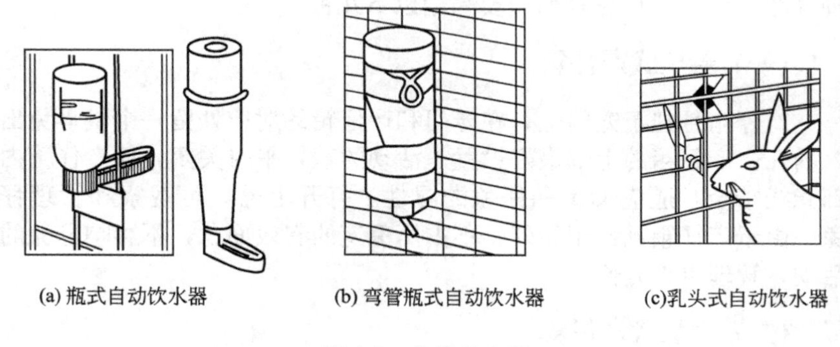

(a) 瓶式自动饮水器　(b) 弯管瓶式自动饮水器　(c)乳头式自动饮水器

图 4-7　兔的饮水器

水器使用时比较卫生，可节省喂水的工时，但也需要定期清洁饮水器乳头，以防结垢而漏水。

四、产仔箱

产仔箱又称巢箱，供母兔筑巢产仔用，也是 3 周龄前仔兔的主要生活场所。通常在母兔接近分娩时放入笼内或挂在笼外。产仔箱有多

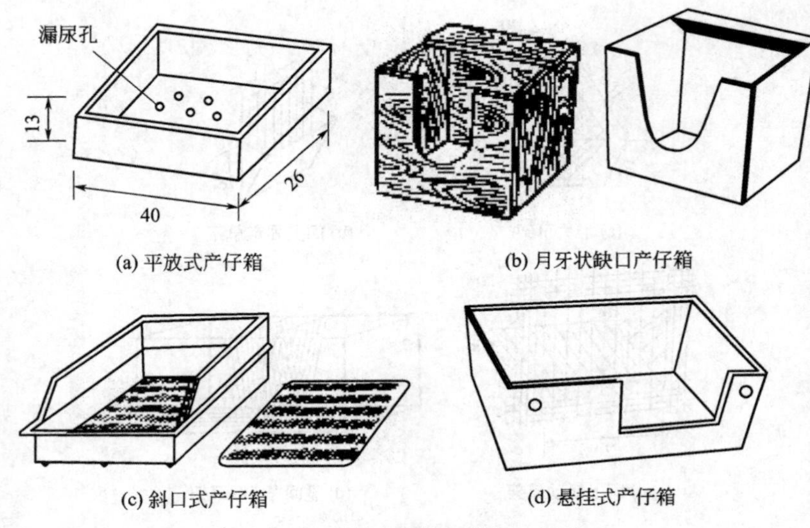

(a) 平放式产仔箱 (b) 月牙状缺口产仔箱

(c) 斜口式产仔箱 (d) 悬挂式产仔箱

图 4-8 常见产仔箱（单位：厘米）

种（图 4-8），工厂化养殖主要采用以下几种：

（一）悬挂式产仔箱

产仔箱悬挂于笼门上，在笼门和产仔箱的对应处留一个供母兔出入的孔。产仔箱的上部最好设置一活动的盖，平时关闭，使产仔箱内部光线暗淡，适应母兔和仔兔的习性。打开上盖，可观察和管理仔兔。由于产仔箱悬挂于笼外，不占用兔笼的有效面积，不影响母兔的活动，管理也很方便。

（二）平放式产仔箱

用 1 厘米厚的木板钉制，上口水平，箱底可钻一些小孔，以利排尿、透气。产仔箱不宜做得太高，以便母兔跳进跳出。产仔箱上口四周必须制作光滑，不能有毛刺，以免损伤母兔乳房，导致乳房炎。

（三）月牙状缺口产仔箱

高度要高于平口产仔箱。产仔箱一侧壁上部留一个月牙状的缺口，以供母兔出入。

五、喂料车

喂料车用来装料喂兔。一般用角铁制成框架，用镀锌铁皮制成箱体，在框架底部前后安装 4 个车轮，其中前面两个为万向轮。

六、运输笼

运输笼仅作为种兔或商品兔运输用，一般不配置草架、食槽、饮水器等。要求制作材料轻，装卸方便，结构紧凑。笼内可分若干小格，以分开放兔，要坚固耐用，透气性好，大小规格一致，可重叠放置，有承粪装置（防止途中尿液外溢），适于各种方法消毒。根据材料不同，有竹制运输笼、柳条运输笼、金属运输笼、纤维板运输笼、塑料运输箱等。金属运输笼底部有金属承粪托盘，塑料运输箱是用模具一次压制而成，四周留有透气孔，笼内可放置笼底板，笼底板下面铺垫锯末屑，以吸尿液。

七、其他设备

包括耳号钳、耳标等编耳号工具和环境控制、环保以及监控设施等。

第四节 兔场的环境控制

环境是指影响兔生长、发育、繁殖和生产等的一切外界因素。这些外界因素有自然因素，也有人为因素。具体地说，兔的环境包括作用于兔身体的一切物理性、化学性、生物性和社会性因素。物理性因素主要有兔舍、笼具、温度、湿度、光照、通风、灰尘、噪声、海拔和土壤等；化学性因素有空气、有害气体和水等；生物性因素包括草料、病原体、微生物等；社会性因素有饲养、管理以及与其他家畜或兔的群体之间的关系等。

由于兔驯化技术不够成熟，加之其个体较小，各种感觉器官都非常灵敏，神经敏锐，对环境变化的反应非常敏感，非常容易发生应激反应，因此，环境好坏对兔生产有着很大的影响。不同的环境因素，对兔生产的作用方式和影响程度也不同。例如温度过高，会引起公兔和母兔繁殖机能下降，尤其是长毛兔在夏季高温时会出现高温不孕现象；温度过低时，如果没有做好保暖工作，容易引起仔、幼兔的大量死亡。噪声导致兔产生应激反应，从而引起代谢紊乱，严重时甚至会引起健康兔的死亡和妊娠母兔流产、化胎。草料质量的好坏直接影响到兔的生长、发育和健康状况。病原微生物的存在有可能引起兔发病，严重时甚至全军覆没，对兔生产造成极大的损失。

当然，影响兔的环境因素的作用并不仅仅表现在某一个方面，各因素相互之间协同作用，对兔的生产产生综合影响。了解和掌握影响兔生产的各种环境因素，可以有目的地针对这些因素加以控制，尽可能减少对兔生产的影响，创造符合兔生理要求和行为习性的理想环境，以增加养兔生产的经济效益。

一、场区环境控制

（一）合理规划兔场

兔场除做好分区规划外，还要注意兔舍朝向、间距、兔场道路以及绿化等设计。

1. 兔舍朝向和间距

兔舍朝向直接影响到兔舍的温热环境维持和卫生，一般应以当地日照和主导风向为依据，使兔舍的长轴方向与夏季主导风向垂直。如我国夏季盛行东南风，冬季多为东北风或西北风，所以，南向的兔场场址和兔舍朝向是适宜的。兔舍之间应该有 20 米左右的距离。

2. 兔场道路

兔场设置清洁道和污染道。清洁道供饲养管理人员出入，运送清洁的设备用具、饲料和健康兔等。污染道供清粪，运送污浊的设备用具、病死和淘汰兔之用。清洁道在上风向，与污染道不交叉。

3. 贮粪场

兔场设置粪尿处理区。贮粪场可设置在多列兔舍的中间，靠近道路，有利于粪便的清理和运输。贮粪场（池）设置时应注意：

（1）贮粪场应设在生产区和兔舍的下风处，与住宅、兔舍之间保持有一定的卫生间距（距兔舍30～50米），并应便于运往农田或其他处理。

（2）贮粪池的深度以不受地下水浸渍为宜，底部应较结实。贮粪场和污水池要进行防渗处理，以防粪液渗漏流失污染水源和土壤。

（3）贮粪场底部应有坡度，使粪水可流向一侧或集液井，以便取用。

（4）贮粪场的大小应根据每天牧场家畜排粪量多少及贮藏时间长短而定。

4. 绿化

绿化不仅可以美化环境，而且可以净化环境，改善小气候，还有防疫防火的作用。兔场绿化须注意如下方面：

（1）场界林带的设置。在场界周边种植乔木和灌木混合林带，乔木如杨树、柳树、松树等，灌木如榆叶梅等。特别是场界的西侧和北侧，种植混合林带宽度应在10米以上，以起到防风阻沙的作用。树种选择应适应当地气候特点。

（2）场区隔离林带的设置。隔离林带主要用于分隔场区和防火，常用杨树、槐树、柳树等，两侧种以灌木，总宽度为3～5米。

（3）场内外道路两旁的绿化。常用树冠整齐的乔木，亚乔木以及某些树冠呈锥形、枝条开阔、整齐的树种。需根据道路宽度选择树种。在建筑物的采光地段，不应种植枝叶过密、过于高大的树种，以免影响自然采光。

（4）运动场的遮阴林。在运动场的南侧和西侧，应设1～2行遮阴林。多选枝叶开阔，生长势强，冬季落叶后枝条稀疏的树种，如杨树、槐树、枫树等。运动场内种植遮阴树时，应选遮阴性强的树种，但要采取保护措施，以防家畜损坏。

（二）隔离卫生和消毒

兔场隔离卫生和消毒是维持场区良好环境和保证兔体健康的基础。

1. 严格隔离

隔离是指阻止或减少病原进入兔体的一切措施，这是控制传染病的重要而常用的措施，其意义在于严格控制传染源，有效防止传染病的蔓延。

(1) 兔场的一般隔离措施　除了做好兔场的规划布局外，还要注意兔场周围设置隔离设施（如隔离墙或防疫沟），兔场大门设置消毒室（或淋浴消毒室）和车辆消毒池，生产区中每栋建筑物门前要有消毒池。进入兔场的人员、设备和用具只能经过大门消毒以后方可进入；引种时要隔离饲养，观察无病后方可进入大群饲养等。

(2) 发病后的隔离措施

① 分群隔离饲养　在发生传染病时，要立即仔细检查所有的兔，根据兔的健康程度不同，可分为不同的兔群管理，严格隔离（见表4-6）。

表4-6　不同兔群的隔离措施

兔群	隔离措施
病兔	在彻底消毒的情况下，把症状明显的兔隔离在原来的场所，单独或集中饲养在偏僻、易于消毒的地方，专人饲养，加强护理、观察和治疗，饲养人员不得进入健康兔群的兔舍。所用的工具要固定，注意对场所、用具的消毒，出入口设有消毒池，进出人员必须经过消毒后，方可进入隔离场所。粪便无害化处理，其他闲杂人员和动物避免接近。如经查明，场内只有极少数的兔患病，为了迅速扑灭疫病并节约人力和物力，可以扑杀病兔
可疑病兔	与传染源或其污染的环境（如同群、同笼或同一运动场等）有过密切的接触，但无明显症状的兔，有可能处在潜伏期，并有排菌、排毒的危险。对可疑病兔所用的用具必须消毒，然后将其转移到其他地方单独饲养，紧急接种和投药治疗。同时，限制活动场所，平时注意观察
假定健康兔	无任何症状，一切正常，要将这些兔与上述两类兔子分开饲养，并做好紧急预防接种工作，同时，加强消毒，仔细观察，一旦发现病兔，要及时消毒、隔离。此外，对污染的饲料、垫草、用具、兔舍和粪便等进行严格消毒；妥善处理好尸体；做好杀虫、灭鼠、灭蚊蝇工作。在整个封锁期间，禁止由场内运出和向场内运进

② 禁止人员和兔流动　禁止兔、饲料、养兔的用具在场内和场外流动，禁止其他畜牧场、饲料间的工作人员相互往来以及场外人员来兔场参观。

③ 紧急消毒　对环境、设备、用具每天消毒一次，并适当加大消毒液的用量，提高消毒的效果。当传染病扑灭后，经过2周不再发现病兔时，再进行一次全面彻底的消毒后，才可以解除封锁。

2. 卫生与消毒

保持兔场和兔舍的清洁和卫生，定期进行全面的消毒，可以减少病原菌的种类和含量，防止或减少疾病发生。

（三）水源防护

兔场水源可分为三大类：

第一类为地面水。如江、河、湖、塘及水库水等，主要由降水或地下泉水汇集而成。其水质受自然条件影响较大，易受污染。特别是易受生活污水及工业废水的污染，经常因此而引发疾病或造成中毒。使用此类水源应经常进行水质化验。一般而言，活水比死水自净力强。应选择水量大、流动的地面水源。供饮用的地面水要进行人工净化和消毒处理。

第二类为地下水。这种水为封闭的水源，受污染的机会较少。地下水距离地面越远，受污染的程度越低，也越洁净。但地下水往往受地质化学成分的影响而含有某些矿物质成分，硬度较大，有时会因某些矿物性毒物而引起地方性疾病。所以，选用地下水时，应进行检验。

第三类为降水。雨、雪等降落在地面而形成。由于大气中经常含有某些杂质和可溶性气体，使降水受到污染。降水不易收集，且无法保证水质，贮存困难，除水源特别困难的小型兔场外，一般不宜采用降水作为水源。兔生产过程中，兔场的用水量很大，如兔的饮水、粪尿的冲刷、用具及笼舍的消毒和洗涤，以及生活用水等。不仅在选择兔场场址时，应将水源作为重要因素考虑，而且兔场建好后还要注意水源的防护，其措施如下：

1. 水源位置适当

水源位置要选择远离生产区的管理区内，远离其他污染源，并且建在地势高燥处。兔场可以自建深水井和水塔，深层地下水经过地层的过滤作用，又是封闭性水源，水质、水量稳定，受污染的机会很少。

2. 加强水源保护

水源周围没有工业污染、化学污染以及生活污染（不得建厕所、粪池、垃圾场和污水池）等，并在水源周围划定保护区，保护区内禁止一切破坏水环境生态平衡的活动以及破坏水源林、护岸林、与水源保护相关植被的活动；严禁向保护区内倾倒工业废渣、城市垃圾、粪便及其他废弃物；运输有毒有害物质、油类、粪便的船舶和车辆一般不准进入保护区；保护区内禁止使用剧毒和高残留农药，不得滥用化肥，不得使用炸药、毒品捕杀鱼类；避免污水流入水源。

3. 搞好饮水卫生

定期清洗和消毒饮水用具和饮水系统，保持饮水用具的清洁卫生。保证饮水的新鲜。

4. 注意饮水的检测和处理

定期检测水源的水质，发现污染时要查找原因，及时解决；当水源水质较差时要进行净化和消毒处理。

(四) 污水处理

兔场必须专设排水设施，以便及时排除雨、雪水及生产污水。全场排水网分主干和支干，主干主要是配合道路网设置的路旁排水沟，将全场地面径流或污水汇集到几条主干道内排出；支干主要是各运动场的排水沟，设于运动场边缘，利用场地倾斜度，使水流入沟中排走。排水沟的宽度和深度可根据地势和排水量而定，沟底、沟壁应夯实，暗沟可用水管或砖砌，如暗沟过长（超过 200 米），应增设沉淀井，以免污物淤塞而影响排水。但应注意，沉淀井距供水水源应在 200 米以上，以免造成污染。

被病原体污染的污水，可用沉淀法、过滤法、化学药品处理法等进行消毒。比较常用的是化学药品消毒法，方法是先将污水处理池的出水管用一木闸门关闭，将污水引入污水池后，加入化学药品（如漂白粉或生石灰）进行消毒。消毒药的用量视污水量而定（一般 1 升污水用 2～5 克漂白粉）。消毒后，将闸门打开，使污水流出。

(五) 灭鼠和杀虫

1. 灭鼠

鼠是人、畜多种传染病的传播媒介，鼠还盗食饲料，咬坏物品，污染饲料和饮水，危害极大，兔场必须加强灭鼠。

（1）防止鼠类进入建筑物　鼠类多从墙基、天棚、瓦顶等处窜入室内，在兔场设计施工时注意墙基最好用水泥制成，碎石和砖砌的墙基，应用灰浆抹缝。墙面应平直光滑，防鼠沿粗糙墙面攀登。砌缝不严的空心墙体，易使鼠隐匿营巢，要填补抹平。为防止鼠类爬上屋顶，可将墙角处做成圆弧形。墙体上部与天棚衔接处应砌实，不留空隙。瓦顶房屋应缩小瓦缝和瓦、椽间的空隙并填实。用砖、石铺设的地面，应衔接紧密并用水泥灰浆填缝。各种管道周围要用水泥填平。通气孔、地脚窗、排水沟（粪尿沟）出口均应安装孔径小于1厘米的铁丝网，以防鼠窜入。

（2）器械灭鼠　器械灭鼠方法简单易行，效果可靠，对人、畜无害。灭鼠器械种类繁多，主要有夹、关、压、卡、翻、扣、淹、粘、电等。近年来还研究和采用电灭鼠和超声波灭鼠等方法。

（3）化学灭鼠　化学灭鼠效率高、使用方便、成本低、见效快；缺点是可能引起人、畜中毒，有些鼠对药物有选择性、拒食性和耐药性。所以，使用时须选好药剂和注意使用方法，以确保安全有效。灭鼠药剂种类很多，主要有灭鼠剂、熏蒸剂、烟剂、化学绝育剂等。兔场的鼠类以饲料库、兔舍最多，是灭鼠的重点场所。饲料库可用熏蒸剂毒杀。投放的毒饵要远离兔笼和兔窝，并防止毒饵混入饲料。鼠尸应及时清理，以防被人、畜误食而发生二次中毒。选用鼠吃惯了的食物作饵料，突然投放，饵料充足，分布广泛，以保证灭鼠的效果。常用的灭鼠药物见表4-7。

表4-7　常用的灭鼠药物

类型	名称	特性	作用特点	用法	注意事项
慢性灭鼠药物	敌鼠钠盐	黄色粉末，无臭，无味，溶于沸水、乙醇、丙酮，性质稳定	作用较慢，能阻碍凝血酶原在鼠体内的合成，使凝血时间延长，而且其能损坏毛细血管，增加血管的通透性，引起鼠内脏和皮下出血，最后死于内脏大量出血。一般在投药1～2天出现死鼠，第5～8天死鼠量达到高峰，死鼠可延续10多天	①敌鼠钠盐毒饵：取敌鼠钠盐5克，加沸水2升搅匀，再加10千克杂粮，浸泡至毒水全部吸收后，加入适量植物油拌匀，晾干备用 ②混合毒饵：将敌鼠钠盐加入面粉或滑石粉中制成1%毒粉，再取毒粉1份，倒入19份切碎的鲜菜中拌匀即成 ③毒水：用1%敌鼠钠盐1份，加水20份即可	对人和禽类毒性较低，但对猫、犬、兔、猪毒性较强，可引起二次中毒。在使用过程中要加强管理，以防家畜误食中毒或发生二次中毒。如发现中毒，可使用维生素K解救

续表

<table>
<tr><th>类型</th><th>名称</th><th>特性</th><th>作用特点</th><th>用法</th><th>注意事项</th></tr>
<tr><td rowspan="3">慢性灭鼠药物</td><td>氯敌鼠</td><td>黄色结晶性粉末，无臭，无味，溶于油脂等有机溶剂，不溶于水，性质稳定</td><td>又名氯鼠酮。敌鼠钠盐的同类化合物，但对鼠的毒性作用比敌鼠钠盐强，为广谱灭鼠剂，而且适口性好，不易产生拒食性。主要用于毒杀家鼠和野栖鼠，尤其是可制成蜡块剂，用于毒杀下水道鼠类</td><td>有90%原药粉、0.25%母粉、0.5%油剂3种剂型。使用时可配制成如下毒饵：
①0.005%水质毒饵：取90%原药粉3克，溶于适量热水中，待凉后，拌于50千克饵料中，晒干后使用
②0.005%油质毒饵：取90%原药粉3克，溶于1千克热食油中，冷却至常温，洒于50千克饵料中拌匀即可
③0.005%粉剂毒饵：取0.25%母粉1千克，加入50千克饵料中，加少许植物油，充分混合拌匀即成
灭鼠时将毒饵投放在鼠洞或鼠活动的地区即可</td><td>对人和禽类毒性较低，但对猫、犬、兔、猪毒性较强，可引起二次中毒。在使用过程中要加强管理，以防家畜误食中毒或发生二次中毒。如发现中毒，可使用维生素K解救</td></tr>
<tr><td>杀鼠灵</td><td>白色粉末，无味，难溶于水，其钠盐溶于水，性质稳定</td><td>又名华法令。属香豆素类抗凝血灭鼠剂，一次投药的灭鼠效果较差，少量多次投放灭鼠效果好。鼠类对其毒饵接受性好，甚至出现中毒症状时仍采食</td><td>①0.025%毒米：取2.5%母粉1份、植物油2份、米渣97份，混合均匀即成
②0.025%面丸：取2.5%母粉1份，与99份面粉拌匀，再加适量水和少许植物油，制成每粒1克重的面丸
以上毒饵使用时，将毒饵投放在鼠类活动的地方，每堆约39克，连投3～4天</td><td rowspan="2">对人、畜和家禽毒性很小，中毒时维生素K_1为有效解毒剂</td></tr>
<tr><td>杀鼠迷</td><td>黄色结晶粉末，无臭，无味，不溶于水，溶于有机溶剂</td><td>属香豆素类抗凝血杀鼠剂，适口性好，毒杀力强，二次中毒极少，是当前较为理想的杀鼠药物之一，主要用于杀灭家鼠和野栖鼠类</td><td>市售有0.75%的母粉和3.75%的水剂。使用时，将10千克饵料煮至半熟，加适量植物油，取0.75%杀鼠迷母粉0.5千克，撒于饵料中拌匀即可。毒饵一般分2次投放，每堆10～20克。水剂可配制成0.0375%饵剂使用</td></tr>
</table>

续表

类型	名称	特性	作用特点	用法	注意事项
慢性灭鼠药物	杀它仗	白灰色结晶粉末，微溶于乙醇，几乎不溶于水	对各种鼠类都有很好的毒杀作用。适口性好，急性毒力大，1个致死剂量被吸收后3～10天就发生死亡，一次投药即可	用0.005%杀它仗稻谷毒饵，杀黄毛鼠有效率可达98%，杀室内褐家鼠有效率可达93.4%，一般一次投饵即可	适用于杀灭室内和农田的各种鼠类。对其他动物毒性较低，但犬对其很敏感
急性灭鼠药物	毒鼠磷	白色结晶状粉末，无臭。难溶于水，极易溶于热米糠油。在干燥和室温条件下较稳定	属有机磷毒剂，能抑制胆碱酯酶活性，鼠类吞食后4～6小时出现症状，1天内死于呼吸道充血和心血管麻痹。主要用于杀灭野鼠，也可杀灭家鼠，但适口性较差	①醇溶法：将含量90%以上的毒鼠磷溶于14倍量的95%乙醇中，溶解后加入适量谷物或面粉，再加少许食用油、白糖搅匀即成 ②混合法：将毒鼠磷先加少许面粉拌匀，再加入需要的全量面粉，加水拌匀制成小颗粒或条、块，晾干即可 ③黏附法：将毒鼠磷加适量面粉拌匀，再与粘有植物油的谷物拌匀制得 以上毒饵根据鼠体大小和数量，用药量为0.2%～1%，一次性撒布在鼠洞口附近，鼠食毒饵后多数在24小时内死亡	配制毒饵时工作人员要戴橡皮手套、口罩及防护眼镜，防止经皮肤吸收中毒。对畜禽要严防误食中毒。若中毒，可注射阿托品和解磷定解救
	灭鼠宁	灰白色粉末，无臭，无味，难溶于水，易溶于稀盐酸	速效选择性灭鼠药物。对大家鼠、褐家鼠的效果强于屋顶鼠，对小家鼠无毒力。在低温下作用更强。鼠类对本品可产生拒食性	配成0.5%～1%的毒饵投用	牛、马对本品较敏感
	灭鼠丹	黄色结晶或粉末，难溶于水，微溶于乙醇	又名普罗来特。对鼠类毒力强大，但易产生耐药性	配成0.1%～0.2%的毒饵投用	对人、畜、禽毒力亦强，且能引起二次中毒，使用时须注意

2. 杀虫

蚊、蝇、蚤、蜱等吸血昆虫会侵袭兔并传播疫病，因此，在兔生产中，要采取有效的措施消灭这些昆虫。

（1）环境卫生　搞好兔场环境卫生，保持环境清洁、干燥，是杀灭蚊蝇的基本措施。蚊虫需在水中产卵、孵化和发育，蝇蛆也需在潮湿的环境及粪便等废弃物中生长。因此，填平无用的污水池、土坑、水沟和洼地。保持排水系统畅通，对阴沟、沟渠等定期疏通，勿使污水贮积。对贮水池等容器加盖，以防蚊蝇飞入产卵。对不能清除或加盖的防火贮水器，在蚊蝇滋生季节，应定期换水。永久性水体（如鱼塘、池塘等），蚊虫多滋生在水浅而有植被的边缘区域，修整边岸，加大坡度和填充浅湾，能有效地防止蚊虫滋生。兔舍内的粪便应定时清除，并及时处理，贮粪池应加盖并保持四周环境的清洁。

（2）物理杀灭　利用机械方法以及光、声、电等物理方法，捕杀、诱杀或驱逐蚊蝇。我国生产的多种紫外线光或其他光诱器，效果良好。

（3）生物杀灭　利用天敌杀灭害虫，如池塘养鱼即可达到鱼类治蚊的目的。此外，应用细菌制剂——内菌素杀灭吸血蚊的幼虫，效果良好。

（4）化学杀灭　化学杀灭是使用天然或合成的毒物，以不同的剂型（粉剂、乳剂、油剂、水悬剂、颗粒剂、缓释剂等），通过不同途径（胃毒、触杀、熏杀、内吸等），毒杀或驱逐蚊蝇。化学杀虫法具有使用方便、见效快等优点，是当前杀灭蚊蝇的较好方法。常用的杀虫剂及使用方法见表4-8。

表4-8　常用的杀虫剂及使用方法

名称	性　状	使用方法
敌百虫	白色块状或粉末，有芳香味；低毒、易分解、污染小。可杀灭蚊（幼）、蝇、蚤、蟑螂及家畜体表寄生虫	25%粉剂撒布；1%溶液喷雾；0.1%溶液畜体涂抹，经口0.02克/千克体重，驱除畜体内寄生虫
敌敌畏	黄色油状液体，微芳香；易被皮肤吸收而中毒，对人、畜有较大毒害，畜舍内使用时应注意安全。可杀灭蚊（幼）、蝇、蚤、蟑螂、螨、蜱	0.1%～0.5%喷雾，表面喷洒；10%熏蒸

续表

名称	性　状	使用方法
马拉硫磷	棕色油状液体，有强烈臭味；其杀虫作用强而快，具有胃毒、触毒作用，也可作熏杀，杀虫范围广。对人、畜毒害小，适于畜舍内使用。世界卫生组织推荐的室内滞留喷洒杀虫剂，可杀灭蚊（幼）、蝇、蚤、蟑螂、螨	0.2%～0.5%乳油喷雾，灭蚊、蚤；3%粉剂撒布灭螨、蜱
倍硫磷	棕色油状液体，蒜臭味；毒性中等，比较安全；蚊（幼）、蝇、蚤、臭虫、螨、蜱	0.1%乳剂喷洒；2%的粉剂、颗粒剂喷洒、撒布
二溴磷	黄色油状液体，微辛辣；毒性较强。可杀灭蚊（幼）、蝇、蚤、蟑螂、螨、蜱	稀释成0.05%～0.1%用于室内外蚊、蝇、臭虫等，野外用5%浓度
杀螟松	红棕色油状液体，蒜臭味；低毒、无残留。可杀灭蚊（幼）、蝇、蚤、臭虫、螨、蜱	40%湿性粉剂灭蚊蝇及臭虫；2毫克/升灭蚊
地亚农	棕色油状液体，酯味；中等毒性，水中易分解。可杀灭蚊（幼）、蝇、蚤、臭虫、蟑螂及体表害虫	滞留喷洒0.5%；喷浇0.05%；撒布2%粉剂
皮蝇磷	白色结晶粉末，微臭；低毒，但对农作物有害。可杀灭体表害虫	0.25%喷涂皮肤；1%～2%乳剂灭臭虫
辛硫磷	红棕色油状液体，微臭；低毒、日光下短效。可杀灭蚊（幼）、蝇、蚤、臭虫、螨、蜱	2克/米^{2}室内喷洒灭蚊蝇；50%乳油剂灭成蚊或水体内幼蚊
杀虫畏	白色固体，有臭味；微毒。可杀灭家蝇及家畜体表寄生虫（蝇、蜱、蚊、忙、呐）	20%乳剂喷洒、涂布家畜体表；50%粉剂喷洒体表灭虫
双硫磷	棕色黏稠液体；低毒稳定。可杀灭幼蚊、人蚤	5%乳油剂喷洒；0.5～1毫升/升撒布；1毫克/升颗粒剂撒布
毒死蜱	白色结晶粉末；中等毒性。可杀灭蚊（幼）、蝇、螨、蟑螂及仓贮害虫	2克/米^{2}喷洒物体表面
西维因	灰褐色粉末；低毒。可杀灭蚊（幼）、蝇、臭虫、蜱	25%可湿性粉剂和5%粉剂撒布或喷洒
害虫敌	淡黄色油状液体；低毒。可杀灭蚊（幼）、蝇、蚤、蟑螂、螨、蜱	2.5%稀释液喷洒，2%粉剂撒布（1～2克/米^2），2%稀释液气雾
双乙威	白色结晶，芳香味；中等毒性。可杀灭蚊、蝇	50%可湿性粉剂喷雾；2克/米^{2}喷洒灭成蚊
速灭威	灰黄色粉末；中毒。可杀灭蚊、蝇	25%可湿性粉剂和30%乳油喷雾灭蚊
胺菊酯	白色结晶；微毒。可杀灭蚊（幼）、蝇、蟑螂、臭虫	0.3油剂、气雾剂，须与其他杀虫剂配伍使用

（六）粪便处理

兔粪尿中的尿素、氨以及钾、磷等，均可被植物吸收。但粪中的蛋白质等未消化的有机物，要经过腐熟分解才能被植物吸收。所以，兔粪尿可作底肥，也可作速效肥使用。为提高肥效，减少兔粪中的有害微生物和寄生虫卵的传播与危害，兔粪在利用之前最好先经过发酵处理。

（1）处理方法　将兔粪尿连同其垫草等污物堆放在一起，最好在上面覆盖一层泥土，让其增温、腐熟。或将兔粪、杂物倒在固定的粪坑内（坑内不能积水），待粪坑堆满后，用泥土覆盖严密，使其发酵、腐熟，经15～20天便可开封使用。经过生物热处理过的兔粪肥，既能减少有害微生物、寄生虫的危害，又能提高肥效，减少氨的挥发。兔粪中残存的粗纤维虽肥效低，但对土壤具有疏松的作用，可改良土壤结构。

（2）利用方法　直接将处理后的兔粪用作各类旱作物、瓜果等经济作物的底肥。其肥效高，肥力持续时间长；或将处理后的兔粪尿加水制成粪尿液，作追肥喷施植物，不仅用量省、肥效快，增产效果也较显著。粪液的制作方法是将兔粪存于缸内（或池内），加水密封10～15天，经自然发酵后，滤出残余固形物，即可喷施农作物。尚未用完或缓用的粪液，应继续存放于缸中封闭保存，以减少氨的挥发。

（七）病死兔处理

科学及时地处理兔尸体，对防止兔传染病的发生、避免环境污染和维护公共卫生等具有重大意义。兔尸体可采用焚烧法和深埋法进行处理。

1. 深埋法

这是一种简单的处理方法，费用低且不易产生气味，但埋尸坑易成为病原的贮藏地，并有可能污染地下水，因此必须深埋，而且要有良好的排水系统。

2. 高温处理

确认是兔病毒性出血症、野兔热、兔产气荚膜梭菌病等传染病，或恶性肿瘤，或两个器官发现肿瘤的病兔，整个尸体；从患其他病的病兔割除下来的病变部分和内脏；弓形虫病、梨形虫病、锥虫病等病兔的肉尸和内脏等，进行高温处理。高温处理方法有：

（1）湿法化制　利用湿化机，将整个尸体投入化制（熬制工业用油）。

（2）焚毁　将整个尸体或割除下来的病变部分和内脏投入焚化炉中烧毁炭化。

（3）高压蒸煮　把肉尸切成重不超过 2 千克、厚不超过 8 厘米的肉块，放在密闭的高压锅内，在 112 千帕压力下蒸煮 1.5～2 小时。

（4）一般煮沸法　将肉尸切成规定大小的肉块，放在普通锅内煮沸 2～2.5 小时（从水沸腾时算起）。

（八）病畜产品的无害化处理

1. 血液

（1）漂白粉消毒法　确认是兔病毒性出血症、野兔热、兔产气荚膜梭菌病等传染病的病兔血液以及血液寄生虫病的患病兔血液，用漂白粉消毒法处理。将 1 份漂白粉加入 4 份血液中充分搅拌，放置 24 小时后于专设掩埋废弃物的地点掩埋。

（2）高温处理　将已凝固的血液切成豆腐方块，放入沸水中烧煮，至血块深部呈黑红色并成蜂窝状时为止。

2. 蹄、骨

肉尸做高温处理时剔出的蹄、骨放入高压锅内蒸煮至骨脱或脱脂为止。

3. 皮毛

（1）盐酸食盐溶液消毒法　用于被兔病毒性出血症、野兔热、兔产气荚膜梭菌病等疫病污染的病兔皮毛消毒。用 2.5%盐酸溶液和 15%食盐水溶液等量混合，将皮张浸泡在此溶液中，并使液温保持在 30℃左右，浸泡 40 小时，皮张与消毒液之比为 1∶10（质量∶体积）。浸泡后捞出沥干，放入 2%氢氧化钠溶液中，以中和皮张上的酸，再用水冲洗后晾干。也可按 100 毫升 25%食盐水溶液中加入盐酸 1 毫升的比例配制消毒液，在室温 15℃条件下浸泡 18 小时，皮张与消毒液之比为1∶4。浸泡后捞出沥干，再放入1%氢氧化钠溶液中浸泡，以中和皮张上的酸，再用水冲洗后晾干。

(2) 过氧乙酸消毒法　用于任何病畜的皮毛消毒。将皮毛放入新鲜配制的2%过氧乙酸溶液浸泡30分钟，捞出，用水冲洗后晾干。

(3) 碱盐液浸泡消毒　用于兔病毒性出血症、野兔热、兔产气荚膜梭菌病污染的病兔皮毛消毒。将病兔皮浸入5%碱盐液（饱和盐水内加5%烧碱）中，室温（17～20℃）浸泡24小时，并随时加以搅拌，然后取出挂起，待碱盐液流净，放入5%盐酸液内浸泡，使皮上的酸碱中和，捞出，用水冲洗后晾干。

(4) 石灰乳浸泡消毒　用于口蹄疫和螨病病皮的消毒。将1份生石灰加1份水制成熟石灰，再用水配成10%或5%混悬液（石灰乳）。口蹄疫病皮，将病皮浸入10%石灰乳中浸泡2小时；螨病病皮，则将皮浸入5%石灰乳中浸泡12小时，然后取出晾干。

(5) 盐腌消毒　用于布鲁氏菌病病兔皮的消毒。用皮重15%的食盐，均匀撒于皮的表面。一般毛皮腌制2个月。

二、舍内环境控制

兔舍环境与兔的生长发育、长毛兔的产毛、健康、繁殖有密切关系。影响兔舍环境的因素很多，如温度、湿度、通风、光照、噪声、灰尘及绿化等。

（一）温度控制

温度是主要环境因素之一，舍内温度过高或过低都会影响兔体的健康和生产性能的发挥。

1. 舍内温度对兔体的影响

(1) 影响兔体健康

一是影响兔体热调节。动物生命活动过程中伴随产热和散热两个过程，动物机体产热和散热保持动态平衡，才能维持体温恒定。兔是恒温动物，在一定范围的环境温度下，通过自身的热调节过程能够保持体温恒定。当环境温度过高或过低，超出了调节范围，热平衡被破坏，兔的体温升高或降低，使兔体受到直接伤害，严重的引起死亡。

二是影响兔的抵抗力。温度影响兔体的免疫状态，热应激状态下容易引起某些疫苗的免疫失败。

三是间接致病。一定的环境温度和湿度有利于病原体和媒介虫类的生存繁殖，从而危害兔体健康。如各种寄生虫卵及幼虫在体外存活时间明显受到环境影响，球虫病在高温高湿时容易感染发病。

四是影响兔群的营养状态和饲养管理。天气炎热，兔采食量下降，营养供应不足，最后导致营养不良，兔抵抗力下降，容易发病。饲料易酸败变质和发生霉变，饲料利用率下降，容易出现消化不良和发生曲霉菌病或曲霉菌毒素中毒。天气寒冷，兔采食量增大，代谢增强，如饲料供应不足，也会造成营养不良，抵抗力下降。冬季一些块根块茎类、青绿多汁饲料容易冰冻，或饮水的温度过低，兔采食或饮用后容易发生消化不良、腹泻等消化道疾病。冬季兔舍密封过严，通风不良，易引起呼吸道疾病等。

（2）影响生产性能　不同种类、不同性别、不同饲养条件和不同饲养阶段的兔对环境温度有不同的要求，如果温度不适宜，会影响生长和生产。如肉兔能耐受的温度范围是 5～30℃；环境温度超过 30℃，只要连续几天就会使肉兔的繁殖力下降，公兔精液品质恶化，母兔难孕，胚胎早期死亡率增加；如果环境温度超过 35℃，兔将出现虚脱，甚至死亡。

2. 适宜的舍内温度

各日龄兔适宜温度见表 4-9。

表 4-9　各日龄兔适宜温度　　单位：℃

日龄	肉兔适宜的温度	长毛兔适宜的温度
1	35	35
5	30	30
10	30～25	30～25
20～30	30～20	25～20
45	30～18	20～15
60 天以上	24～18	20～15
成年兔	25～15	5～15

3. 舍内温度的控制措施

（1）兔舍的防寒保暖　一般来说，兔怕热不怕冷，环境温度在

5～30℃的范围内变化，兔自身可通过各种途径来调节其体温，对生产性能无显著影响。但仔兔和幼兔由于体小质弱、被毛稀薄、体温调节机能不健全，对低温的适应能力差；另外，温度低时，兔饲料消耗多，生长速度慢，因此需要较高温度。冬季外界气温过低，也会影响到兔的生长和繁殖，所以，必须做好兔舍的防寒保暖工作。

① 加强兔舍保温设计　兔舍保温隔热设计是维持兔舍适宜温度的最经济、有效的措施。根据不同类型兔舍对温度的要求，设计兔舍的屋顶和墙体，使其达到保温要求。在高寒地区，可挖地下室，山区可利用山洞等。这样的兔舍不仅保温，夏季还可起到降温作用。

② 减少舍内热量散失　如关门窗、挂草帘、堵缝洞等措施，减少兔舍热量外散和冷空气进入。兔舍屋顶最好设置具有一定隔热能力的天花板（有的在兔舍内上方设置塑料布作为天花板），可降低顶部散热；为减少墙壁散热，可增加墙（特别是北墙）的厚度或选用隔热材料等。

③ 增加外源热量　在兔舍的阳面或整个室外兔舍扣塑料大棚，利用塑料薄膜的透光性，白天接受太阳能，夜间可在棚上面覆盖草帘，降低热量散失。安装暖气系统是解决冬季兔舍控温问题的普遍做法。有条件的兔场可利用太阳能供暖装置，或通过锅炉进行汽供暖或水供暖。小型兔场可安装土暖气，或直接安装火炉，但要用烟管把煤气导出，避免兔中毒。

④ 防止冷风吹袭　舍内冷风可以来自墙、门、窗等缝隙和进出气口、粪沟的出粪口，局部风速可达 4～5 米/秒，使局部温度下降，影响兔的生产性能。冷风直吹兔体，会增加机体散热，甚至引起伤风感冒。冬季到来前要检修好兔舍，堵塞缝隙，进出气口加设挡板，出粪口安装插板，防止冷风对兔体的侵袭。

（2）兔舍的防暑降温　夏季，环境温度高，兔舍温度更高，使兔发生严重的热应激，轻者影响生长和生产，重者导致发病和死亡。因此，必须做好夏季防暑降温工作。

① 加强兔舍的隔热设计　加强兔舍外维护结构的隔热设计，特别是屋顶的隔热设计，可以有效地降低舍内温度。

② 环境绿化遮阳　在兔舍的南面和西面一定距离栽种高大的树木（如树冠较大的梧桐），或丝瓜、眉豆、葡萄、爬山虎等藤蔓植物，

以遮挡阳光，减少兔舍的直接受热；如果为平顶兔舍，而且有一定的承受力，可在兔舍顶部覆盖较厚的土，并在其上种草（如建房顶草坪）、种菜或种花，对兔舍降温有良好作用；在兔舍顶部、窗户的外面拉遮光网，是有效的降温方法，其遮光率可达70%，而且使用寿命达4～5年；对于室外架式兔舍，为了降低成本，可利用柴草、树枝、草帘等搭建凉棚，起到遮光、造荫、降温作用，是一种简便易行的降温措施。

③ 墙面刷白　不同颜色对光的吸收率和反射率不同。黑色吸光率最高，而白色反光率很强，可将兔舍的顶部及南面、西面墙面等受到阳光直射的地方刷成白色，以减少兔舍的受热度，增强光反射。可在兔舍的顶部铺放反光膜，降低舍温2℃左右。

④ 蒸发降温　兔舍内的温度来自太阳辐射，舍顶是主要的受热部位。减少兔舍顶部热能的传递是降低舍温的有效措施。如果为水泥或预制板材料的平顶兔舍，在搞好防渗的基础上，可将舍顶的四周垒高，使顶部形成一个槽子，每天或隔一定时间往顶槽里灌水，使之长期保持有一定量的水，降温效果良好。如果兔舍建筑质量好，采取这样的措施，兔舍内夏季可保持在30℃以下，使母兔夏季继续繁殖；无论何种兔舍，在中午太阳光照射强烈时，往舍顶部喷水，通过水分的蒸发降低温度，效果良好。美国一些简易兔舍，夏季在兔舍顶脊部通一根水管，水管的两侧均匀钻有很多小孔，使之往两面自动喷水，是很有效的降温方式。当天气特别炎热时，可配合舍内通风、地面喷水，以迅速缓解热应激。

⑤ 加强通风　通风是兔舍降温、对流散热的有效措施。在天气不十分炎热的情况下，在兔舍前面栽种藤蔓植物的基础上，打开所有门窗，可以实现兔舍的降温或缓解高温对兔舍造成的影响。

兔舍的窗户是通风降温的重要工具，但生产中发现，很多兔场窗户的位置较高，这样造成上部通风效果较好，而下部通风效果不良，导致通风的不均匀性。此外，兔舍的湿度产生在下部粪尿沟，如果仅仅在上面通风，下面粪尿沟没有空气流动，或流动较少，起不到降低湿度的作用。因此，在建筑兔舍时，可在大窗户的下面接近地面的地方，设置下部通风窗。这对于底部兔笼的通风和整个兔舍湿度的降低产生积极效果。但是，当外界气温居高不下，始终在33℃以上时，仅仅靠自然通风是远远不够的，应采取机械通风，强行通风散热。机械通风主要靠安装电扇，加强兔舍的空气流动，减少高温对兔的应激程度，小型兔场可安装吊扇，对于局部空气流动有一定效果，但不能改变整个兔舍的温度，仅仅使局部兔笼内的兔感到舒服，达到缓解热应激的程度。因此，其作用是很有限的。大型兔场可采取纵向通风，有条件的兔场，采取增加湿帘和强制通风相结合，效果更好。

现以东北寒冷地区兔舍设计为例说明兔舍的保温隔热设计。

采用砖墙白灰水泥砂浆，内粉刷，屋顶为石棉瓦顶，瓦下设容重100千克/米^{3}的聚乙烯泡沫塑料保温层，保温层下贴10毫米厚石膏板。设计墙体和屋顶保温层的厚度。如果砖墙厚度大于0.37米时，可考虑设保温层。

第一步：绘墙和屋顶的简图（图4-9），由表查出各层材料的热导率λ并列出其厚度δ。

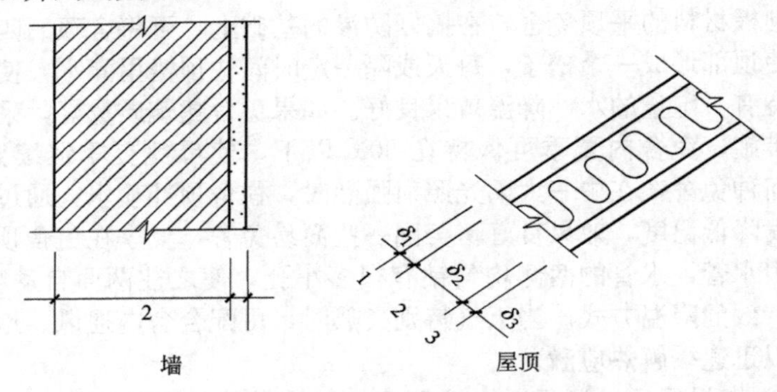

图4-9　墙和屋顶结构简图

第二步：计算或查表得出东北地区墙和屋顶的冬季低限热阻值。如哈尔滨地区的墙体为0.831米^2·℃/瓦；屋顶为1.039米^2·℃/瓦。

第三步：设计墙的砖砌厚度δ_2：以求得的墙的R_0(min)值作为墙的总热阻值，查表知道墙的冬季内、外表面换热阻$R_n=0.115$和$R_w=0.043$，将其与图4-9中的有关值代入下式，得：

$$墙\ R_0(\min)=R_n+\frac{\delta_1}{\lambda_1}+\frac{\delta_2}{\lambda_2}+R_w$$

$$0.831=0.115+\frac{0.02}{0.7}+\frac{\delta_2}{0.81}+0.043$$

$$\delta_2=(0.831-0.1866)\times0.81\approx0.522\text{ 米}$$

砖墙计算的厚度已超过0.37米，可采用0.24米墙，内表面加聚乙烯泡沫塑料、钢丝网抹灰的构造方案。0.24米砖墙的热阻值为0.24÷0.81＝0.2963米^2·℃/瓦，则聚乙烯泡沫塑料（$\lambda=0.047$）层厚度应为（0.831－0.158－0.2963）×0.047≈0.018米。

第四步：确定屋顶保温层厚度λ_2。以求得的屋顶的R_0(min)值作为屋顶的总热阻值，查表知屋顶的冬季内、外表面换热阻$R_n=0.115$和$R_w=0.043$，将其与图4-9的有关值代入下式：

$$\text{屋顶 }R_0(\min)=R_n+\frac{\delta_1}{\lambda_1}+\frac{\delta_2}{\lambda_2}+\frac{\delta_3}{\lambda_3}+R_w$$

$$1.039=0.115+\frac{0.01}{0.52}+\frac{\delta_2}{0.047}+\frac{0.01}{0.33}+0.043$$

$$\delta_2=(1.039-0.2075)\times0.47\approx0.039\text{ 米}$$

屋顶保温层的厚度为0.039米。

第五步：检验屋顶能否满足夏季隔热要求（对于开放舍，夏季墙体的隔热作用较弱，可以不进行计算）。计算或查表可以知道哈尔滨地区夏季低限热阻值为0.7272米^2·℃/瓦，屋顶内、外表面夏季换热阻0.143米^2·℃/瓦和0.054米^2·℃/瓦。根据设计的冬季保温屋顶结构，按照下列公式可以得出屋顶的夏季总热阻为1.076米^2·℃/瓦，远远大于夏季低限热阻值，可以保证夏季的隔热要求。

$$R_0=R_n+R_1+R_2+R_3+R_w$$

$$=0.143+\frac{0.01}{0.52}+\frac{0.039}{0.047}+\frac{0.01}{0.33}+0.054$$

$$=1.076\text{ 米}^2\cdot℃/\text{瓦}$$

（二）舍内湿度的控制

湿度是指空气的潮湿程度，生产中常用相对湿度表示。相对湿度是指空气中实际水蒸气压与饱和水蒸气压的百分比。兔体排泄和舍内水分的蒸发都可以产生水蒸气而增加舍内湿度。舍内上、下湿度大，中间湿度小（封闭舍）。如果夏季门窗大开，通风良好，差异不大。保温隔热不良的兔舍，空气潮湿，当气温变化大时，气温下降时容易达到露点，凝聚为雾。虽然舍内温度未达露点，但由于墙壁、地面和天棚的导热性强，温度达到露点，即在兔舍内表面凝聚为液体或固体，甚至由水变成冰。水渗入围护结构的内部，气温升高时，水又蒸发出来，使舍内的湿度经常很高。潮湿的外围护结构保温隔热性能下降，常见天棚和墙壁生长绿霉、灰泥脱落等。

1. 湿度对兔体的影响

气湿作为单一因子对兔的影响不大，常与温度、气流等因素共同作用，对兔体产生一定影响。

（1）高温高湿　高温高湿影响兔的体热调节，加剧高温的不良反应，破坏热平衡。兔体由于有致密的被毛，不利于高温时的传导、辐射和对流散热，主要依靠呼吸道蒸发散失热量。蒸发散热量正比于兔体蒸发面水蒸气压与空气水蒸气压之差。舍内空气湿度大，兔体蒸发面（皮肤和呼吸道）水蒸气压与空气水蒸气压变小，不利于蒸发散热，加重机体热调节负担，热应激更严重。高温高湿，兔体的抵抗力降低，有利于传染病发生，传染病的发生率提高，机体病后沉重；且有利于病原体的存活和繁殖，如有利于球虫病的传播，有利于细菌（如大肠杆菌、布氏杆菌、鼻疽放线菌）的存活，有利于病毒（如无囊膜病毒）的存活，有利于真菌（如湿疹、疥癣等病的病原菌）的滋生繁殖。因此，高温高湿的季节，容易发生兔的寄生虫病、皮肤病、霉菌病及中毒症。

（2）低温高湿　低温高湿情况下，机体的散热容易，潮湿的空气使兔的被毛潮湿，保温性能下降，兔体感到更加寒冷，加剧了冷应激，特别是对仔兔和幼兔影响更大。兔易患感冒、风湿症、关节炎、肌肉炎以及消化道疾病（下痢）等。寒冷冬季，相对湿度＞85％，对兔的生长有不利影响，饲料转化率会显著下降。

（3）低湿　高温低湿的环境中，兔体皮肤或外露的黏膜会发生干裂，降低了对微生物的防卫能力，而招致细菌、病毒感染等，可导致被毛粗糙，兔毛品质下降。

低湿条件下，舍内尘埃增加，容易诱发呼吸道疾病。

2. 舍内适宜的湿度

兔性喜干燥环境，最适宜的相对湿度为60％～65％，一般不应低于55％或高于70％。

3. 舍内湿度调节措施

（1）当舍内相对湿度低时，可在舍内地面洒水或用喷雾器在地面和墙壁上喷水，水的蒸发可以提高舍内湿度。如是仔兔舍或幼兔舍，舍内温度过低时可以喷洒热水。可以在仔兔舍内的供暖炉上放置水壶或水锅，使水蒸发提高舍内湿度。

（2）当舍内相对湿度过高时，可以采取如下措施：

① 加大换气量　通过通风换气，驱除舍内多余的水汽，换进较为干燥的新鲜空气。舍内温度低时，要适当提高舍内温度，避免通风换气引起舍内温度下降。

② 提高舍内温度　舍内空气中水汽含量不变，提高舍内温度，可以增大饱和水蒸气压，降低舍内相对湿度。特别是冬季或仔兔舍，加大通风换气量对舍内温度影响大，可提高舍内温度。

（3）防潮措施　潮湿的空气环境与高温协同作用，容易对兔产生不良影响，所以应该保证兔舍干燥。保证兔舍干燥需要作好兔舍防潮，除了选择地势高燥、排水好的场地外，可采取如下措施：

① 兔舍墙基设置防潮层，新建兔舍待干燥后使用，特别是仔兔舍。有的刚建好兔舍就立即使用，由于仔兔舍密封严密，舍内温度高，没有干燥的外围护结构中存在的大量水分很容易蒸发出来，使舍内相对湿度一直处于较高的水平。晚上温度低的情况下，大量的水汽凝结成水在天棚和墙壁上附着，舍内的热量容易散失。

② 舍内排水系统畅通，粪尿、污水及时清理。

③ 尽量减少舍内用水。舍内用水量大，舍内湿度容易提高。防止饮水设备漏水，能够在舍外洗刷的用具尽量在舍外洗刷，或将洗刷后的污水立即排到舍外，不要在舍内随处抛撒。

④ 保持舍内较高的温度，使舍内温度经常处于露点以上。

⑤ 使用垫草或防潮剂（如撒生石灰、草木灰），及时更换污浊潮湿的垫草。

（三）舍内通风的控制

室外饲养由于受到外界环境影响大，不易控制和管理，冬季繁殖率很低。因此，多数兔场都采用舍内笼养。通风可调节兔舍温湿度，加大舍内气流速度，使兔感到舒适，减少夏季热应激；通风还可排出兔舍内的污浊气体、灰尘和过多的水汽，能有效地降低呼吸道疾病的发病率，控制巴氏杆菌病、传染性感冒等疾病的蔓延。控制舍内的通风，维持舍内适宜的气流速度，可以保持兔舍内的空气新鲜。

通风方式一般可分为自然通风和机械通风两种。小型兔场常用自然通风方式，利用门窗的空气对流或屋顶的排气孔和进气孔进行调节。大中型兔场常采用抽气式或送气式的机械通风，这种方式多用于炎热的夏季，是自然通风的辅助形式。

通风设计的目的是保证达到一定的通风量（或气流速度），并使舍内气流均匀。

1. 自然通风设计

自然通风分无管道通风和有管道通风。前者经开着的门窗进行，适用于温暖地区或温暖季节；后者适用于寒冷季节的封闭舍。自然通风的动力是风压（指大气流动时，作用于建筑物表面的压力。当风吹向建筑物时，迎风面形成正压，背风面形成负压，形成自然通风）和热压（利用舍内不同部位的空气因温热不均而发生密度差异，即：当舍外温度较低的空气进入舍内，遇到由兔体释放的热量或其他热源，受热变轻而上升，于是在舍内屋顶天棚处形成较高的压力区，而由屋顶的通气口或空隙排出；舍内下部空气稀薄，舍外较冷的空气不断入内，如此反复形成自然通风）。

自然通风设计一般是考虑无风时的不利情况，设计时按热压进行计算。这样夏季有风时，舍内通风量将大于计算值，对兔更有利；冬季为防寒关闭门窗，通风量也不受太大影响。

热压通风设计，通风量大小取决于舍内外的温差、进排气口面积及中心垂直距离（只有一个开口时 H 为开口高度的1/2）。气流分布决定于进排气口的形状、位置和分布。

（1）自然通风设计的计算公式：

$$L=L_{排}=L_{进}$$

$$L=3600\,\mu F\sqrt{\frac{2gH(t_n-t_w)}{(273+t_w)}}=7968.9F\sqrt{\frac{H(t_n-t_w)}{(273+t_w)}} \quad (4\text{-}1)$$

式中 L——兔舍通风量，米^3/(小时·千克)；

μ——排风口的流量系数（小于1）；

F——排风口面积，米^2；

g——重力加速度，9.8 米/秒^2；

H——进排气口垂直距离，米；

t_n——舍内通风计算温度，℃（冬季仔兔舍取 20℃，幼兔舍取 13℃，育肥兔、成年兔舍取 10℃；夏季 $t_n = t_w + 3$℃）；

t_w——舍外通风计算温度，℃（查室外气象参数表，如郑州地区冬季为 0℃，夏季为 32℃；北京地区冬季为 −5℃，夏季为 30℃；哈尔滨地区冬季为 − 20℃，夏季为 26℃）。

注：本公式既可以可用于计算设计方案，检验已建成兔舍的通风量是否满足要求；也可根据通风量计算所需要的排风口面积。

（2）设计方法与步骤　可根据每间兔舍所需要的平均通风量来进行计算和设计。

第一步，确定所需要的通风量。按兔舍容纳的兔的种类和数量，查兔舍通风参数表（见表 4-10）计算冬夏季所需要的通风量；再根据兔舍间数，求得每间兔舍夏季或冬季所需要的通风量 L。

表 4-10　兔舍通风参数表

兔舍类型	通风量/[米^3/(小时·千克)]		气流速度/(米/秒)	
	冬季	夏季	冬季	夏季
成年兔舍	0.70	5.0	0.15～0.25	1.5～2.5
仔兔舍	0.60	5.0	0.15～0.25	1.5～2.5

第二步，检验采光窗能否满足夏季通风量需要。如果南北窗面积和位置不同，应分别计算各自的通风量。代入式(4-1)，求其和，即得出该间兔舍总通风量。排气口面积 F 为窗面积的 1/2，H 为窗高的 1/2。如能满足夏季要求，可进行冬季通风设计；如不能满足要求，需设置地窗、天窗或通风屋脊、屋顶风管等。

第三步，地窗、天窗、屋顶通风管道设计。地窗可设置在南北墙采光窗下，按采光窗面积的 50％～70％设计成卧式保温窗。设置地窗后再计算能否满足夏季通风需要。

计算时排风口面积按采光窗面积，垂直距离按采光窗中心至地窗中心的垂直距离。

第四步，冬季通风设计。

如果兔舍跨度小（8 米以内），冬季所需通风量较小，冷风渗透较多，可在南窗上部设置外开口下悬窗排风口，每窗上面设一个，最多隔窗一个。酌情控制开启角度以调节通风量，面积不必计算。

如果兔舍跨度大（8 米以上），结合夏季通风设置屋顶风管作排气口。无天棚时，风管高出屋面不少于 1 米，下端进入舍内不宜少于 0.6 米；进风口设在背风侧墙的上部，使冷空气预热后再降到地面。

排风口面积可根据该栋兔舍冬季所需要的通风量，查表 4-11 计算。然后按所需要的总面积可求得风管数量。跨度小时设置一排，跨度大时设置两排，交错布置。风管最好做成圆管，以便于安装风机。顶端有风帽，寒冷地区风管外加保温层，为控制通风量，管内应设调节阀。

表 4-11　冬季通风量 1000 米^3/小时需要的排风口面积

单位：米^3

舍内外温差/℃	风管上口至舍内地面的高度/米						
	4	5	6	7	8	9	10
6	0.43	0.38	0.35	0.32	0.30	0.28	0.27
8	0.36	0.33	0.30	0.28	0.26	0.24	0.23
10	0.33	0.29	0.28	0.25	0.23	0.22	0.21
12	0.30	0.26	0.24	0.22	0.21	0.20	0.19
14	0.28	0.25	0.22	0.21	0.19	0.18	0.17
16	0.25	0.23	0.21	0.19	0.18	0.17	0.16
18	0.24	0.22	0.20	0.18	0.17	0.16	0.15
20	0.23	0.20	0.19	0.17	0.16	0.15	0.14
22	0.22	0.19	0.18	0.16	0.15	0.14	0.14
24	0.21	0.18	0.17	0.16	0.15	0.14	0.13
26	0.20	0.18	0.16	0.15	0.14	0.13	0.12
28	0.19	0.17	0.16	0.14	0.13	0.13	0.12
30	0.18	0.16	0.15	0.14	0.13	0.12	0.11
32	0.17	0.16	0.15	0.13	0.12	0.12	0.11
34	0.17	0.15	0.14	0.13	0.12	0.11	0.11
36	0.16	0.15	0.13	0.12	0.12	0.11	0.10
38	0.16	0.14	0.13	0.12	0.11	0.11	0.10
40	0.14	0.14	0.13	0.12	0.11	0.10	0.10

进风口面积为排风口面积的 70%，如只在背风的一侧墙上设置

进风口，屋顶风管宜靠对侧墙近一些，以保证通风均匀。进风口设置导向控制板，以控制风量和风向。

【例 4-1】 河南某兔场育肥兔舍，二列三走道，总长 51 米，宽 5 米，共 17 间（其中一间为工作间），容纳育肥兔 2400 只（体重 2.5 千克）。南北各设置 2 个高 1.6 米、宽 0.8 米的窗户。采光窗能否满足夏季通风要求？请设计冬季通风系统（风管距地面高度按 5 米计）。

解：

① 求夏季每间兔舍通风量。某一端留一间工作间（放置饲料和饲养人员值班），兔舍为 16 间。查表 4-10，育肥兔所需要通风量为 5 米^3/(小时·千克)，则每间需要的通风量为：

$$L=2400\times2.5\times5\div16=1875\ 米^3/小时$$

② 求采光窗夏季热压通风量。南北窗均为单开口通风，上排下进，进排气口垂直距离 H 是高的 1/2，窗高为 0.8 米。则：

南窗排风口面积 $F_1=1.6\times0.8\times2\div2=1.28$ 米^2

北窗排风口面积 $F_2=1.6\times0.8\times2\div2=1.28$ 米^2

郑州的舍外通风计算温度 $t_w=32℃$，则舍内 $t_n=32+3=35℃$；

$$L=7968.9F\sqrt{\frac{H(t_n-t_w)}{(273+t_w)}}=7968.9\times(1.28+1.28)\sqrt{\frac{0.8\times(35-32)}{273+32}}$$

$$\approx1809\ 米^3/小时$$

由此可知，窗户的通风量稍小于需要的通风量，可利用屋顶排风口加强通风来满足需要。

③ 冬季通风设计。查表 4-10 知，冬季通风量 0.70 米^3/(小时·千克)，则每间兔舍需通风量 $2400\times2.5\times0.70\div16=262.5$ 米^3/小时。

兔舍冬季 $t_n=10℃$，郑州地区冬季舍外温度 $t_w=0℃$，则 $t_n-t_w=10-0=10℃$。

查表得知风管上口距地面 5.0 米时，1000 米^3/小时通风量需要的排风口面积为 0.29 米^2，则 262.5 米^3/小时需 0.076 米^2。

一间设置一个排风管，设成圆形。

$$风管半径=\sqrt{0.076\div3.14}\approx0.156\ 米$$

进气口面积$=0.076\times70\%\approx0.053$ 米^2。在南北窗上设置高为 0.12 米的进气口各一个，则宽度为 $0.053\div2\div0.12\approx0.22$ 米。

2. 机械通风设计

机械通风的动力是电动风机，兔舍通风可用轴流式风机。机械通风方式主要有正压通风（通过风机将舍外的新鲜空气强制输入舍内，使舍内气压增高，舍内污浊空气经风口或风管自然排出的换气方式。当兔舍不能封闭时可采用）和负压通风（通过风机抽出舍内空气，造成舍内空气气压小于舍外，舍外空气通过进气口或进气管流入舍内的换气方式。生产中常采用，但兔舍必须封闭）。

根据风机安装位置，负压通风又可分为横向通风和纵向通风。纵向通风与横向通风相比较：一是风速提高，平均风速比横向通风风速提高 5 倍以上，纵向通风的气流断面（畜舍净宽）仅为横向通风（畜舍长度）的 1/5～1/10；二是气流分布均匀，无死角；三是节能，风机数量少，总功率低，运行费用低；四是场区小气候环境好，提高生产性能。所以，目前生产中多采用纵向负压通风。

（1）纵向负压通风设计

第一步，确定通风量。

排风量＝风速(米/秒)×兔舍横断面面积(米^2)

＝风速(米/秒)×兔舍宽度(米)×兔舍的内径高度(米)

第二步，风机数量确定。先根据总排风量和风机的风量选择风机，然后计算风机台数（生产中常见的风机及性能见表 4-12）。

表 4-12　兔舍常用风机性能参数

参数	HRJ-71 型	HRJ-90 型	HRJ-100 型	HRJ-125 型	HRJ-140 型
风叶直径/毫米	710	900	100	125	140
风叶转速/(转/分钟)	560	560	560	360	360
排风量/(米^3/分钟)	295	445	540	670	925
全压/帕	55	60	62	55	60
噪声/分贝	⩽70	⩽70	⩽70	⩽70	⩽70
输入功率/千瓦	0.55	0.55	0.75	0.75	1.1
额定电压/伏	380	380	380	380	380
电机转速/(转/分钟)	1350	1350	1350	1350	1350
安装外形尺寸(长×宽×厚)/毫米	810×810×370	1000×1000×370	1100×1100×370	1400×1400×400	1550×1550×400

第三步，进气口面积确定。进气口面积可与兔舍横断面相等，或为风机面积的 2 倍，或按 1000 米^2 排风量需要 0.15 米^2 计算，或应

用下列公式计算：

$$进气口面积(最小)=\frac{排风量}{进风口风速}$$

（一般要求夏季进风口风速 2.5～5 米/秒，冬季 1.5 米/秒）

（2）风机和进气口的布置　根据兔舍的布局、长短布置风机和进气口（如图 4-10）。

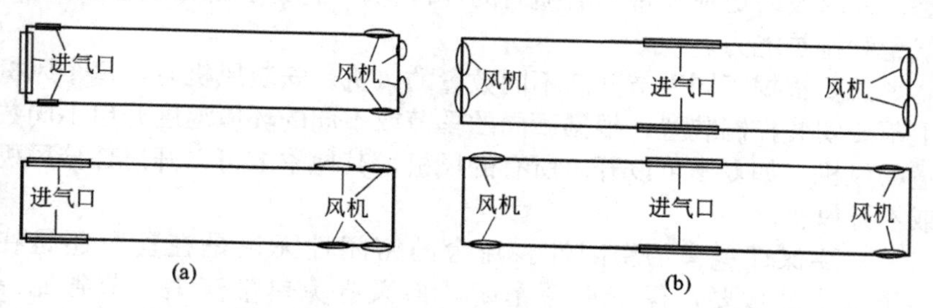

图 4-10　纵向通风风机和进气口布局图

(a) 表示的是兔舍的长度在 60 米以内，可以将风机安装在一端墙上或紧邻端墙的侧墙上，进气口在另一端墙或紧邻端墙的侧墙上；(b) 表示的是兔舍的长度在 60 米以上，可以将风机安装在两端墙上或紧邻端墙的侧墙上，进气口在中部侧墙。负压通风风机应安装在污染道一侧端墙或侧墙，风机距地面高度 0.4～0.5 米或高于饲养层，纵墙上安装风机，排风方向与屋脊成 30°～60°角

【例 4-2】 兔舍净宽 5 米，天花板距地面高度 2.5 米，如何设计负压纵向通风系统（夏季风速按 5 米/秒）？

第一步，确定通风量。

排风量＝风速(米/秒)×兔舍横断面(米^2)＝5×5×2.5×60

＝3750 米^3/分钟

第二步，确定风机数量。如果选择 HRJ-140 型风机，需要风机数量为：

风机台数＝3750 米^3/分钟÷925 米^3/(分钟·台)≈4 台

选择 HRJ-140 型风机 4 台，可以满足需要。

第三步，确定进气口。进气口面积可以与兔舍的横断面面积相等，所以进气口面积为 12.5 米^2。

（3）机械通风的管理

一要做好通风设备的检测工作。每天通风换气前，或在夏季来临之前，做好通风设备的检测工作。检查内容包括线路和控制器的安全性、电机的完好性、扇叶的牢固性等，并清理风机扇叶和百叶窗上的灰尘，保证有效的通风量。另外，如果风机皮带松弛，也会造成扇叶转速减慢甚至皮带过早磨损。因此，应经常清除风机扇叶和百叶窗上的灰尘，确保皮带处于紧绷状态，使风机经常处于最大工作效率状态。同时及时更换皮带和磨损后的皮带轮，可大大提高风机的通风换气量和排热能力。

二要根据不同季节开启不同数量的风机。安装风机时，每个风机上都要安装控制装置，根据不同的季节或不同的环境温度开启不同数量的风机。如夏季可以开启所有的风机，其他季节可以开启部分风机或不开风机。

三要保证兔舍的密闭性。兔舍的密闭性无论是在夏季还是在冬季都十分重要，保持兔舍密闭，冬天避免热量流失，节省能源开支；夏天避免热空气随处可入，降低舍内空气的流速，进而影响降温效果。

四要联合使用湿帘装置。当天气炎热，舍内温差较大时才有必要使用湿帘装置，而且一定要等纵向通风系统运转正常以后再开启湿帘装置。同时，保证除了湿帘进风口以外，不存在其他的进风口。检查门、通风口、湿帘与墙体的结合部位是否存在漏风，还要检查湿帘是否存在干燥部位，因这些地方进入兔舍的热气将影响降温效果。

（四）舍内光照的控制

光照对兔的生理机能有着重要调节作用。适宜的光照有助于增强兔的新陈代谢，增进食欲，促进钙、磷的代谢作用；光照不足则可导致兔的性欲和受胎率下降。此外，光照还具有杀菌、保持兔舍干燥和预防疾病等作用。生产实践表明，公、母兔对光照要求是不同的。一般而言，繁殖母兔要求长光照，以每天光照14～16小时为好，表现为受胎率高，产仔数多，可获得最佳的繁殖效果。种公兔在长光照条件下，则精液品质下降，而以每天光照10～12小时效果最好。目前，小型兔场一般采用自然光照，兔舍门窗的采光面积应占地面的15%左右，但要避免太阳光的直接照射；大中型兔场，尤其是集约化兔场，多采用人工光照或人工补充光照，光源以白炽灯光较好，每平方米地面3～4瓦，灯高一般离地面2～2.5米。光照控制是要保证兔舍内的光照强度和光照时数符合要求，并且光线均匀。兔舍一般采用自然光照与人工补光相结合。

1. 自然光照设计

自然采光是指太阳光通过兔舍的开露部分进入舍内达到照明的目的。自然采光取决于窗户的面积，窗户面积越大，进入舍内的光线越多。但采光面积要兼顾通风、光照、保温隔热，合理确定。采光系数是衡量与设计兔舍采光的一个重要指标[指窗户的有效面积与兔舍地面面积之比，即1∶X，仔兔舍的采光系数为1∶(7～9)，其他兔舍的采光系数为1∶(12～15)]。影响兔舍自然采光的因素主要有兔舍的方位（坐北朝南方向，舍内光线较好）、舍外情况、入射角（兔舍地面中央一点到窗户上缘或屋檐所引的直线与地面水平线之间的夹角。入射角的大小对光线进入舍内有影响，入射角越大，越有利于光线进入舍内。为保证舍内得到适宜照度，入射角一般不少于25°）、透光角（兔舍地面中央一点向窗户上缘或屋檐和下缘引出的两条直线所形成的夹角。透光角越大，越有利于光线进入舍内。为保证舍内得到适宜照度，透光角一般不少于5°）、玻璃、舍内反光面以及舍内设施及兔笼构造与布局等。

自然光照的设计任务是合理设计采光窗的位置、形状、数量、面积，保证兔舍的自然采光标准，并尽量使其照度均匀。

第一步，确定窗口位置。如图4-11，可以根据入射角和透光角来计算窗口上下缘的高度：

$$H_1=\tan\alpha\cdot S_1$$

$$H_2=\tan(\alpha-\beta)S_2$$

要求 $\alpha\geqslant25°$，$\beta\geqslant5°$

$H_1\geqslant0.4663S_1$；$H_2\leqslant0.364S_2$。

第二步，窗口面积计算。按采光系数计算，公式如下：

$$A=\frac{KF_d}{J}$$

式中 A——采光窗口总面积；

K——采光系数；

F_d——舍内地面面积；

J——窗扇遮挡系数，单层金属窗 0.80，双层 0.65；单层木窗 0.70，双层 0.50。

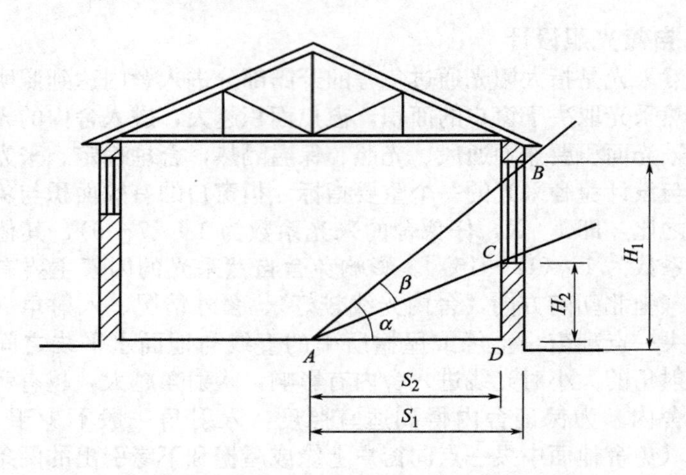

图 4-11　兔舍的入射角和透光角

第三步，确定窗的数量、形状和布置。应首先根据当地气候确定南北窗的比例，然后再考虑光照均匀和房屋结构对窗间墙宽度的要求来确定窗的数量。炎热地区，南北窗的比例是（1～2）∶1，冬冷夏热地区和寒冷地区为（2～4）∶1。窗的形状也关系到采光和通风的均匀程度：卧式窗有利于长度方向采光均匀，而跨度方向则较差；立式窗则相反。

【例 4-3】　河南地区一栋兔舍共 10 间，间距 3 米，净跨度为 4.56 米，则每间净面积 13.68 米^2。其采光系数标准为 1/10～1/12，如采用单层木窗，遮挡系数为 0.70，试进行采光设计。

第一步，窗缘高度。

$H_1 \geqslant 0.4663S_1 = 0.4663 \times 2.52 = 1.175$ 米（S_1 为兔舍净跨度的 1/2 加上墙的厚度 0.24 米）

$H_2 \leqslant 0.364S_2 = 0.364 \times 2.28 = 0.83$ 米（S_2 为兔舍净跨度的 1/2）

南窗高度确定为上缘 1.95 米，下缘 0.75 米，窗高 1.2 米。

第二步，窗户总面积（按采光系数1/10计算）。

$$A=\frac{0.1\times13.68}{0.7}=1.954=2.0\ 米^2$$

根据河南气候的特点，北窗可占南窗的1/3，则每间兔舍北窗为2.0×1/4=0.5米²，南窗面积为2.0×3/4=1.5米²。

第三步，窗户形状与布局。南窗宽度确定为0.7米，设置两个，则面积为：1.2×0.7×2=1.68米²，稍大于标准要求。北窗可设高0.6米、宽0.9米的窗一个，面积为0.54米²，其上下缘高度分别为1.95米和1.35米。

2. 人工照明系统设计

（1）计算兔舍光照需要的总发光量（流明）

$$总发光量(流明)=\frac{光照强度(勒克斯/米^2)\times地板面积(米^2)}{利用系数\times维持系数}$$

注：利用系数是表示光源发射的光线与畜禽接收光线的比例系数，它受到舍内建设及安装结构与清洁度影响。未粉刷、无天花板、无罩光照系统利用系数为0.25，粉刷的、清洁的、有反光罩的为0.60，一般的为0.5左右；维持系数是指光照设备的清洁和能否正常使用对舍内光照强度的影响程度，取值范围在0.5～0.7。

如一个面积100米²的肉兔舍，光照强度25勒克斯/米²。安装带罩的白炽灯光源，利用系数0.5，维持系数0.7，代入上式，则：

总发光量=7142.86流明

（2）灯泡规格和数量确定　根据兔舍的实际情况确定光源的种类和规格，再据不同光源的发光量（表4-13）计算光源的数量。

表4-13　不同规格光源的发光量

规格/瓦	白炽灯/流明	荧光灯/流明	规格/瓦	白炽灯/流明	荧光灯/流明
15	125	500～700	50	655	
25	225	800～100	60	810	
40	430	2000～2500	100	1600	

为了保证兔舍光照均匀，可以适当增加光源的数量，降低光源的规格（功率）。上例中如果选用60瓦白炽灯，其发光量为810流明。

$$需要的灯泡数量=\frac{总发光量(流明)}{每个灯泡的发光量(流明)}=7142.86\div810\approx9\ 只$$

（3）光照系统的安装和管理　灯的高度直接影响到地面的光照强度，一般安装高度为1.8～2.4米。光源分布均匀，数量多的小功率光源比数量少的大功率光源有利于光线均匀。光源功率一般在40～60瓦较好（荧光灯15～25瓦）。灯间距为其高度的1.5倍，距墙的距离为灯间距的一半，灯泡不应使用软线。如是笼养，应在每条走道上方安置一列光源。灯罩可以使光照强度增加50%，应选择伞形或碟形灯罩。

（五）舍内有害气体控制

兔舍内兔群密集，呼吸、排泄物和生产过程的有机物分解，有害气体成分要比舍外空气成分复杂，且含量高。在规模养兔生产中，兔舍中有害气体含量超标，可以直接或间接引起兔群发病或生产性能下降，影响兔群安全和产品安全。

1. 舍内有害气体的种类及分布

见表4-14。

表4-14　兔舍中主要有害气体及分布

种类	理化特性	来源和分布	标准/(毫克/米^3)
氨	无色，具有刺激性臭味，比空气密度小，易溶于水，在0℃时，1升水可溶解907克氨	氨来源于兔的粪尿、饲料残渣和垫草等有机物分解的产物；舍内含量多少决定于兔的密集程度、舍地面的结构、舍内通风换气情况和舍内管理水平。上下含量高，中间含量低	20
硫化氢	无色，易挥发的恶臭气体，比空气密度大，易溶于水，1单位体积水可溶解4.65单位体积的硫化氢	来源于含硫有机物的分解。当兔采食富含蛋白质饲料而又消化不良时排出大量的硫化氢。粪便厌氧分解也可产生；硫化氢密度大，故愈接近地面浓度愈大	8
二氧化碳	无色、无臭、无毒、略带酸味气体。比空气密度大	来源于兔的呼吸；由于二氧化碳密度大于空气，因此聚集在地面上	1500
一氧化碳	无色、无味、无臭气体，相对密度0.967	来源于火炉取暖的煤炭不完全燃烧，特别是冬季夜间兔舍封闭严密，通风不良，可达到中毒程度	

2. 有害气体的危害

有害气体含量超标，可以引起急性中毒或慢性中毒。氨和硫化氢含量高，兔体质变弱，表现精神萎靡，抗病力下降，对某些病敏感（如对结核病、大肠杆菌、肺炎球菌感染过程显著加快），采食量、生产性能下降（慢性中毒）。二氧化碳和一氧化碳含量高，易造成缺氧。高浓度氨可以通过肺泡进入血流置换氧基，破坏血液的运氧功能；并可直接刺激体组织引起碱性化学性灼伤，使组织溶解坏死；还可引起中枢神经麻痹，中毒性肝病、心肌损伤等。高浓度的硫化氢可直接抑制呼吸中枢，引起窒息和死亡。

3. 消除措施

（1）加强场址选择和合理布局　避免场区受工业废气污染。合理设计兔场和兔舍的排水系统、粪尿和污水处理设施。

（2）加强防潮管理　有害气体易溶于水，湿度大时易吸附于材料中，舍内温度升高时又挥发出来，因此应保持兔舍内干燥。

（3）加强兔舍管理　一是舍内地面铺设麦秸、稻草、干草等垫料，可以吸附空气中有害气体，并保持垫料清洁卫生；二是保证适当的通风，特别是注意冬季的通风换气，做好保温和保持空气新鲜的措施；三是做好卫生工作，及时清理污物和杂物，排出舍内的污水，加强环境的消毒等。

（4）加强环境绿化　绿化不仅美化环境，而且可以净化环境。绿色植物进行光合作用可以吸收二氧化碳，释放出氧气。如每公顷阔叶林在生长季节每天可吸收1000千克二氧化碳，产出730千克氧气；绿色植物可大量的吸附氨，如玉米、大豆、棉花、向日葵以及一些花草都可从大气中吸收氨；绿色林带可以过滤阻隔有害气体。有害气体通过绿色地带至少有25%被阻留，煤烟中的二氧化硫被阻留60%。

（5）采用化学物质消除　使用过磷酸钙、丝兰属植物提取物、沸石以及木炭、活性炭、煤渣、生石灰等具有吸附作用的物质吸附空气中的臭气。

（6）提高饲料消化吸收率　科学选择饲料原料；按可利用氨基酸的量及兔的需要合理配制日粮；科学饲喂；利用酶制剂、酸制剂、微生态制剂、寡聚糖、中草药添加剂等可以提高饲料利用率，减少有害气体的排出量。

（六）舍内微粒的控制

微粒是以固体或液体微小颗粒形式存在于空气中的分散胶体。兔舍中的微粒来源于兔的活动、采食，饲养员清扫地面、分发饲料，以及通风除臭等机械设备运行。兔舍内有机微粒较多。

1. 微粒对兔体健康的影响

灰尘降落到兔体体表，可与皮脂腺分泌物、兔毛、皮屑等粘混在一起，妨碍皮肤的正常代谢，影响兔毛品质；兔将灰尘吸入体内，可引起呼吸道疾病，如肺炎、支气管炎等；灰尘还可吸附空气中的水汽、有毒气体和有害微生物，产生各种过敏反应，甚至感染多种传染性疾病；微粒可以吸附空气中的水汽、氨、硫化氢、细菌和病毒等有毒有害物质，造成黏膜损伤，引起血液中毒及各种疾病的发生。

2. 消除措施

（1）改善兔舍和牧场周围地面状况，实行全面绿化，种树、草和农作物等。植物表面粗糙不平，多绒毛，有些植物还能分泌油脂或黏液，能阻留和吸附空气中的大量微粒。含微粒的大气流通过林带，风速降低，大微粒下沉，小的被吸附。夏季可吸附 35.2%～66.5%微粒。

（2）兔舍远离饲料加工厂，分发饲料和饲喂动作要轻。

（3）保持兔舍地面干净，禁止干扫；更换和翻动垫草动作也要轻。

（4）保持适宜的湿度，有利于尘埃沉降。

（5）保持通风换气，必要时安装过滤设备。

（七）舍内噪声的控制

兔舍内的噪声来源主要有：外界传入；场内机械产生和兔自身产生。

1. 噪声对兔体健康影响

兔胆小怕惊，对环境的变化敏感，需要为其提供安静的环境。尤其是对处于妊娠后期、产仔期、授乳期的母兔和断乳后的小兔，突然的噪声会造成严重后果，如：母兔流产、难产、产死胎、吃仔、踏仔等，以及使兔正常的生理功能失调，免疫力和抵抗力下降，危害兔健康，甚至导致死亡。

2. 改善措施

（1）选择场地　选择在安静的地方建兔场，远离噪声大的地方，如交通干道、工矿企业和村庄等。

（2）选择设备　选择噪声小的设备。

（3）搞好绿化　场区周围种植林带，可以有效地阻隔噪声。

（4）科学管理　生产过程的操作要轻、稳，尽量保持兔舍的安静。为提高兔对环境适应能力，在兔舍内进行日常管理时，可与兔子说话，饲喂前可轻轻敲击饲槽等，产生一定的声音，也可播放一些轻音乐，有意识地打破过于寂静的环境。

第五节　常见误区纠错

一、兔场场址选择、规划布局中存在的误区纠错

（一）忽视兔场址选择，认为只要有个地方就能养兔

场地状况直接关系到兔场隔离、卫生、安全和周边状况。生产中由于有的场户忽视场地选择，选择的场地不当，导致一系列问题，严重影响生产。如：有的场地距离居民点过近，甚至有的养殖户在村庄内或在生活区内养兔，结果产生的粪污和臭气影响到居民的生活质量，引起居民的反感，出现纠纷，不仅影响生产，甚至收到环境部门的叫停通知，造成较大损失；选择场地时不注意水源，水源质量差或水量不足，投产后给生产带来不便或增加生产成本；选择的场地低洼积水，常年潮湿污浊，或噪声大的企业、厂矿距离近，兔群经常遭受应激，或靠近污染源，疫病不断发生。

【纠正措施】 选择场址时，首先要提高认识，必须充分认识到场址对安全高效养兔的重大影响。其次要科学选择场址，地势要高燥，背风向阳，朝南或朝东南，最好有一定的坡度，以利光照、通

风和排水。兔场用水要考虑水量和水质，水源最好是地下水，水质清洁，符合饮水卫生要求。与居民点、村庄保持500～100米距离，远离兽医站、医院、屠宰场、养殖场等污染源和交通干道、工矿企业等。

（二）不重视规划布局，场内各类区域或建筑物混杂一起

规划布局合理与否直接影响场区的隔离和疫病控制。有的养殖场（户）不重视或不知道规划布局，不分生产区、管理区、隔离区，或生产区、管理区；隔离区没有隔离设施，人员相互乱串；设备不经处理随意共用；兔舍之间间距过小，影响通风、采光和卫生；贮粪场靠近兔舍，甚至设在生产区内，没有隔离卫生设施等；场内建筑物设置不合理，使病原相互传播，疫病频繁发生。

【纠正措施】

（1）了解掌握有关知识，树立科学观念。

（2）进行科学规划布局。规划布局时应注意：一是种兔场、仔兔场、饲料厂等要严格地分区设立；二是要实行“全进全出制”的饲养方式；三是生产区的布置必须严格按照卫生防疫要求进行；四是生产区应在隔离区的上风处或地势较高地段；五是生产区内净道与污道不应交叉或共用；六是生产区内兔舍间的距离应是兔舍高度的3倍以上；七是生产区应远离禽类屠宰加工厂、禽产品加工厂、化工厂等易造成环境污染的企业。

（三）认为绿化只增加投入，没有多大用处

兔场的绿化需要增加场地面积和资金投入。由于对绿化的重要性缺乏认识，许多兔场认为绿化只是美化一下环境，没有什么实际意义，还需要增加投入、占用场地等，设计时缺乏绿化设计的内容，或即使有设计也因为减少投入而不进行绿化，或场地小没有绿化的空间等，导致兔场光秃秃，夏季太阳辐射强度大，冬季风沙大，场区小气候环境差。

【纠正措施】

（1）高度认识绿化的作用　绿化不仅能够改变自然面貌，改善和美化环境，还可以减少污染，保护环境，为饲养管理人员创造良好的

工作环境，为兔创造适宜的生活环境。良好的绿化可以明显改善兔场的温度、湿度和气流等条件。夏季能够降低环境温度，冬季可以缩小昼夜气温变化。另外，绿化林带对风速有明显的减弱作用，冬季能降低风速20%，其他季节可达50%～80%。良好的绿化还可以净化空气，绿色植物等进行光合作用，吸收大量的二氧化碳，同时释放出氧气，使场区和畜舍的空气新鲜洁净。某些植物的花和叶能分泌一种芳香物质，可杀死细菌和真菌等。

（2）留有充足的绿化空间　在保证生产用地的情况下要适当设置绿化隔离用地。

（3）科学绿化　见第四节一（一）4。

二、兔舍建设存在的误区纠错

（一）兔舍过于简陋，不能有效地保温和隔热，舍内环境不易控制

目前养兔多采用舍内高密度笼内饲养，舍内环境成为制约兔生长发育、生产和健康的最重要条件，舍内环境优劣与兔舍建筑设计有密切关系。由于观念、资金等条件的制约，人们没有充分认识到兔舍的作用，忽视兔舍建设，不舍得在兔舍建设中多投入，兔舍过于简陋（如有些兔场兔舍的屋顶只有一层石棉瓦），保温隔热性能差，舍内温度不易维持，兔遭受的应激多。冬天舍内热量容易散失，舍内温度低，兔采食量大，饲料报酬差，要维持较高的温度，采暖的成本增加极大；夏天外界太阳辐射热容易通过屋顶进入舍内，舍内温度高，兔采食量少，生长慢，要降低温度，需要较多的能源消耗，也增加了生产成本。

【纠正措施】

（1）科学设计　根据不同地区的气候特点选择不同材料和不同结构，设计符合保温隔热要求的兔舍。

（2）严格施工　设计良好的兔舍，如果施工不好，也会严重影响其设计目标。严格选用设计所选的材料，按照设计的构造进行建设，不得偷工减料；兔舍的各部分或各结构之间不留缝隙，屋顶要严密，墙体的灰缝要饱满。

（二）忽视通风换气系统的设置，舍内通风换气不良

舍内空气质量直接影响兔的健康和生长，生产中许多兔舍不注重通风换气系统的设计。如没有专门通风系统，只是依靠门窗通风换气，舍内换气不足，空气污浊；或通风过度造成温度下降，或出现“贼风”，冷风直吹兔引起伤风感冒等；夏季通风不足，舍内气流速度低，兔热应激严重等。

【纠正措施】

（1）科学设计通风换气系统　冬季由于内外温差大，可以利用自然通风换气系统。设计自然通风换气系统时需注意进风口设置在窗户上面，排气口设置在屋顶，这样冷空气进入舍内下沉温暖后再通过屋顶的排气口排出，可以保证换气充分，避免冷风直吹兔体。排风口面积要能够满足冬季通风量的需要。夏季由于内外温差小，完全依赖自然通风效果较差，最好设置湿帘-通风换气系统，安装湿帘和风机进行强制通风。

（2）加强通风换气系统的管理　保证换气系统正常运行，保证设备、设施清洁卫生。最好能够在进风口安装过滤清洁设备，以使进入舍内的空气更加洁净。安装风机时，每个风机上都要安装控制装置，根据不同的季节或不同的环境温度开启不同数量的风机。如夏季可以开启所有的风机，其他季节可以开启部分风机，温度适宜时可以不开风机（能够进行自然通风的兔舍）。负压通风要保证兔舍具有较好的密闭性。

（三）忽视兔舍的防潮设计和管理，舍内湿度过高

湿度常与温度、气流等综合作用对兔产生影响。低温高湿加剧兔的冷应激，高温高湿加剧兔的热应激。生产中人们较多关注温度，而忽视舍内的湿度对兔的影响，不注重兔舍的防潮设计和防潮管理，舍内排水系统不畅通，特别是冬季兔舍封闭严密，导致舍内湿度过高，影响兔的生长。

【纠正措施】

（1）充分认识湿度（特别是高湿度）对兔的影响。

（2）加强兔舍的防潮设计，如选择地势高燥处建设兔舍，基础设置防潮层以及其他部位的防潮处理等，舍内排水系统畅通。

（3）加强防潮管理，保持适量通风等。

（四）忽视兔舍内表面的处理，内表面粗糙不光滑

兔的饲养密度高，疫病容易发生，兔舍的卫生管理就显得尤为重要。兔的饲养中，要不断对兔舍进行清洁消毒，兔出售或转群后的间歇，更要对兔舍进行清扫、冲洗和消毒，所以，建设兔舍时，舍内表面结构要简单，平整光滑，具有一定耐水性，这样容易冲洗和清洁消毒。生产中，有的兔场为了降低建设投入，不对兔舍进行必要的处理，如内墙面不抹面，砖墙裸露，粗糙，凸凹不平，屋顶内层使用苇笆或秸秆，不对地面进行硬化等。这一方面影响到舍内的清洁消毒；另一方面也影响到兔舍的防潮和保温隔热。

【纠正措施】

（1）屋顶处理　根据屋顶形式和材料结构进行处理，如混凝土或砖结构平顶、拱形屋顶，使用水泥砂浆将内表面抹光滑即可。如果屋顶是苇笆、秸秆、泡沫塑料等不耐水的材料，可以使用石膏板、彩条布等作为内衬，光滑平整，又有利于冲洗和清洁消毒。

（2）墙体处理　墙体的内表面要用防水材料（如混凝土）抹面。

（3）地面处理　对地面要进行硬化。

（五）为减少投入或增加兔的饲养数量，兔舍面积过小，饲养密度过高

兔舍建筑费用在兔场建设中占有很高的比例，由于资金受到限制而又想增加养殖数量，获得更多收入，建筑的兔舍面积过小，饲养的兔数量多，饲养密度高，兔采食空间严重不足，舍内环境质量差，兔生长发育不良，生产性能差。虽然养殖数量增加了，但养殖效益反而降低了，结果适得其反。

【纠正措施】

（1）科学计算兔舍面积，兔的日龄不同，饲养方式不同，饲养密度不同，占用兔舍的面积也不同。养殖数量确定后，根据选定的饲养方式确定适宜的饲养密度（出栏时的密度要求），然后可以确定兔舍面积。如果兔舍面积是确定的，应根据不同饲养方式要求的饲养密度安排养殖数量。

（2）不要随意扩大饲养数量和缩小兔舍面积，同时，要保证兔有

充足的采食和饮水位置，否则，饲养密度过大或采食、饮水位置不足，必然会影响兔的生长发育和群体均匀。

（六）笼具简陋不规范

兔笼是养兔的工具，而且种兔终生在笼子中度过，所以，兔笼的质量对于养好家兔极其重要。生产中若不重视笼具质量，会造成兔满地乱跑、丢失、挂伤、掉毛，不易消毒和管理，发生传染病时也不利于控制。水槽、料槽不均会造成兔采食和饮水不均。

笼具简陋不规范的表现：

一是尺寸大小不合理，有的过大，有的过小，有的过宽，有的过窄，有的过高，有的过低等。

二是笼网设计不合理。比如，底网过密，粪便不能漏下，造成卫生不良，消化道疾病和寄生虫病发病率增高；底网间隙过大，经常将兔腿卡住，造成骨折，丧失种用价值；底网和侧网底部的间隙过大，仔兔容易掉出，造成成活率下降。

三是笼具用材不合格，特别是底网。种兔的脚部经常与底部接触和摩擦，如果底网质地坚硬，很容易将脚磨破，造成兔脚皮炎而降低种用价值，甚至失去种用价值。

四是笼具制作粗糙。钉头、毛刺多，底板与笼体不配套等。

五是配套笼具不合格。如饮水器滴水造成笼内潮湿，饮水器不容易清洗，杂菌滋生，容易诱发疾病；饲料槽不合格，不仅浪费饲料，还容易造成饲料的污染；产箱不合格是造成仔兔成活率低的主要原因之一。

【纠正措施】 要选择优质的、设计合理的笼具。笼要严实，笼底和笼壁要求平滑，哺乳母兔可采用母兔笼定期进行哺乳，能有效地提高仔兔成活率，而且有利于母兔休息。水槽、料槽应科学设计，既要防止兔在料槽内大小便，又要便于采食。

三、废弃物处理的误区纠错

（一）不重视废弃物的贮放和处理，随处堆放，不进行无害化处理

兔场的废弃物主要有粪便和死兔。废弃物内含有大量的病原微生

物，是最大的污染源。生产中许多养殖场不重视废弃物的贮放和处理，如：没有合理的规划和设置粪污存放区和处理区，随便堆放，也不进行无害化处理，结果使场区空气质量差，有害气体含量高，尘埃飞扬，污水横流，蛆爬蝇叮，臭不可闻，土壤、水源严重污染，细菌、病毒、寄生虫卵和媒介虫类大量滋生传播，兔场和周边环境相互污染；病死兔随处乱扔，有的在兔舍内，有的在兔舍外，有的在道路旁，没有集中的堆放区，对病死兔不进行无害化处理，有的卖给收购贩子，甚至兔场人员自己食用等，导致病原到处传播。

【纠正措施】

（1）树立正确的观念，高度重视废弃物的处理。有的人认为废弃物处理需要投入，是增加自己的负担，病死兔直接出售还有部分收入等，这是极其错误的。粪便和病死兔是最大污染源，处理不善不仅会严重污染周边环境和危害公共安全，更关系到自己兔场的兴衰。同时，对病死畜不进行无害化处理而进行出售也是违法的。

（2）科学规划废弃物存放和处理区。

（3）设置处理设施并进行处理。

（二）污水不处理，随处排放

有的兔场认为污水是否处理无关紧要，或污水处理投入大，建场时不考虑污水的处理问题；有的场只是随便在排水沟的下游挖个大坑，也不过滤沉淀，有时遇到连续雨天，沟满坑溢，污水四处流淌；或直接排放到兔场周围的小渠、河流或湖泊内，严重污染水源和场区及周边环境，也影响到本养殖场兔的健康。

【纠正措施】

（1）兔场要建立各自独立的雨水和污水排水系统，雨水可以直接排放，污水要进入污水处理系统。

（2）采用干清粪工艺，可以减少污水的排放量。

（3）加强污水的处理，要建立污水处理系统。污水处理设施要远离兔场的水源，进入污水池中的污水经处理达标后才能排放。如按污水收集沉淀池→多级化粪池或沼气→处理后的污水或沼液→外排或排入鱼塘的途径设计，可以达到将废物变废为宝产生沼气、沼液（渣），实现立体养殖增效的目的。

四、忽视隔离卫生设计的建设

许多养殖场（户）认为养得多才能多赚钱，注重养殖数量而忽视养殖质量，在引种、饲料、免疫接种以及用药方面等舍得投入，不舍得在隔离卫生设施以及卫生管理等方面投入，结果隔离卫生条件差，饲养环境差，导致疫病的不断发生。

【纠正措施】

（1）合理设置防疫墙、消毒室、消毒池等隔离消毒设施。

（2）制定隔离卫生制度。

（3）加强卫生消毒管理，将病原拒于兔场之外，可以减少疫病发生。

第五章

兔高效养殖的饲养管理技术及常见误区纠错

第一节 兔的生活习性

一、胆小怕惊

兔胆小怕惊，如动物（狗、猫、鼠、鸡、鸟等）闯入、闪电掠过、陌生人的接近、突然的噪声（如鞭炮的爆炸声、下雨天的雷声、动物的狂叫声、物体的撞击声、人们的喧哗声）等，都会使兔群发生惊场现象。兔受惊后精神高度紧张，在笼内狂奔乱窜，呼吸急促，心跳加快。如果这种应激强度过大，不能很快恢复正常的生理活动，将产生严重后果：妊娠母兔发生流产、早产；分娩母兔停产、难产、死产；哺乳母兔拒绝哺喂仔兔，泌乳量急剧下降，甚至将仔兔咬死、踏死或吃掉；幼兔出现消化不良、腹泻、胀肚，并影响生长发育；诱发其他疾病。故有“一次惊场，三天不长”之说。国内外也曾有肉兔在火车鸣笛、燃放鞭炮后暴死的报道。因此，在建兔场时应远离噪声源，谢绝参观，防止动物闯入，逢年过节不放鞭炮。在日常管理中动作要轻，经常保持环境的安静与稳定。饲养管理要定人、定时，严格遵守作息时间。

二、昼伏夜行

兔有白天休息、夜间活动的生活习性，即夜行性。这种习性的形成与野生穴兔的野外生活环境有关。野生兔体格弱小，没有任何侵袭其他动物的能力，也没有反击其他动物侵袭的工具和本领。为了生存繁衍，被迫白天穴居于洞中，不敢外出，而在夜间外出活动与觅食，久而久之，形成了昼伏夜行的习性。尽管野生穴兔驯化已有上千年的历史，但昼伏夜行的习性至今仍然不同程度地保留了下来。养殖场中的兔白天多安静休息，除采食和饮水外，常常趴卧在笼子里，眼睛半睁半闭地睡眠或休息。当太阳落山之后，兔开始兴奋，活动增加，采食和饮水欲增强。据测定，在自由采食的情况下，兔在夜间的采食量和饮水量占全天的70%左右。根据生产经验，兔在夜间配种受胎率和产仔数也高于白天。尤其是在天气炎热的夏季和昼短夜长的冬季，这种现象更加突出。根据兔的这一习性，应当合理地安排饲养管理日程，白天让兔安静休息，晚上提供足够的饲草和饲料，并保证饮水。

三、喜干怕潮

兔喜欢干燥，厌恶潮湿。这是由于干燥有利于兔健康，潮湿容易诱发兔发生多种疾病。兔对疾病的抵抗力较低，潮湿的环境利于各种细菌、真菌及寄生虫滋生繁衍，易使兔感染疾病，特别是疥癣病、皮肤真菌病、肠炎和幼兔球虫病，给兔场造成极大的损失。生产中发现，有的兔场种兔的脚皮炎比较严重，这除了与兔的品种（大型品种易发此病）、笼底板质量等有关外，笼具潮湿是主要的诱发因素。当笼具潮湿时，兔的脚毛吸收水分而容易脱落，脚部皮肤失去保护。后肢是兔体重的主要支撑点和受力部位，如果没有脚毛的保护，皮肤在坚硬的踏板上摩擦，形成厚厚的脚垫型脚皮炎；当受到外力伤及皮肤（如接触到钉头、毛刺等物）但尚未感染时，会形成疤痕型脚皮炎；若外伤后感染病原菌，皮肤破溃，产生脓肿，而形成溃疡型脚皮炎。种兔一旦发生溃疡型脚皮炎，基本上就失去了种用价值。

生产中发现，如果将一块木板或砖块放入兔笼内，兔会很快趴卧在木板或砖块上。这是由于兔善于选择地势较高的地方，即选择在干燥的环境下生活。根据兔的这一特性，在建造兔舍时应选择地势高燥的地方，禁止在低洼处建筑兔场。饲养管理中保持兔舍干燥，减少水分产生。尽量减少粪尿沟内粪尿的堆积，减少水分的蒸发面积，常年保持适宜的通风条件，以降低兔舍湿度。

四、喜洁怕污

兔喜欢干净，厌恶污浊。污浊的环境使兔容易发生疾病。环境污浊包括空气污浊、笼具污浊、饲料和饮水污染等。空气污浊是指兔舍内通风不良，有害气体（主要指氨气、硫化氢和二氧化碳等）含量增加时，氧气分压降低，有害气体对兔的上皮黏膜产生刺激，容易发生眼结膜炎、传染性鼻炎等；若兔患有传染性鼻炎，会加重呼吸系统负担，容易诱发肺炎。因此，发病率很高的传染性鼻炎的主要诱发因素是兔舍有害气体浓度超标。

笼具污浊主要指踏板的污浊和产箱不卫生。踏板是兔的直接生活环境，基本上兔每时每刻都与踏板接触。当踏板表面沾满粪尿时，容易导致兔患脚皮炎和肠炎。当踏板污染后，母兔趴卧其上，污浊的踏板使母兔乳房上沾满了病原微生物。当其哺喂仔兔后，很容易使仔兔发生大肠杆菌性肠炎，对仔兔成活率产生很大的影响，也容易造成母兔乳房炎。

饲料和饮水污染是造成兔消化道疾病的主要因素。饲料污染在饲料原料生产、饲料加工、运输和饲喂各个环节都会发生，特别是被老鼠、麻雀、狗和猫粪便污染，会导致消化道疾病的发生。饮水污染的原因一方面是水源的污染，另一方面是兔舍内饮水系统的污染，如自动饮水器塑料输水管道长霉、开放式饮水器被粪尿污染等。

欲养好兔，必保洁净，这是养兔的基本常识。

五、耐寒怕热

兔的正常体温一般为38.5～39.5℃，由于昼夜环境温度的变化，体温有时相差1℃左右，这与其体温调节能力差有关。兔被毛浓密，汗腺退化，呼吸散热是其主要的体温调节方式。但兔胸腔比例较小，肺不发达，在炎热气候条件下，仅仅靠呼吸很难维持体温恒定。因此，兔较耐寒冷而惧怕炎热。兔最适宜的环境温度为15～25℃，临界温度为5℃和30℃。也就是说，在15～25℃的环境中，兔自身生命活动所产生的热量即可满足维持正常体温的需要，不需另外消耗自身营养，此时兔感到最为舒适，生产性能最高。在临界温度以外，对兔是有害的，特别是高温的危害性远远超过低温。

在高温环境下，兔的呼吸、心跳加快，采食减少，生长缓慢，繁殖率急剧下降。在我国南方一些地区出现“夏季不育”的现象，就是由于夏季高温使公兔睾丸生精上皮变性，暂时失去了产生精子的能力。而这种功能的恢复一般需 45～60 天，如果热应激强度过大，恢复的时间更长，特别严重时，将不可逆转。如果夏季通风降温不良，有可能发生兔中暑死亡现象，尤以妊娠后期的母兔严重。

相对于高温，低温对兔的危害要轻得多。在一定程度的低温环境下，兔可以通过增加采食量和动员体内营养物质的分解来维持生命活动和正常体温。但是冬季低温环境也会造成生长发育缓慢和繁殖率下降，饲料报酬降低，经济效益下降。

獭兔是毛皮动物，毛皮质量与气候有关。低温有助于刺激被毛生长，在相同的营养条件下，经受适当的低温兔毛生长快。所以，我国长江以北地区，特别是三北地区（东北、西北和华北）饲养的獭兔，生产的皮张质量要好于长江以南地区，冬季的皮张要好于夏季。因此，可在毛兔产毛期、商品獭兔出栏前和种兔淘汰前，提供适宜的低温环境，以提高毛皮质量。

特别需要指出，虽然大兔惧怕炎热而较耐寒冷，但出生后的小兔惧怕寒冷而需要较高的温度（出生后最佳温度是 33～35℃左右），随着日龄的增加，体温调节能力逐渐增强。此阶段，提高环境温度是提高仔兔成活率的关键。

温度是影响兔生长的最重要环境因素之一，提高兔的生产性能必须重视这一因素。尤其是兔舍设计时就应充分考虑这些问题，给兔提供最理想的环境条件，做到夏防暑、冬防寒。

六、三敏一钝

兔嗅觉、味觉、听觉发达，视觉较差，故称“三敏一钝”。

兔鼻腔黏膜内分布着很多味觉感受器，通过鼻子可分辨不同的气味，辨别异己、性别。比如，母兔在发情时阴道释放出一种特殊气味，可被公兔特异性地接受，刺激公兔产生性欲。当把一只母兔放到公兔笼子内时，公兔并不是通过视觉识别，而是通过鼻闻识别。如果一只发情的母兔与一只公兔交配后马上放到另一只公兔笼子里，这只公兔不是立即去交配，而是会攻击这只母兔。因为这只母兔带有另一只公兔的气味，使这只公兔误认是另一只公兔进入它的领地。母兔识别自己的仔兔也是通过鼻子嗅闻的。当寄养仔兔时，应尽量避免被保姆兔识别出来。可通过让两窝小兔充分混合，气味相投，混淆母兔的嗅觉感受，或在被寄养的仔兔身上涂上这只母兔的尿液，母兔就会误认为这是它的孩子而哺育被寄养的仔兔。

在兔舌的表面布满了味觉感受器——味蕾，不同的舌区域分工明确，辨别不同的味道。一般来说，在舌尖部分布着大量的感受甜味的味蕾，而在舌根部则布满了感受苦味的感受器。兔的味觉很灵敏，对于饲料味道的辨别力很强。在野生条件下，兔子有根据自身喜好选择饲料的能力，而这种能力主要通过位于舌头上的味蕾实现。兔子对于酸、甜、苦、咸等不同的味道有不同的反映。实践证明，兔子爱吃具有甜味的草和苦味的植物性饲料，不爱吃带有腥味的动物性饲料和具有不良气味（如发霉变质的、酸臭味）的东西。在平时如果添加了它们不喜爱的饲料，有可能造成拒食或扒食现象。国外为了增加兔的采食量和便于颗粒饲料的成形，往往在饲料中添加适量蜂蜜或糖浆。如果在饲料中加入鱼粉等具有较浓腥味的饲料，兔子不爱吃，有时拒食。对于必须添加的而且兔不爱吃的饲料，应该由少到多逐渐增加，充分拌匀，必要时可加入一定量的调味剂（如甜味剂）。

兔的耳朵对于声音反应灵敏。兔子具有一对长而高举的耳朵，酷似一对声波收集器，可以向声音发出的方向转动，以判断声波的强弱、远近。野生条件下穴兔靠着灵敏的耳朵来掌握“敌情”。耳朵灵敏对于野生条件下兔子的生存是有利的，但是听觉过于灵敏对于养殖场的日常饲养管理带来一定的麻烦，需要时刻注意防止噪声对兔子的干扰。不过我们也可以利用这一特点，通过饲养人员和兔子的长期接触、“对话”，使它们与饲养人员之间建立“感情”，通过特殊的声音训练，建立采食、饮水等条件反射。据报道，在兔舍内播放轻音乐，可使兔采食增加，消化液分泌增强，母兔性情温顺，泌乳量提高。

兔的眼睛对于光的反应较差。兔的两只眼睛长在脸颊的两侧，外凸的跟球，使兔不转头便可看到两侧和后面的物体。也就是说，兔的视觉范围很广。但由于鼻梁的阻隔，兔看不到鼻子下面的物体，即所谓的“鼻下黑”。兔对于颜色的分辨力较差，对距离判断不明，母兔分辨仔兔是否为自己的孩子，不是通过眼看而是依赖鼻闻，同样，对于饲槽内的饲料好坏的判断不是通过眼睛而是通过鼻子和舌头。

了解兔“三敏一钝”的习性并加以利用，挖掘其遗传潜力，对提高饲养效果很有帮助。

七、同性好斗

小兔喜欢群居，这是由于小兔胆小，群居条件下相互依靠，有“壮胆”作用。但是随着月龄的增大，兔群居性越来越差。特别是性成熟后的公兔，在群养条件下经常发生咬斗现象，这是生物界“物竞天择，适者生存”原则的体现。为了获得繁殖后代的机会，公兔就需要在与其他公兔的竞争中处于有利地位，奋力战胜自己的“情敌”。母兔性情较温和，很少发生激烈的咬斗现象。兔有领域行为，即在笼具利用上先入为主，一旦其他兔进入，有可能被“驱逐出境”。根据兔这些特点，在饲养管理中需注意，对性成熟后的公兔要单笼饲养，不留种的公兔一般去势，以便群养，提高饲养密度和设备的利用率。母兔在非妊娠期和非泌乳期可两只或多只养在同一笼内，但在妊娠后期和泌乳期一定要单笼饲养，防止互相干扰而造成不良后果。

八、穴居性

穴居性是指兔具有打洞穴居并且在洞内产仔育仔的本能。尽管兔经过长期的人工选育和培育，并在人工笼具内饲养，远离地面，但只要不进行人为限制，兔一旦接触地面，打洞的习性立即恢复，尤以妊娠后期的母兔为甚，并会在洞内理巢产仔。

穴居性是兔长期进化过程中逐渐形成的习性。野生条件下，兔的敌害很多，而自身的防御能力有限。为了生存，必须具备防御或躲避敌害的能力，因此逐渐形成了在地下打洞生活繁衍的习性。

研究表明，地下洞穴具有光线暗淡、环境安静、温度稳定、干扰少等优点，与兔的生物学特性相适应。母兔在地下洞穴中产仔，其母性增强，仔兔成活率提高。因此，在笼养条件下，要尽可能地模拟洞穴环境，为繁殖母兔做好产仔箱，并置于安静和干扰少的地方。

地下洞穴具有潮湿、通风不良、管理不便、卫生条件难以控制和占用面积较多，不适于规模化养殖等缺点。在建造兔舍和选择饲养方式时，还必须考虑到兔的这一习性，以免由于选择的建筑材料不合适，或者兔场设计考虑不周到，使兔在舍内乱打洞穴，造成无法管理的被动局面。

小规模家庭养兔，可考虑地下洞穴和地上笼养相结合的方式，以充分利用二者的优势。

九、啮齿性

兔的第一对门齿是恒齿，出生时就有，永不脱换，而且不断生长。如果处于完全生长状态，上颌门齿每年生长约 10 厘米，下颌门齿每年生长约 12.5 厘米。由于其不断生长，兔必须借助采食和啃咬硬物不断磨损，才能保持其上下门齿的正常咬合。这种借助啃咬硬物磨牙的习性，称为啮齿行为。在生产中应经常发现兔啃咬笼具的现象。其主要原因是牙齿得不到应有的磨损过度生长的缘故。

避免发生兔啃咬笼具，关键是保证饲料中有一定的粗纤维含量，不要把粗饲料磨得过细。以颗粒饲料的形式进行饲喂是最佳方案，由于颗粒饲料有一定的硬度，可以帮助兔磨损牙齿。也可在笼内投放一些树枝类的东西，既可以提供营养，也可以预防兔啃咬笼具。此外，在修建兔笼时，要注意材料的选择，尽量使用兔不能啃咬的材料；同时尽量做到笼内平整，不留棱角，使兔无法啃咬，以延长兔笼的使用年限。由于兔门齿终身生长，如果上下门齿咬合不佳，不能相互磨损，就会出现门齿过长甚至弯曲等现象，导致兔不能采食。

第二节 兔的一般饲养管理要求

一、兔的饲养要求

（一）保证营养，注重青粗饲料

兔体小而代谢旺盛，生长发育快，繁殖率高，需要为其提供充足而全价的营养。养兔要以青粗饲料为主，精料为辅，但是应根据不同生产类型和不同生理阶段灵活掌握。如獭兔对营养的要求高于肉兔：肉兔对低水平营养饲料的耐受性较强，特别是我国本地品种及大型肉兔品种较耐粗饲，提供过高的营养效果往往不甚理想；而低营养水平的日粮不仅会造成獭兔生长速度降低，而且使被毛品质下降，生产中，仅靠青草和粗饲料是养不好獭兔的。

兔的盲肠发达，其具有利用粗纤维的微生物区系及其环境条件的作用。如果饲料中缺乏粗纤维或粗纤维含量不足，淀粉、蛋白质等其他营养物质含量较高，一些非纤维类的营养物质进入盲肠，就会为大肠杆菌、魏氏梭菌等一些有害微生物的活动创造条件，将打破盲肠内的微生物平衡，导致有害微生物大量繁殖，产生毒素而引发肠炎。青粗饲料是粗纤维的主要来源，饲粮中含一定比例的青粗饲料，一方面可满足兔的消化生理需要，另一方面能降低养兔成本。因此，在保证兔营养需要的前提下，应尽量饲喂较多的青粗饲料。

(二) 多种饲料，科学搭配

不同的饲料有不同的营养特点和经济特点，生产中，没有任何单一饲料能满足兔的营养需要，需要将多种不同的饲料科学地进行组合搭配，取长补短，既可满足兔的需要，又能最大限度地发挥不同的饲料的效能。比如，一般禾本科籽实含蛋氨酸较多，而含赖氨酸和色氨酸较少；豆科籽实含色氨酸较多，而蛋氨酸较少。因此，在配制兔日粮时，将禾本科和豆科饲料合理搭配，其效果要优于两种饲料单独使用。生产中应注意饲料的配伍问题，做到精粗搭配，青干配合，品种多样，营养互补。正如农谚所说，“兔要好，百样草”，“花草花料，活蹦乱跳；单一饲料，多吃少膘”。

选择和配制饲料过程中要注意饲料的品质。如霉变饲料［饲料原料发霉变质，特别是粗饲料（如甘薯秧、花生秧、花生皮）由于含水量超标在贮存过程中发霉变质以及颗粒饲料在加工过程中由于加水过多没有及时干燥而发霉］、带露水的草、被粪尿污染的草（料）、喷过农药的草、路边草（公路边的草往往被汽车尾气中的有毒物质污染，小公路边的草往往被放牧的羊粪尿污染）、有毒草（本身具有毒性，或经过一系列生化变化而具有一定毒性，如黑斑甘薯和发芽马铃薯等）、堆积草（青草刈割之后没有及时饲喂或晾晒而堆积发热，硝酸盐在细菌的作用下生成剧毒的亚硝酸盐）、冰冻料、沉积料（饲料槽内多日没有吃净的料沉积在料槽底部，很容易受潮而变质）、尖刺草（带有硬刺的草或树枝容易刺破兔子口腔而发炎）、影响其他营养物质消化吸收的饲料（如菠菜、牛皮菜等含有较多的草酸，影响钙的吸收利用）等，都会引起兔的发病和死亡。生产中应限量饲喂有一定毒性的饲料（如棉籽饼、菜籽饼等），科学处理含有有害生物物质的饲料（如生豆饼或豆腐渣等含有胰蛋白酶抑制因子，应高温灭活后饲喂），规范饲料配合和混合搅拌程序，特别是使微量成分均匀分布。

（三）因地制宜，科学饲喂

饲料形态和兔的生理状态不同，饲喂方法也就不同。如粉料不适于兔的采食习性，饲喂前需要加入一定量的水拌潮，使饲料的含水率达到50%左右。无论是在炎热的夏季还是在寒冷的冬季，这种饲料都会发生一些变化而对兔产生不良的影响，因此需要定时定量饲喂。颗粒饲料含水率较低，投放在料槽中后相对长的时间内不容易发生变化，因此，既可自由采食，也可分次投喂。青饲料和块料是兔饲料的补充形式，每天投喂1～2次即可；而粗饲料一般不单独作为兔的主料，或粉碎后与其他饲料一起组成配合饲料，或投放在草架上，让兔自由采食，以防止由于配合饲料中粗纤维不足而造成肠炎和腹泻。

兔的生理阶段不同，对营养的需求量和质量要求也不同，应采取不同的饲喂程序和饲养方法。后备种兔、空怀母兔、种公兔非配种期、母兔的妊娠前期、膘情较好的母兔等，营养的供应量应适当控制，最好采取定时定量的饲喂方式。过量的投喂不仅增加饲养成本，而且会对兔带来不良后果。比如，后备种兔、种公兔自由采食，会造成体胖而降低繁殖能力；空怀母兔自由采食时间过长，会使卵巢周围脂肪沉积，卵巢、输卵管等脂肪浸润，导致久不发情或久配不孕，也会造成产仔减少等；妊娠前期营养供应过量，会使胚胎早期死亡增加、产仔数减少等。对于生长兔、妊娠后期的母兔，特别是泌乳期的母兔，营养需要量大，供料不足，就会影响生产性能，因此最好采取自由采食的方法。

（四）饲料更换，逐渐过渡

兔子是单胃草食家畜，其消化机能的正常依赖于盲肠微生物的平衡。当有益微生物占据主导地位时，兔子的消化机能正常；反之，有害微生物占主导地位时，兔正常的消化机能就会被打乱，出现消化不良、肠炎或腹泻，甚至导致死亡。胃肠道消化酶的分泌与饲料种类有关，而消化酶的分泌有一定的规律，盲肠微生物的种类、数量和比例也与饲料有关，特别是与进入盲肠的食糜关系密切。频繁的饲料变更，使兔子不能很快适应，造成消化机能紊乱，所以饲料及其组成要相对稳定，不能突然更换饲料。需要更换饲料时，要逐渐进行，需有5～7天的过渡期。如从外地引种，要随兔带来一些原场饲料，并根据营养标准和当地饲料资源情况，配制本场饲料，采取三步到位法：前3天，饲喂原场饲料2/3，本场饲料1/3；再3天，本场饲料2/3，原场饲料1/3；此后，全部饲喂本场饲料。还应注意在季节交替过程中饲料原料的变化，如春季到来之后，青草、青菜和树叶相继供应，如果突然给兔子一次提供大量的青绿饲料，会导致兔子腹泻，因此应采取由少到多、逐渐过渡的方法。

（五）适应习性，强化夜饲

昼伏夜行是兔的突出习性。兔子白天较安静，多趴卧在笼内休息，而夜间特别活跃。据测定，约70%的饲料是在夜间（日落后至日出前）采食的。“马无夜草不肥，兔不夜饲不壮”，所以，要根据兔的生活习性，合理安排饲喂人员的作息时间，将日粮的绝大多数安排在夜间投喂。

（六）充足供水，保证水质

水是兔的最重要的营养物质之一，饮水不足和饮用不合乎要求的水，不仅影响生产，而且危害兔健康。生产中存在“兔子喝水多了易拉稀”的错误观点，其实，正常饮用质量合格的水不会引起任何疾病，饮水不足往往是造成消化道疾病的诱因。兔子具有根据自己需要调节饮水量的能力，只要兔子饮水，就说明它需要水。所以，任何季节，都应保证兔子自由饮水，尤其是夏季，缺水的后果是非常严重的。同时，要保证饮水质量。兔饮水应符合人的饮用水标准，最理想的水源为深井水。做到不饮被粪便、污物、农药等污染的水，不饮死塘水（不流动的水源，特别由降雨而形成坑塘水，质量很难保障），不饮隔夜水（开放性饮水器具，如小盆、小碗、小罐等，很容易受到粪尿、落毛、微生物和灰尘的污染），不饮冰冻水，不饮非饮用井水（长期不用的非饮用井水中的矿物质、微生物、有机质等项指标往往不合格）等。因此，建设兔场前，应对地下水源进行检测，使用过程中注意水源的保护和定期检测消毒，保证饮水安全。

二、管理的基本要求

（一）保持适宜的环境

兔的抗病力、免疫力差，对恶劣环境的耐受力和适应性差，要求为兔提供稳定、舒适、安静和洁净的环境。

1. 搞好卫生

环境洁净，可以减少兔疾病发生，有利于维持兔体健康和生产性能发挥。注意搞好兔舍内的空气卫生（如加强通风换气，保持舍内空气新鲜，及时清理粪便，减小兔舍湿度，降低有害气体的产生量，人进入兔舍后应没有刺鼻、刺眼和不舒服的感觉）、笼具和用具卫生（定期清洁和消毒笼底板、食具、饮具、产箱等，及时清理和消毒被病兔污染的设备用具）、兔体卫生（注意兔的乳房卫生和外阴卫生）、饲料卫生、饮水卫生和饲养人员的自身卫生（如饲养人员的工作服要定期清洗消毒，进入生产区和兔舍要消毒，工作前要洗手消毒等）等。

2. 环境适宜

高温环境影响兔体的热调节和体温恒定，从而影响兔的健康和生产性能发挥，必须为兔提供舒适而稳定的温度、湿度，并保证通风。我国属于大陆性季风气候，一年四季分明，冬季寒冷，夏季炎热，春秋季气温变化剧烈，加之气流和湿度的变化，对兔会产生不良的影响。所以，要根据我国各地的气候特点，对兔舍及其设施加以改造，做好冬季保温、夏季防暑，春秋防气候突变，四季防潮湿，每天进行适量通风，保持空气新鲜。

3. 保持安静

兔胆小怕惊，对环境的变化敏感，需要提供安静的环境。尤其是对妊娠后期、产仔期、授乳期母兔和断乳后的小兔，突然的噪声会造成严重后果，如造成母兔流产、难产、产死胎、吃仔、踏仔等。但过于安静的环境在实际生产中很难做到，且经常在过于安静环境里生活的兔子对于应激因素的敏感度增加。因此，饲养人员在兔舍内进行日常管理时，可与兔子说话，饲喂前可轻轻敲击饲槽等，产生一些声音，也可播放一些轻音乐，有意识地打破过于寂静的环境，对于兔子对环境的适应性提高有一定帮助。但是，一定要避免巨大噪声（尤其是爆破音，如燃放鞭炮、急促的警笛等）、其他动物闯入和陌生人的接近，尽量避免在兔舍内做出粗暴动作和急速跑动。

4. 定期消毒

消毒是减少病原种类和数量的有效手段。兔场要制定科学的消毒程序，进行有效的消毒。

（二）分群管理

不同品种、不同生产用途以及不同性别、年龄和生理阶段的兔子对饲养环境和饲养管理的要求不同，疾病发生的种类也有一定差异。因此，应该分群管理，各有侧重。例如，幼兔对球虫敏感，成年兔尽管有球虫寄生，但没有任何临床症状，即对球虫不敏感。成年兔的带虫率很高（70%左右），在成年兔的粪便里经常可检出球虫卵囊，成为对仔兔和幼兔最主要的传染源。如果大小兔混养，对小兔来说是很危险的，小兔在竞争中永远处于劣势地位，对生长发育不利。由于兔子性成熟早，如不及早按性别分开饲养，难免发生偷配现象。因此，种兔应实行单笼饲养，后备公、母兔及早分开饲养，幼兔和育肥兔可小群饲养。为了有效地预防球虫病，有条件的兔场在哺乳期应实行母仔分养。规模化兔场，实行批量配种，专业化生产，应将空怀母兔、妊娠母兔和泌乳期的母兔按区域分布，以便实行程序化管理，提高养殖效率和效果。

（三）合理作息

兔昼伏夜行，耐寒怕热，其昼夜消化液分泌不均衡。我国幅员辽阔，纬度和经度跨越较大，每个地区的日出日落时间不同，每个区域的气候特点不一，应根据具体情况对兔的饲喂规程作出合理安排。基本原则是：将一天中 70%左右的饲料量安排在日出前和日落后添加；饮水器具内经常保证有清洁的水；粪便每天清理一次，减少粪便在兔舍内的贮存时间，清粪最好安排在早饲后，将一昼夜的粪便清理掉；

摸胎在早晨饲喂前空腹时进行；母仔分离，定时哺乳安排在母乳分泌最旺盛、乳汁积累最多的时间，一般在清晨，应保持时间的相对固定；病兔的隔离治疗应在饲喂工作完成后进行，处理完后及时消毒；消毒应在最大限度发挥药物作用的时间进行，以中午为佳；小兔的管理、编刺耳号、产箱摆放和疫苗的注射等应在重点管理工作的间隙进行；档案的整理应在每天晚上休息之前完成等。

（四）认真观察

通过对兔进行认真仔细的观察，可以及时发现养殖中存在的问题，防患于未然。日常观察是饲养管理的重要程序，是养兔者的职业行为和习惯。观察要有目的和方法。如每次进入兔舍喂兔时，首先要做的工作应是对兔群进行一次全面或重点检查，包括：兔群的精神和食欲（饲槽内是否有剩料），粪便的形态、大小、颜色和数量，尿液的颜色，有无异常的声音（如咳嗽、喷嚏声）和伤亡，有无拉毛、叼草和产仔，有无发情的母兔等。对于有经验的饲养员来说，可以一边喂兔，一边观察，一边记录或处理。如果个别兔子异常，应对其进行及时处理。如怀疑是传染病，应及时隔离。如果异常兔数量多，应引起高度重视，及时分析原因，并果断采取措施。

（五）定期检查

兔的管理包括日常检查和定期检查。日常检查工作包括每天对食欲、精神、粪便、发情等的细致观察；而定期检查是根据兔的不同生理阶段和季节进行的常规检查。一般结合种兔的鉴定，对兔群进行定期的检查。检查的主要内容有：

（1）重点疾病　如耳癣、脚癣、毛癣、脚皮炎、鼻炎、乳房炎和生殖器官炎症。

（2）种兔体质　包括膘情、被毛、牙齿、脚爪和体重。

（3）繁殖效果的检查　对繁殖记录进行统计，按优劣排队，作为选种的依据。剔除出现有遗传疾病或隐性有害基因携带者，淘汰生产性能低下的个体和老弱病残兔；调整配种效果不理想的组合。

（4）生长发育和发病死亡　如果兔生长速度明显不如以前，应查明原因，看是饲料的问题还是管理的问题或其他问题。检查发病率和死亡率是否在正常范围，主要的疾病种类和发病阶段。定期检查要进行及时登记，并作为历史记录，以便为日后提供参考。每年都要进行技术总结，以便填写本场的技术档案。重点疾病的检查一般每月进行一次，而其他三种定期检查则保证每季度一次。

（六）防止鼠害

老鼠不仅会给兔场带来啮齿棒状杆菌、泰泽氏菌、沙门氏菌、衣原体、支原体等几十种病原菌污染，而且老鼠常常偷吃小兔，污染饲料，因此必须彻底灭鼠。

第三节 种兔的饲养管理

一、种公兔的饲养管理

饲养种公兔的目的主要是用于配种、繁殖后代。从遗传学理论看，公兔在群体中的遗传效应大于母兔，人们常说："母兔好，好一窝，公兔好，好一坡。"种公兔饲养的好坏不仅直接影响母兔的受胎率、产仔数，而且影响仔兔的质量、生活力和生产力。在本交情况下，一只公兔一般可负担 8～12 只母兔的配种任务；在人工授精情况下，可提高到 50～150 只；如果采取冷冻精液，一只优良种公兔可担负上千只甚至上万只母兔的配种工作，其后代少说有 500～800 只，多者可达几十万只。这就要求我们必须精心培养种公兔，使之品种纯正、发育良好、体质健壮、性欲旺盛、精液品质优良、配种能力强。基于上述目的，在公兔的基因确定之后，搞好种公兔的饲养管理是至关重要的。

（一）种公兔的饲养

对于选作种用的后备公兔，从一开始就要注意饲料的品质，不宜喂体积过大或水分过多的饲料，特别是幼年期，如全喂青粗饲料，不仅增重慢，成年时体重小，而且精液品质也差，如形成草腹（大肚子），降低配种能力。

种公兔的营养与其精液的数量和质量有密切的关系，特别是蛋白质、维生素、矿物质等营养物质，对精液品质有着重要作用。

日粮中蛋白质充足时，种公兔的性欲旺盛，精液品质好，不仅一次射精量大，而且精子密度大、活力强，母兔受胎率高。低蛋白日粮会使种公兔的性欲低下，精子的数量和质量都降低。不仅制造精液需要蛋白质，而且在性机能的活动中，诸如激素、各种腺体的分泌物以及生殖系统的各器官也随时需要蛋白质加以修补和滋养。所以应从配种前2周起到整个配种期，采用精、青料搭配，同时添加熟大豆、豆粕或鱼粉饲喂，日粮中粗蛋白质含量为16%～17%，使蛋白质供给充足，提高其繁殖力。实践证明，对精液品质不佳、配种能力不强的种公兔，适量喂给鱼粉、豆饼及豆科饲料中的紫云英、苜蓿等优质蛋白质饲料，可以改善精液品质，提高配种能力。

维生素与种公兔的配种能力和精液品质有密切关系，特别是维生素A、维生素E、维生素D和B族维生素。当日粮中维生素含量缺乏时，会导致生精障碍，精子数目减少，畸形精子增多，配种受胎率降低。处于生长期的公兔日粮中如缺乏维生素，会导致生殖器官发育不全，性成熟推迟，种用性能下降。在上述情况发生时，如能及时补给富含维生素的优质青绿多汁饲料或复合维生素，情况可以得到改变。青绿饲料中含有丰富的维生素，所以夏秋季一般不会缺乏。但在冬季和早春时青绿饲料少，或长年喂颗粒饲料时，容易出现维生素缺乏症。这时应补饲青绿多汁饲料，如胡萝卜、白萝卜、大白菜等，或在日粮中添加复合维生素。

矿物质元素对精液品质也有明显的影响，特别是钙，日粮中缺钙会引起精子发育不全，活力降低，公兔四肢无力。在日粮中添加骨粉、蛋壳粉、贝壳粉或石粉，即可满足钙的需要。矿物质元素磷为核蛋白形成的要素，并为生成精液所必需，日粮中配有谷物和糠麸时，磷不致缺乏。但应注意钙、磷的供给比例，应以（1.5～2）∶1为宜。锌对精子的成熟具有重要意义。缺锌时，精子活力降低，畸形精子增多。在生产中，可通过在日粮中添加复合微量元素添加剂的方法来满足公兔对矿物质元素的需要，以保证公兔具有良好的精液品质。

种公兔的饲养除了保证营养的全价性外，还要保持营养的长期稳定。因为精子是由睾丸中的精细胞发育而成。而精子的发生过程需要较长的时间，约为 47～52 天，故营养物质的供给也应保持长期稳定。饲料对精液品质的影响较为缓慢，用优质饲料来改善种公兔的精液品质时，需 29 天左右的时间才能见效。因此，对一个时期集中使用的种公兔，应注意要在 1 个月前调整饲料配方，提高日粮的营养水平。在配种期间，也要相应增加饲喂量，并根据种公兔的配种强度，适当增加动物性饲料，以达到改善精液品质、提高受胎率的目的。

另外，还应注意对种公兔不宜喂过多能量和体积大的秸秆粗饲料，或含水分高的多汁饲料，要多喂含粗蛋白质和维生素类的饲料。如在配种期，玉米等高能量喂得过多，会造成种公兔过肥，导致性欲减退，精液品质下降，影响配种受胎率。喂给大量体积大的饲料，会导致种公兔腹部下垂，配种难度大。对种公兔应实行限制饲养，防止体况过肥而导致配种力差、性欲降低、精液品质差。可以通过对采食量和采食时间的限制进行限制饲养。自由采食颗粒料时，每只兔每天的饲喂量不超过 150 克；或是料槽中只在一定时间有料，其余时间只给饮水，一般料槽中每天的有料时间为 5 小时。

总之，对种公兔营养的供给应全面而持久。其日粮一般以全价配合料为主，青饲料和粗饲料为辅。蛋白质水平在 16%左右，矿物质元素和维生素必须满足需要，能量水平不宜过高，粗纤维水平适宜。在冬春缺青季节要适量补充胡萝卜、白萝卜、麦芽、白菜等富含维生素的饲料，注重维生素、微量元素添加剂的补充。饲喂量应根据配种强度的大小和种公兔的体型、体况（膘情）灵活掌握，不可因营养过剩而造成肥胖，也不能营养不良使其体质下降，影响种用性能。

（二）种公兔的管理

种公兔的管理与饲养同等重要。管理不当也会影响其种用性能，降低配种能力。

1. 及时分群，适时配种

对种公兔自幼就应进行选育，因公兔的群居性差，好咬斗。如果几只公兔在一起饲养，轻则互相爬跨影响生长，重则互相咬斗，致残致伤，失去种用价值。肉兔是早熟家畜，3 月龄以后即达性成熟，但距真正达到配种月龄还差一段时间。如果过早配种，不仅影响自身生长发育，还会影响后代的质量，降低配种能力，造成早衰，缩短公兔的使用寿命。一般来说，公兔的早配由管理不当引起，即在兔达到性成熟时没有及时将它们隔离，造成偷配和早配。为防止此类事情的发生，当兔达到3月龄以后，应及时将留作种用的后备公兔单笼饲养，做到一兔一笼。当公兔达到体成熟后再进行配种。一般大型品种兔的初配年龄是7～8月龄，中型品种兔为5～6月龄，小型品种兔为4～5月龄。

2. 控制体重

不少人认为种公兔体重是种用价值的标志，即体重越大越好。这种观点是片面的、错误的。种公兔的种用价值不仅仅在于外表及体积，更在于配种能力的高低及是否能将其优良的品质遗传给后代。一般来说，种公兔的体重应适当控制，体型不可过大，否则将带来一系列的问题：

首先，体型过大发生脚皮炎的概率增大。据调查，体重5千克以上的种公兔，脚皮炎发病率在80%以上；而体重4～5千克的种公兔患病率为50%～60%；体重3～4千克的种公兔仅为20%～40%；体型在3千克以下的种公兔基本不发病。体型越大，脚皮炎的发生率越高，而且溃疡型脚皮炎所占比例也越高。种公兔一旦患脚皮炎，其配种能力大大降低，有的甚至失去种用价值。

其次，体型过大会导致兔性情懒惰，爱静不爱动，反应迟钝，配种能力下降，配种占用时间长，迟迟不能交配成功。比如，一只4千克的种公兔，一日配种2～3次，可连续使用3天休息1天，配种时间较短，且一次成功率较高，一般平均每次10秒左右；而5千克以上的种公兔，每天配种次数不能超过2次，连续使用2天需要休息1天，一次配种的成功率较低，多数是间歇性配种，平均占用时间在30秒以上。

再者，体型越大，种用寿命越短。

第四，体型越大，消耗的营养越多，经济上也不合算。

控制种公兔体重是一项技术性很强的工作，在后备期开始，配种期坚持。采取限饲的方法，禁止自由采食；饲料质量要高，但平时控制在八分饱，使之不肥不瘦，不让过多的营养转变成脂肪。

3. 搞好初配公兔的调教

选择发情正常、性情温顺的母兔与其配种，使初配顺利完成，以建立良好的条件反射。

4. 注重配种程序

配种时，应把母兔捉到公兔笼内进行，不可颠倒。因为公兔离开了自己的领地，对环境不熟悉或者气味不同都会使之感到陌生，而抑制性机能，精力不集中，影响配种效果。

5. 减少频繁刺激

公兔笼应距母兔笼稍远些，避免经常受到异性刺激。特别是当母兔发情时，会使公兔焦躁不安，长此以往，影响公兔的性欲和配种效果。

6. 适当运动

有条件的兔场，可每天让种公兔运动1～2小时，以增强体质。长期缺乏运动的公兔，四肢软弱，体质较差，影响配种能力。让公兔进行室外活动，多晒太阳，可以促进食欲，增强体质，提高配种能力。

7. 确定合适种兔比例

公、母兔的比例应根据兔场的性质而定。在本交情况下，一般的商品兔场公、母比例以1∶(10～12)为宜，种兔场比例应缩小至1∶8左右，而以保种为目的的兔场应以1∶(5～6)为宜。为了预防意外事件发生（如公兔生病、患脚皮炎、血缘关系一时调整不开等）时种公兔不够用，应增加适量的种公兔作为后备。

由于肉兔周转快，利用强度较大，而且老龄兔在配种能力上与青壮年兔有较大的差异，因此在种公兔群中，壮年公兔和青年后备公兔应占相当比例，及时淘汰老年公兔。其中壮年公兔应占60%，青年公兔占30%，老年公兔占10%为宜。

8. 控制配种强度

公兔的配种次数取决于公兔的体型、体质、年龄、季节和配种任务的大小。一般来说，对于初次配种的青年种公兔和 3 岁以上的老龄公兔，配种强度可适当控制，每天配种 1～2 次，隔日或隔 2 日休息 1 天；对于 1～2 岁的壮龄兔，可每天配种 2～3 次，每周休息 2 天。公兔的体型和体质对配种能力影响很大，对于体型较大和体质较差的公兔，绝不能超强度配种，否则体质会很快衰退而难以恢复。当公兔出现消瘦时，应停止配种 1 个月，待其体力和精液品质恢复后再参加配种。春秋季节配种比较集中，在保证种公兔营养的前提下，可适当在短期内增加配种强度；但在夏季高温季节，配种强度要严格控制，而且配种时间要安排在早晨和晚上。如果配种过于频繁，可导致种公兔生殖机能减退，精液品质下降，过早丧失配种能力，缩短优良种公兔的利用年限；如果配种次数过少，公兔的性兴奋长期得不到满足，也会引起反射性机能减退，性欲降低，精液品质变差，身体过肥，影响其配种能力。

种公兔的利用年限应因兔而异。通常情况下不超过 3 年，特别优秀者最多不超过 5 年。因为过老的公兔精液品质变差，不仅影响母兔的受胎率，同时还会影响到后代的质量。

9. 控制饲养环境

公兔群是兔场最优秀的群体，应予以特殊照顾，为其提供清洁卫生、干燥、凉爽、安静的生活环境。应尽量减少应激因素，适当增加活动空间。夏季防暑是养好公兔的首要任务，炎热地区有条件的兔场，在盛夏可将全场种公兔集中在有空调设备的房间里，以保证它们秋季有良好的配种能力。

种公兔脚皮炎发生的比例较大，一是由于公兔性情活泼，运动量大，发现异常情况后多以后肢拍击踏板，造成对脚掌的损伤；二是由于公兔配种时两后肢负担过重。预防脚皮炎一方面要加强选种工作，选择和培育脚毛丰厚的个体；另一方面应加强管理，特别是提高踏板的质量。一般以竹板为原料，应做到平、直、挺，间隙适中（以 1.2 厘米为佳），不留钉头和毛刺，平时保持干燥和干净，防止潮湿和粪便积累。

夏季由于温度高，公兔的阴囊松弛，睾丸下垂，很容易被锐利物刺伤而发生睾丸炎，失去种用价值。而且，公兔的体重越大，睾丸发育越大，睾丸炎发生的比例越高，对此应特别注意。

10. 建档案，作记录

建立种公兔档案，作好配种记录，做到血缘清楚，防止近亲交配。每次配种都要详细作好记录，以便分析和测定公兔的配种能力和种用价值，为选种选配打下可靠基础。

二、种母兔的饲养管理

种母兔是兔群的基础。种母兔的饲养管理比较复杂，因为母兔在空怀、妊娠、哺乳阶段的生理状态各不相同，因此，在饲养管理上也应根据各阶段的特点，采取不同的措施。

(一) 空怀母兔的饲养管理

母兔空怀期是指仔兔断奶到再次配种怀孕的一段时期。

1. 空怀母兔的生理特点

空怀母兔由于在哺乳期消耗了大量养分，身体比较瘦弱，所以需要补充各种营养物质以提高其健康水平。休闲期一般为 10～15 天。如果采用频密繁殖法则没有休闲期，仔兔断奶前配种，断奶后就已进入怀孕期。

2. 空怀母兔的饲养

饲养空怀母兔营养要全面，但营养水平不宜过高，在青草丰盛季节，只要有充足的优质青绿饲料和少量精料就能满足营养需要。在青绿饲料枯老季节，应补喂胡萝卜等多汁饲料，也可适当补喂精料。在炎热的夏季和寒冷季节，可降低繁殖频度，营养水平不宜过高。空怀母兔应保持七八成膘的适当肥度，过肥或过瘦的母兔都会影响发情、配种，要调整日粮中蛋白质和碳水化合物含量的比例。对过瘦的母兔应增加精料喂量，迅速恢复体膘；过肥的母兔要减少精料喂量，增加运动。

3. 空怀母兔的管理

对空怀母兔的管理应做到兔舍内空气流通，兔笼及兔体要保持清洁卫生，对长期照不到阳光的兔子要将其调换到光线充足的笼内，以促进机体的新陈代谢，保持母兔性机能的正常发育。对长期不发情的母兔可采用异性诱导法或人工催情。一般情况下，为了提前配种、缩短空怀期，可多饲喂一些青饲料，增加维生素含量，饲喂一些具有促进发情作用的饲料，如鲜大麦芽和胡萝卜等。在配种前 7～10 天，实行短期优饲，每天增加混合精料 25～50 克，以利于早发情、多排卵、多受胎和多产仔。

（二）怀孕母兔的饲养管理

母兔怀孕期就是指配种怀孕到分娩的一段时期。母兔在怀孕期间所需的营养物质，除维持本身需要外，还要满足胚胎、乳腺发育和子宫增长的需要。所以，此期间需消耗大量的营养物质。据测定，体重 3 千克的母兔，胎儿和胎盘的总重量可达 650 克以上。其中，干物质为 16.5%，蛋白质为 10.5%，脂肪为 4.5%，无机盐为 2%。21 日胎龄时，胎儿体内的蛋白质含量为 8.5%，27 日胎龄时为 10.2%，仔兔初生时为 12.6%。与此同时，怀孕母兔体内的代谢速度也随胚胎发育而增强。

1. 怀孕母兔的饲养

怀孕母兔的饲养重点主要是供给母兔全价营养物质。根据胎儿的生长发育规律，可以采取不同的饲养水平。但是，怀孕母兔如果营养供给过多，使母兔过度肥胖，也会带来不良影响，主要表现为胎儿的着床数和产后泌乳量减少。据试验，在配种后第 9 天观察受精卵的着床数，结果高营养水平饲养的德系长毛兔胚胎死亡率为 44%，而正常营养水平饲养的只有 18%。所以，一般怀孕母兔在自由采食颗粒饲料情况下，每天喂量应控制在 150～180 克；在自由采食基础饲料（青、粗料）、补加混合精料的情况下，每天补加的混合精料应控制在 100～120 克。怀孕母兔所需要的营养物质以蛋白质、无机盐和维生素为最重要。蛋白质是胎儿生长所需的重要营养成分；无机盐中的钙和磷是胎儿骨骼生长所必需的物质。如果饲料中蛋白质含量不足，会引起死胎增多、仔兔初生重降低、生活力减弱；无机盐缺乏，会使仔兔体质瘦弱，容易死亡。所以，保持母兔怀孕期（特别是怀孕后期）的适当营养水平，对增进母兔健康、提高泌乳量、促进胎儿和仔兔的生长发育具有重要作用。

2. 怀孕母兔的管理

怀孕母兔的管理工作，主要是做好护理，防止流产。母兔流产一般在怀孕后 15～25 天内发生。引起流产的原因可分为机械性、营养性和疾病等。机械性流产多因捕捉、惊吓、不正确的摸胎、挤压等引起。营养性流产多数由于营养不全，突然改变饲料，或因饲喂发霉变质、冰冻饲料等引起。引起流产的疾病很多，如巴氏杆菌病、沙门氏杆菌病、密螺旋体病以及生殖器官疾病等。为了杜绝流产的发生，母兔怀孕后要一兔一笼，防止挤压；不要无故捕捉，摸胎时动作要轻；饲料要清洁、新鲜；发现有病母兔应查明原因，及时治疗。管理怀孕母兔还需做好产前准备工作，一般在临产前 3～4 天就要准备好产仔箱，清洗消毒后在箱底铺上一层晒干敲软的稻草。临产前 1～2 天应将产仔箱放入笼内，供母兔拉毛筑巢。产房要有专人负责，冬季室内要防寒保温，夏季要防暑防蚊。

（三）哺乳母兔的饲养管理

母兔自分娩到仔兔断奶这段时期称为哺乳期。母兔哺乳期间是养殖场工作任务最重的时期，饲养管理得好坏对母兔、仔兔的健康都有很大影响。母兔在哺乳期，每天可分泌乳汁 60～150 毫升，高产母兔可达 200～300 毫升。兔乳除乳糖含量较低外，蛋白质和脂肪含量比牛奶、羊奶高 3 倍多，无机盐高 2 倍左右。据测定，母兔产后泌乳量逐渐增加，产后 3 周左右达到泌乳高峰，之后泌乳量又逐渐下降。

1. 哺乳母兔的饲养

哺乳母兔为了维持生命活动和分泌乳汁，每天都要消耗大量的营养物质，而这些营养物质都必须从饲料中获得。所以饲养哺乳母兔必须喂给容易消化和营养丰富的饲料，保证供给足够的蛋白质、无机盐和维生素。如果喂给的饲料不能满足哺乳母兔的营养需要，就会使其动用体内储藏的营养物质，从而降低母兔体重、损害母兔健康和影响母兔产奶量。饲喂哺乳母兔的饲料一定要清洁、新鲜，同时应适当补加一些精饲料和无机盐饲料，如豆饼、麸皮、豆渣以及食盐、骨粉等，每天要保证充足的饮水，以满足哺乳母兔对水分的要求。

为提高仔兔的生长速度和成活率，并保持母兔健康，必须为哺乳母兔提供充足的营养。供给营养全面，能量、蛋白质水平较高的饲粮：消化能水平最低为10.88兆焦/千克，可以高到11.3兆焦/千克，蛋白质水平应达到18%。

应注意母兔产后2天内采食量很少，不宜喂精饲料，要多喂青饲料。母兔产后3天才能恢复食欲，要逐渐增加饲料量。为了防止母兔发生乳房炎和仔兔黄尿病，产前3天就要减少精料，增加青饲料，而产后3～4天则要逐步增加精料，多给青绿多汁饲料，并增加鱼粉和骨粉，同时每天喂给磺胺噻唑0.3～0.5克和苏打片1片，每日2次，连喂3天。

如果母兔产后乳汁少和无乳，除增加上述精料外，可采用催乳措施：①香菜每日早晨喂10克，2～3天喂1次；②蚯蚓5～10条洗净，用开水烫死，切成5厘米左右，拌入少量饲料中喂母兔，一般一次即可；③喂花生米，每天早晚各喂1次，每次5～10粒，喂至仔兔断奶为止；④口服人工催乳灵，每日1片，连用3～5天。

哺乳母兔饲养得好坏，一般可根据仔兔的粪便情况进行辨别。如产仔箱内保持清洁干燥，很少有仔兔粪尿，而且仔兔吃得很饱，说明饲养较好，哺乳正常；如尿液过多，说明母兔饲料中含水量过高；粪便过于干燥，则表明母兔饮水不足；如果饲喂发霉变质饲料，还会引起下痢和消化不良。

有的兔场采用母兔与仔兔分开饲养、定时哺乳的方法，即平时将仔兔从母兔笼中取出，安置在适当地方，哺乳时将仔兔送回母兔笼内。分娩初期可每天哺乳2次，每次10～15分钟，20日龄后可每天哺乳1次。这种饲养方法的优点是：可以了解母兔泌乳情况，减少仔兔吊乳受冻；掌握母兔发情情况，做到及时配种；避免母仔抢食，增强母兔体质；减少球虫病的感染机会；培养仔兔独立生活能力。

2. 哺乳母兔的管理

哺乳母兔的管理工作主要是保持兔舍、兔笼的清洁干燥，应每天清扫兔笼，洗刷饲具和尿粪板，并要定期进行消毒。另外，要经常检查母兔的乳头、乳房，了解母兔的泌乳情况，如发现乳房有硬块，乳头有红肿、破伤情况，要及时治疗。

第四节 不同类型兔的饲养管理

一、仔兔的饲养和管理

从出生到断奶这段时期的兔称为仔兔。这一时期可视为兔由胎生期转至独立生活的过渡阶段。胎生期的兔子在母体子宫内发育，营养由母体供给，温度恒定；出生后，环境发生急剧变化，而这一阶段的仔兔由于机体生长发育尚未完全，抵抗外界环境不利条件的能力还很差，适应能力弱，抵抗力差，多种因素会给仔兔的生命带来威胁，使仔兔死亡率增高，成为兔群繁殖发展的一大障碍。加强仔兔的管理，提高成活率，是仔兔饲养管理的目的。仔兔饲养管理，依其生长发育特点可分睡眠期、开眼期两个阶段。

（一）睡眠期仔兔的饲养管理

从仔兔出生到 12 日龄左右为睡眠期。这段时间仔兔除了吃奶，多数时间处于睡眠状态。在此期间，仔兔体温调节能力低下，消化系统发育不全，环境适应性极差，但生长发育速度非常快。为顺利渡过睡眠期，降低死亡率，饲养管理应注意如下方面：

1. 早吃初乳

初乳是仔兔出生后早期生长发育所需营养物质的直接来源和唯一来源。尽管仔兔获得的母源抗体主要来自母体胎盘血液，但初乳中也含有丰富的抗体，它对提高初生仔兔的抗病力有重要意义。初乳中的营养适合仔兔生长快、消化力弱的生理特点。实践证明，仔兔能早吃奶、吃饱奶则成活率高，抗病力强，发育快，体质健壮；否则，死亡率高，发育迟缓，体弱多病。因此，在仔兔出生后 6～10 小时内，须检查母兔哺乳情况，发现没有吃到奶的仔兔，要及时让母兔喂奶。自此以后，每天均须检查几次。检查仔兔是否吃到足量的奶，是仔兔饲养阶段的基本工作，必须抓紧抓细。仔兔生下来后就会吃奶，护仔性强的母兔，也能很好哺喂仔兔，这是本能。仔兔吃饱奶时，安睡不动，腹部圆胀，肤色红润，被毛光亮；饥饿时，仔兔在窝内很不安静，到处乱爬，皮肤皱缩，腹部不胀大，肤色发暗，被毛枯燥无光，如用手触摸，仔兔头向上窜，“吱吱”嘶叫。

在睡眠期，仔兔除吃奶外，其他全部时间都是睡觉。仔兔的代谢很旺盛，吃下的奶汁大部分被消化吸收，很少有粪便排出来。因此，睡眠期的仔兔只要能吃饱奶、睡好，就能正常生长发育。

但是，在生产实践中，初生仔兔吃不到奶的现象常会出现，这时我们必须查明原因，针对具体情况，采取有效措施。有些护仔性不强的母兔，特别是初产母兔，产仔后不会照顾自己的仔兔，甚至不给仔兔哺乳，以致仔兔缺奶挨饿，如不及时处理，会导致仔兔死亡。在这种情况下，必须及时采取强制哺乳措施。方法是将母兔固定在巢箱内，使其保持安静，将仔兔分别安放在母兔的每个乳头旁，嘴顶母兔乳头，让其自由吮乳，每日强制 4～5 次，连续 3～5 日，母兔便会自动喂乳。

2. 调整仔兔

生产实践中，有时出现有些母兔产仔数多、有些母兔产仔头数少的情况。多产的母兔乳不够供给仔兔，仔兔营养缺乏，发育迟缓，体质衰弱，易患病死亡；少产的母兔泌乳量过剩，仔兔吸乳过量，引起消化不良，甚至腹泻消瘦死亡。在这种情况下，应当采取调整仔兔的措施。可根据母兔泌乳的能力，对同时分娩或分娩时间先后不超过1～2天的仔兔进行调整。方法是：先将仔兔从巢箱内拿出，按体型大小、体质强弱分窝；然后给仔兔身上抹上母兔的尿液，以防母兔将寄养仔兔咬伤或咬死；最后把仔兔放进各自的巢箱内，并注意母兔哺乳情况，防止意外事情发生。调整仔兔时必须注意：两只母兔和它们的仔兔都必须是健康的；被调仔兔的日龄和发育与哺乳母兔的仔兔大致相同；要将被调仔兔身上粘上的巢箱内的兔毛剔除干净；在调整前先令母兔离巢，将被调仔兔放进哺乳母兔巢内，经 1～2 小时，使其粘带新巢气味后才将母兔送回原笼巢内。若母兔拒哺调入仔兔，则应查明原因，及时采取措施，如重调给其他母兔或补涂母兔尿液、除去被调仔兔身上的异味等。

3. 全窝寄养

一般是在仔兔出生后，母兔死亡，或者对良种母兔频繁配种，扩大兔群时所采取的措施。寄养时应选择产仔少、乳汁多且同时分娩或分娩时间相近的母兔。为防止寄养母兔咬异味仔兔，在寄养前，可在被寄养的仔兔身上涂上寄养母兔的尿，在寄养母兔喂奶时放入窝内。一般采取上述措施后，母兔不再咬异窝仔兔。

4. 人工哺乳

如果仔兔出生后母兔死亡、无奶或患有乳房疾病不能喂奶，又不能及时找到寄养母兔时，可以采取人工哺乳的措施。人工哺乳的工具可用玻璃滴管、注射器、塑料眼药水瓶，在管端接一乳胶质自行车气门芯即可。喂饲以前要煮沸消毒，冷却到 37～38℃时喂给。每天喂饲 1～2 次。喂饲时要有耐心，在仔兔吸吮的同时轻压橡胶乳头或塑料瓶体。但不要滴入太急，以免误入气管呛死。不要滴得过多，以吃饱为限。

5. 防止仔兔吊乳

“吊乳”是养兔生产中常见的现象之一。主要原因是母兔乳汁少，仔兔不够吃，较长时间吸住母兔的乳头，母兔离巢时将正在哺乳的仔兔带出巢外；或者母兔哺乳时，受到骚扰，引起惊慌，突然离巢。吊乳出巢的仔兔，容易受冻或被踏死，所以饲养管理上要特别加以小心，当发现有吊乳出巢的仔兔应马上将仔兔送回巢内，并查明原因，及时采取措施。如是母兔乳汁不足引起母兔“吊乳”，应调整母兔日粮，适当增加饲料量，多喂青料和多汁料，补以营养价值高的精料，以促进母兔分泌出质好量多的乳汁，满足仔兔的需要。如果是管理不当引起母兔惊慌离巢，应加强管理工作，积极为母兔创造哺乳所需的环境条件，保持环境的安静。如果发现吊在巢外的仔兔受冻发凉时，应马上将受冻仔兔放入自己的怀里取暖；或将仔兔全身浸入 40℃温水中，露出口鼻呼吸。只要抢救及时，措施得法，大约 10 分钟后便可使被救仔兔复活，待皮肤红润后即擦干身体放回巢箱内。

6. 防止发生黄尿病

出生后 1 周左右的仔兔容易发生黄尿病。其原因是母兔奶液中有葡萄球菌或其他病原体，仔兔吃后感染便发生急性肠炎，尿液呈黄色并排出黄色带腥臭味稀粪，沾污后躯。患兔体弱无力，皮肤灰白无光泽，很快死亡。预防黄尿病的关键是要求母兔健康无病，饲料清洁卫生，笼内通风干燥。同时要经常检查仔兔的排泄情况，若发现仔兔精神不振、粪便异常，应及时采取措施。

7. 防止鼠害

仔兔，特别是1周龄以内的仔兔，最容易遭受鼠害，有时候会发生全窝仔兔被老鼠残食的可能。所以，灭鼠是兔场的一项重要工作。须定期灭鼠，加强夜班看护。

8. 防止仔兔窒息或残疾

长毛兔产仔做巢拔下的细软长毛，变潮和挤压后会结毡成块，难以保温。另外，由于兔在巢箱内爬动，容易将细毛拉长成线条，这些线条若缠绕在仔兔颈部或胸部，会使仔兔窒息而死；若缠绕在腿部便引起仔兔局部肿胀坏死而残疾。因此，兔产仔时拔下的长毛应及时收集起来，将其剪短或改用短毛及其他保温材料垫窝，既保温又不会缠绕仔兔。

（二）开眼期的饲养管理

仔兔生后12天左右开眼，从开眼到离乳，这一段时间称为开眼期。仔兔开眼迟早与发育状况有很大关系，发育良好的开眼早。仔兔若在生后14天才开眼，体质往往很差，容易生病，要对其加强护养。仔兔开眼后，精神振奋，会在巢箱内往返蹦跳；数日后跳出巢箱，叫做出巢。出巢的迟早，依母乳多少而定，母乳少的早出巢，母乳多的迟出巢。此时，由于仔兔体重日渐增加，母兔的乳汁已不能满足仔兔的需要，常紧追母兔吸吮乳汁，所以开眼期又称追乳期。这个时期的仔兔要经历一个从吃奶转变到吃固体饲料的变化过程，由于仔兔胃的发育不完全，如果转变太突然，常常造成死亡。所以在这段时期，饲养重点应放在仔兔的补料和断乳上。实践证明，抓好、抓紧这项工作，可促进仔兔健康生长，否则就会导致仔兔感染疾病，乃至大批死亡，造成损失。

1. 抓好仔兔的补料

肉、皮用兔生后16日龄，毛用兔生后18日龄，就开始试吃饲料。这时应喂给少量易消化而又富有营养的饲料，并在饲料中拌入少量的矿物质、抗生素等消炎、杀菌、健胃药物，以增强体质，减少疾病。仔兔胃小，消化力弱，但生长发育快，根据这一特点，在喂料时要少喂多餐，均匀饲喂，逐渐增加。一般每天喂给 5～6 次，每次分量要少一些，在开食初期哺母乳为主，饲料为辅；到 30 日龄时，则转变为以饲料为主，母乳为辅，直到断乳。在过渡期间，要特别注意缓慢转变，使仔兔逐步适应，才能获得良好的效果。仔兔比较贪食，一定要注意饲料定量，仔兔每天的大致采食量和最大饲料供给量见表 5-1。

表 5-1 仔兔大致采食量

日龄	采食量/(克/天)	日龄	采食量/(克/天)
初生～15	0	35～42	40～80
15～21	0～20	42～49	70～110
21～35	15～50	49～63	100～160

2. 抓好仔兔的断奶

小型仔兔 40～45 日龄，体重 500～600 克，大型仔兔 40～45 日龄，体重 1000～1200 克，就可断奶。过早断奶，仔兔的肠胃等消化系统还没有充分发育形成，对饲料的消化能力差，生长发育会受影响。在不采取特殊措施的情况下，断奶越早，仔兔的死亡率越高。根据实践，30 天断奶时，成活率仅为 60%；40 天断奶时，成活率为 80%；45 天断奶，成活率为 88%；60 天断奶时成活率可达 92%。但断奶过迟，仔兔长时间依赖母兔营养，消化道中各种消化酶的形成缓慢，也会引起仔兔生长缓慢，对母兔的健康和年繁殖次数也有直接影响。所以，仔兔的断奶应以 40～45 天为宜。

仔兔断奶方法，要根据全窝仔兔体质强弱而定：

若全窝仔兔生长发育均匀，体质强壮，可采用一次断奶法，即在同一日将母子分开饲养。离乳母兔在断奶 2～3 日内，只喂青料，停喂精料，使其停奶。

若全窝体质强弱不一，生长发育不均匀，可采用分期断奶法。即先将体质强的分开，体弱者继续哺乳，经数日后，视情况再行断奶。

如果条件允许，可采取移走大母兔的办法断奶，避免环境骤变，对仔兔不利。

仔兔在断奶前要做好充分准备，如断奶仔兔所需用的兔舍、食具、用具等应事先进行洗刷与消毒。断奶仔兔的日粮要配合好。

3. 抓好仔兔的管理

仔兔开食时，往往会误食母兔的粪便，如果母兔有球虫病，就易感染仔兔。为了保证仔兔健康，应母仔分笼饲养，但必须每隔 12 小时给仔兔喂一次奶。仔兔开食后，粪便增多，要常换垫草，并洗净或更换巢箱，否则，仔兔睡在湿巢内，对健康不利。要经常检查仔兔的健康情况，察看仔兔耳色，如耳色桃红，表明营养良好；如耳色暗淡，说明营养不良。

4. 防止感染球虫病

患有球虫病的母兔，对母体来说可能尚未达到致病程度，但可使仔兔消化不良、拉稀、贫血，死亡率很高。因此，预防球虫病也是提高仔兔成活率的关键措施。预防方法是注意笼内日常清洁卫生，及时清理粪便，经常清洗和消毒兔笼板，并用开水或日光暴晒等方法杀死卵囊；同时保持舍内通风干燥，使卵囊难以孵化成熟。另外，可在饲料中加入一些葱、蒜等，增强肠道的抵抗力；定期在饲料中加入一些抗球虫药物。如果发现粪便异常，要及时采取治疗措施。

5. 注意饲料及饮水卫生

供给仔兔的青绿饲料或调制好的饲料一定要清洁卫生，不干净或被污染的饲料不要投喂，给仔兔的料要充足，要让每只仔兔均能抢占到料槽的位置，吃到充足的饲料。同时注意饲料的适口性，使仔兔爱吃。要训练仔兔饮水，饮水要清洁，做到每天更换 1～2 次饮水，发现被粪、尿、毛等污染的，要及时倒掉添上洁净水。

二、幼兔和青年兔的饲养管理

从断奶到 3 月龄的兔称幼兔（断奶仔兔）。这个阶段的幼兔生长发育快，抗病力差，要特别注意护理。否则，幼兔发育不良，易患病死亡。幼兔必须养在温暖、清洁、干燥的地方，以笼养为佳。笼养初期，每笼可养兔 3～4 只。饲喂由麸皮、豆饼等配合成的精料及优质干草为宜。因为兔奶中的蛋白质、脂肪分别占 10.4%和 12.2%，高于牛奶 3 倍，所以用喂大兔的饲料是很难养活幼兔的。所喂饲料要清洁新鲜，带泥的青草，要洗净晾干后再喂。喂时要掌握少喂多餐，青料一天 3 次，精料一天 2 次。此外，可加喂一些矿物质饲料。

幼兔断奶后正是换毛时期，新陈代谢旺盛，需要营养较多，所以饲料给量应相应增加。毛用兔 2 月龄要把乳毛全部剪掉，以促进其生长发育。对剪毛以后的幼兔，要加强护理。对体弱的毛用兔，要精心喂养，注意防寒保温，否则很容易发生死亡。

3～6 月龄的兔称青年兔（亦称中兔）。青年兔吃食量大，生长发育快。饲喂应以青粗饲料为主，适当补充矿物质饲料。加强运动，使兔得到充分发育。青年兔已开始发情，为了防止早配，必须将公、母兔分开饲养。对 4 月龄以上的公兔要进行选择，凡是发育优良的留作种用，单笼饲养；凡不宜留种的公兔，要及时去势，进行群饲。

三、商品肉兔的饲养管理

兔肉是养兔业提供的重要产品之一，兔的产肉能力高于猪和牛。

（一）选择优良品种和杂交组合

育肥是在短期内增加体内的营养储积，同时减少营养消耗，使肉兔采食的营养物质除了维持必需的生命活动外，能大量储积在体内，以形成更多的肌肉和脂肪。育肥效果的好坏在很大程度上取决于育肥兔的基因组成，基因组合得好，可使肉兔生长快、饲养期短、饲料报酬高、肉质好、效益高。用于育肥的兔主要有两种：一种是专用育肥的商品兔，包括用优良品种直接育肥，即选生长速度快的大型品种（如弗朗德兔、塞北兔、哈白兔等）或中型品种（如新西兰兔、加利福尼亚兔等）进行纯种繁育，其后代直接用于育肥。采用经济杂交，如用良种公兔和本地母兔或优良的中型品种交配，如弗朗德兔♂×太行山兔♀、塞北兔♂×新西兰兔♀；也可以 3 个品种轮回杂交；饲养配套系。饲养优良品种比原始品种要好，经济杂交比单一品种的效果好，配套系的育肥性能和效果比经济杂交更好，是目前生产商品兔的最佳形式。不过目前我国配套系资源不足，大多数地区还不能实现直接饲养配套系。一般来说，引入品种与我国的地方品种杂交，均可表现一定的杂种优势。

另一种是在不同时期或因不同原因淘汰的种兔。用于育肥的淘汰兔，应选择肥度适中者，经过1个月左右的时间快速育肥，使体重增加1千克左右即可。过瘦的种兔育肥需要较长的时间，一般经济效益不高，可直接上市或作他用。

（二）抓断乳体重

育肥速度在很大程度上取决于早期增重的快慢。凡是断乳体重大的仔兔，育肥期的增重快，就容易抵抗环境应激，顺利度过断乳期。相反，断奶体重越小，断奶后越难养，育肥期增重越慢。30天断乳，中型兔体重500克以上，大型兔体重600克以上。为提高断乳体重，应重点抓好以下方面：

1. 提高母兔的泌乳力

在仔兔采食饲料之前的半个多月的时间里，母乳是唯一的营养来源，因此母兔泌乳量的高低决定了仔兔生长速度，同时也决定了仔兔成活率的高低。提高母兔泌乳力，应该从增加母兔营养入手，特别是保证蛋白质、必需氨基酸、维生素、矿物质等营养的供应，另外还应保证母兔生活环境的安静舒适。

2. 调整母兔哺育的仔兔数

母兔一般有8个乳房，1天哺喂1次，每次哺喂的时间仅几分钟。因此，如果仔兔数超过乳头数，多出的仔兔就得不到乳汁。凡是体质弱、体重小的仔兔，在寻觅乳头的竞争中，始终处于劣势和被动局面，要么吃不到乳，要么吃少量的剩乳，久而久之饥饿而死，或成为永远长不大的僵兔，丧失饲养价值和商品价值。因此，针对母兔的乳头数和泌乳能力，在母兔产后及时进行仔兔调整或寄养，将多出的仔兔调给产仔数少的母兔哺育。如果没有合适的保姆兔，则果断淘汰多余的小兔，更能保证效益。

3. 抓好仔兔的补料

母兔的泌乳量是有限的，随着仔兔日龄的增加，对营养要求越来越高。因此，仅仅靠母乳不能满足其营养需要，必须在一定时间补充人工料，作为母乳的营养补充。一般仔兔15日龄出巢，此时牙齿生长，牙床发痒，正是开始补料的适宜时间。生产中一般从仔兔16日龄以后开始补料，一直到断乳为止。在16～25日龄仍然以母乳为主，补料为辅；此后以补料为主，母乳为辅。仔兔料注意营养价值要高，易消化，适当添加酶制剂和微生态制剂等。

（三）过好断乳关

断乳对仔兔来说是一个“难关”。首先，由母子同笼突然转为独立生活，甚至离开自己的同胞兄妹；第二，由乳料结合到完全采食饲料；第三，由原来的笼舍转移到其他陌生环境。因此，无论是对其精神上还是身体上（尤其是胃肠道）都是非常大的应激。仔兔从断乳到育肥的过渡非常关键，如果处理不好，在断奶后2周左右增重缓慢，停止生长或减重，甚至发病死亡。断乳后最好原笼原窝饲养，即采取移母留仔法。若笼位紧张，需要调整笼子，同一窝的同胞兄妹不可分开。育肥期实行小群笼养，切不可一兔一笼，或打破窝别和年龄，实行大群饲养。这样会使刚断乳的仔兔产生孤独感、生疏感和恐惧感。断乳后1～2周内应饲喂断乳前的饲料，以后逐渐过渡到育肥料，否则，突然改变饲料，2～3天内即出现消化系统疾病。断乳后前2周最容易出现腹泻，预防腹泻是断乳仔兔疾病预防的重点。以微生态制剂强化仔兔肠道有益菌，对于控制消化机能紊乱是非常有效的。

（四）直接育肥法

肉兔在3月龄前是快速生长阶段，且饲料报酬高。应充分利用这一生理特点，提高经济效益。肉兔的育肥期很短，一般从断乳（30天）到出栏仅40～60天的时间。而我国传统的“先吊架子后填膘”育肥法并不科学。仔兔断乳后不可用大量的青饲料和粗饲料饲喂，应采取直接育肥法，即满足幼兔快速生长发育对营养的需求，使日粮中蛋白质（17%～18%）、能量（10.47兆焦/千克以上）保持较高的水平，粗纤维控制在12%左右。使其顺利完成从断奶到育肥的过渡，不会因营养不良而使生长速度减慢或停顿，并且一直保持到出栏。据笔者试验，小公兔不去势的育肥效果更好，因为肉用品种的公兔性成熟在3月龄以后，而出栏在3月龄以前，在此期间其性行为不明显，不会影响增重。相反，睾丸分泌的少量雄激素会促进蛋白质合成，加速兔子的生长，提高饲料的利用率。生产中发现，在3月龄以前，小公兔的生长速度大于小母兔，也说明了这一问题。再者，不论采取刀骟还是药物去势方法，由于伤口或药物刺激所造成的疼痛、睾丸组织的破坏和伤口的恢复，都是对兔的不良刺激，会影响兔子的生长发育，不利于育肥。

（五）控制环境

育肥效果的好坏，在很大程度取决于为其提供的环境条件，主要是指温度、湿度、密度、通风和光照等。温度对于肉兔的生长发育十分重要，过高和过低都是不利的，最好保持在25℃左右，在此温度下体内代谢最旺盛，蛋白质的合成最快。适宜的湿度不仅可以减少粉尘污染，保持舍内干燥，还能减少疾病的发生，最适宜的湿度应控制在55％～60％。饲养密度应根据温度和通风条件而定。在良好的条件下，每平方米笼养面积可饲养育肥兔18只。在生产中由于我国农村多数兔场的环境控制能力有限，过高的饲养密度会产生相反的作用，一般应控制在每平方米14～16只。育肥兔由于饲养密度大，排泄量大，如果通风不良，会造成舍内氨气浓度过大，不仅不利于兔的生长，影响增重，还容易使兔患呼吸道等多种疾病。因此，育肥兔对通风换气的要求较高。光照对兔的生长和繁殖都有影响，育肥期实行弱光或黑暗，仅让兔子看到采食和饮水，能抑制性腺发育，延迟性成熟，促进生长，减少活动，避免咬斗，使兔快速增重，提高饲料的利用率。

（六）科学选用饲料和添加剂

保证育肥期间营养水平达到营养标准是肉兔育肥的前提。此外，不同的饲料形态对育肥有一定影响。试验表明，使用颗粒饲料比粉料增重提高8％～13％，饲料利用率提高5％以上。除满足育肥兔在蛋白质、能量、粗纤维等主要营养方面的需求外，维生素、微量元素及氨基酸添加剂的合理使用，对于提高育肥性能有举足轻重的作用。维生素A、维生素D、维生素E及微量元素锌、硒、碘等能促进体内蛋白质的沉积，提高日增重；含硫氨基酸能刺激消化道黏膜，起到健胃的作用，并能增加胆汁内胆汁酸的合成，从而增强消化吸收能力，还可以改善菌体蛋白质品质，提高营养物质的利用率。

此外，不同的饲料形态对育肥有一定影响。试验证明，使用颗粒饲料比粉料增重提高 8%～13%，饲料利用率提高 5%以上。

除常规营养以外，可选用一定的高科技饲料添加剂。如稀土添加剂具有提高增重和饲料利用率的功效；杆菌肽锌添加剂有降低发病率和提高育肥效果的作用；腐植酸添加剂可提高兔的生产性能；酶制剂可帮助消化，提高饲料利用率；微生态制剂有强化肠道内源有益菌群，预防微生态失调的作用；寡糖有提供有益菌营养、增强免疫和预防疾病的作用；抗氧化剂不仅可防止饲料中一些维生素的氧化，也具有提高增重、改善肉质品质的作用；中草药饲料添加剂由于组方不同，效果各异。总之，根据生产经验和兔场的实际情况，在饲料添加剂方面投入，在经济上是合算的，在生产上是可行的。

（七）自由采食和饮水

我国传统肉兔育肥，一般采用定时、定量、少喂勤添的饲喂方法和“先吊架子后填膘”的育肥策略。现代研究表明，让育肥兔自由采食，可保持较高的生长速度。只要饲料配合合理，不会造成育肥兔的过食、消化不良等现象。自由采食适于饲喂颗粒饲料，而粉拌料不宜自由采食，因为饲料的霉变问题不易解决。在育肥期总的原则是让育肥兔吃饱吃足，只有多吃才能多长。有的兔场采用自由采食出现兔消化不良或腹泻现象，其主要原因是在自由采食之前采用少喂勤添的方法，突然改为自由采食，兔的消化系统不能立即适应。可采取逐渐过渡的方式，经过 1 周左右的时间即可调整过来。为了预防因自由采食出现的消化不良，可在饲料中增加酶制剂和微生态制剂，降低高增重带来的高风险。

水对于育肥兔是不可缺少的营养。饮水量与气温量呈正相关，与采食量呈正相关。保证饮水是促进育肥不可缺少的环节。饮水过程中注意水的质量，保证其符合畜禽饮用水标准。防止水被污染，定期检测饮水中的大肠杆菌数量。尤其是使用开放式饮水器的兔场更应重视饮水卫生。

（八）控制疾病

肉兔育肥期很短，育肥强度大，在有限的空间内活动，基本上被剥夺了运动自由，对疾病的耐受性差。一旦一只发病，同笼及周边小兔容易被传染。即便发病没有死亡，也会极大地影响生长发育，使育肥出栏无法达到同期化目标。因此，安全生产、健康育肥、降低发病、控制死亡是肉兔育肥的基本原则。肉兔育肥期易感染的主要疾病是球虫病、腹泻和肠炎、巴氏杆菌病、兔瘟。球虫病是育肥兔的主要疾病，全年发生，以6～8月份为甚。应采取药物预防、加强饲养管理和搞好卫生相结合的方法积极预防。预防腹泻和肠炎的方法是提倡卫生调控、饲料调控和微生态制剂调控相结合，尽量不用或少用抗生素和化学药物，不用违禁药物。卫生调控就是搞好环境卫生和饮食卫生，粪便堆积发酵，以杀死寄生虫卵。饲料调控的重点是饲料配方中粗纤维含量的控制，一般应控制在12%，在容易发生腹泻的兔场可增加到14%。选用优质粗饲料是控制腹泻和提高育肥效果的保障。微生态制剂调控是一项新技术，其效果确实，投资少，见效快。预防巴氏杆菌病，一方面搞好兔舍的环境卫生和通风换气，加强饲养管理；另一方面在疾病的多发季节适时进行药物预防。对于兔瘟只有定期注射兔瘟疫苗才可控制，一般断奶后（35～40日龄注射最好）每只皮下注射1毫升即可。对于常发生兔瘟的兔场，最好在第一次注射20天后强化免疫一次。

（九）适时出栏

出栏时间应根据品种、季节、体重和兔群表现而定。大型品种，骨骼粗大，皮肤松弛，生长速度快，但出肉率低，出栏体重可适当大些，90日龄可达到2.5千克以上，即可出栏（即3月龄左右即可出栏）。中型品种骨骼细，肌肉丰满，出肉率高，出栏体重可小些，达2.25千克以上即可。春秋季节，青饲料充足，气温适宜，兔生长较快，育肥效益高，可适当增大出栏体重。如果在冬季育肥，维持消耗的营养比例较高，尽量缩短育肥期，只要达到最低出栏体重即可出售。兔育肥是在有限的空间内高密度养殖，育肥期发生疾病的风险很大，如果在育肥期周围发生了传染性疾病，应封闭兔场，禁止出入，严防病原菌侵入。若此时育肥期基本结束，兔群已基本达到出栏体重，为了降低继续饲养的风险，可立即结束育肥。每批肉兔育肥，应进行详细的记录，尤其是存栏量、出栏量、饲料消耗和饲养成本，计算出栏率和料肉比。这样便于总结成功的经验和失败的教训，为日后的工作奠定基础。

四、商品皮兔的饲养管理

本部分主要介绍商品獭兔饲养管理要点和与毛皮质量等方面的关系。

（一）獭兔毛皮的生长特点

獭兔绒毛生长及脱换有一定的规律，仔兔出生第3天起开始长绒毛，并可看出固有色型；15日龄被毛光亮；15～30日龄被毛生长最快，之后即停止生长；60日龄左右开始换胎毛；4～4.5月龄第一次年龄性换毛，此时被毛光润并呈标准色彩，体重已达2～2.5千克，即可取皮；6～6.5月龄第二次年龄性换毛，此时不仅毛皮品质优良，而且皮张面积大，但由于到此期再取皮使饲养期较长，经济效益不高。

（二）商品獭兔饲养管理要点

饲养獭兔的最终目的是获得优质毛皮，商品獭兔饲养管理的好坏，直接影响毛皮质量，从而影响到经济效益。

1. 科学饲养

（1）抓早期增重　獭兔的生长和毛囊的分化存在明显的阶段性。根据试验测定，在3月龄以前，无论是体重的生长还是毛囊的分化，都相当迅速。而且被毛密度与早期体重呈现正相关的趋势，即体重增长越快，毛囊分化越快，二者是同步的。超过3月龄以后，体重增长和毛囊分化急剧下降。因此，獭兔体重和被毛密度在很大程度上取决于早期增重。提高断乳体重和断乳到3月龄的体重是养好獭兔的最关键环节。一般要求仔兔30天断乳重500克，3月龄体重达到2000克以上，即可实现5月龄有理想的皮板面积和被毛质量。资料表明，以蛋白17.5%日粮饲喂生长獭兔，5月龄体重可达到2718克，被毛密度5月龄达到13983根/厘米^2，优于日粮蛋白16.0%和14.5%。由此可见早期营养的重要性以及被毛密度对蛋白水平的依赖性。

（2）前促后控　獭兔的育肥期比肉兔时间长，不仅要求商品獭兔有一定的体重和皮板面积，还要求皮张质量，特别是遵循兔毛的脱换规律，使被毛的密度和皮板达到成熟。如果仅仅考虑体重和皮板面积，一般在良好的饲养条件下3.5月龄即可达到一级皮的标准，但皮板厚度、韧性和强度不足，皮张的利用价值低。根据笔者试验，如果商品獭兔在整个育肥期全程高营养，有利于前期的增重和被毛密度的增加，但后期出现营养过剩现象（如皮下脂肪沉积），对皮张的处理产生不利影响。

因此，采取前促后控的育肥技术。断乳到3.5月龄，高营养水平（蛋白质含量17.5%），采取自由采食，充分利用其早期生长发育速度快的特点，挖掘其生长的遗传潜力，多吃快长。此后适当控制，一般有两种控制方法：一是控质法；二是控量法。前者是控制饲料的质量，使其营养水平降低，如能量降低10%，蛋白质降低1～1.5个百分点，仍然采取自由采食；后者是控制喂料量，每天投喂相当于自由采食80%～90%的饲料，而饲养标准和饲料配方与前期相同。采取前促后控的育肥技术，不但可以节省饲料，降低饲养成本，而且使育肥兔皮张质量好，皮下不会有多余的脂肪和结缔组织。

2. 合理分群

商品獭兔实行分小群饲养，断奶后的幼公兔除留种外全部去势，然后按大小、强弱分群，每笼为一群，每群4～5只（笼面积约0.5米^2）。淘汰种兔按公母分群，每群2～3只，经短期饲养上市。饲养密度不能太大，以免兔因互相抢食和抢休息地盘而发生打架，咬伤皮肤。

3. 公兔去势

在肉兔育肥过程中，公兔不需要去势，是由于肉兔的育肥期短，在3月龄甚至3月龄以前即可出栏，而性成熟在出栏以后，因此无需去势。但獭兔的育肥期长（5～6月龄出栏），性成熟（3～4月龄）早，育肥出栏期在性成熟以后，如果不进行去势，群养育肥条件下，会出现以下严重问题：一是公兔之间相互咬斗，造成大面积皮肤破损，降低皮张质量；二是公兔追配母兔，或相互爬跨，影响采食和生长，或光吃不长，消耗饲料，增加成本；三是公母混养情况下，造成偷配乱配，母兔早期妊娠，影响生长，降低皮张质量；四是群养不便于管理，如果实行个体单养，又占用大量的笼具，增加投入，降低房舍利用率。

公兔去势时间以2.5～3月龄进行最佳。因为獭兔的睾丸出生后位于腹腔，2月龄后进入腹股沟。所以，去势过早睾丸不容易获得，去势过晚会影响饲养管理。

4. 环境舒适

环境污浊可使毛皮品质下降，还会使獭兔患病，因此，兔笼兔舍应经常保持清洁、干燥。兔笼要每天打扫，及时清除粪尿及其他污物，避免污染兔的毛皮，以保持兔体清洁卫生。

5. 及时预防和治疗疾病

兔舍要定期按常规消毒，切断疾病传染源，用药物预防或及时治疗会损害毛皮的毛癣病、兔痘、兔坏死杆菌病、兔疥癣病、兔螨病、兔虱病、湿性皮炎和黄尿病等疾病。

6. 适时出栏

獭兔的出栏与肉兔不同。后者只要达到一定体重，有较理想的肉质和产肉率即可出栏，很少考虑其皮张质量如何。因为肉兔的主产品是肉，副产品才是皮等。獭兔不同，其主产品是皮，副产品是肉和其他，因此屠宰时间根据皮张和被毛质量而定。

獭兔具有换毛性，又分年龄性换毛和季节性换毛。前者指生后小兔到6月龄之间进行2次年龄性换毛，后者指6月龄以后的獭兔一年中在春秋两季分别进行的一次季节性换毛。在换毛期是绝对不能打皮的，因此，獭兔的屠宰应错开换毛期。

獭兔皮板和被毛需经过一定的发育期方可成熟。被毛成熟的标志是被毛长齐，密度大，毛纤维附着结实，不易脱落；皮板成熟的标志是达到一定的厚度，具有相当的韧性和耐磨力。被毛和皮板任何一项没有达到成熟，均不宜屠宰。对于商品獭兔，5～6月龄时，皮板和被毛均已成熟，是屠宰打皮的最佳时机，提前和错后都不利；对于淘汰的成年种兔，只要错过春秋换毛季节即可；但母兔应在小兔断奶一定时间，腹部被毛长齐后再淘汰。

五、商品毛兔的饲养管理

专门用作产毛的兔称为商品毛兔。尽管毛用种兔也产毛，但其主要任务是繁殖，在饲养管理方面与商品毛兔有所区别。饲养商品毛兔的目的是生产量多优质的兔毛，而兔毛产量是由兔毛生长速度、兔毛密度和产毛有效面积决定的，与品种、性别、营养、季节及光照有密切关系。

（一）商品毛兔的饲养

1. 抓早期增重

加强早期营养可以促进毛囊分化，提高被毛密度，同时增加体重和体表面积，这是养好毛兔的关键措施。一般掌握断乳到 3 月龄提供较高营养水平的饲料，饲料消化能 10.46 兆焦/千克，粗蛋白 16.8%～17%，蛋氨酸 0.7%。

2. 控制最终体重

尽管体重越大产毛面积越大，产毛量越多，但是，体重并非越大越好。过大的体重产毛效率低，即用于产毛的营养与维持营养的比例小，利用时间短。一般控制在体重 4～4.5 千克。营养水平采取前促后控的原则。一般掌握能量降低 5%，蛋白质降低 1 个百分点，保持蛋氨酸水平不变；也可以采取控制采食量的办法，即提供自由采食的 85%～90%，而营养水平保持不变。

3. 注意营养的全面性和阶段性

毛兔的产毛效率很高，高产毛兔的年产毛量可占体重的 40%以上，远远大于其他产毛动物（如绵羊）。产毛需要较高水平的蛋白质和氨基酸，尤其是含硫氨基酸。据估算，毛兔每产毛 1 千克，相当于肉兔产肉 7 千克消耗的蛋白质，同时，其他营养（如能量、纤维、矿物质和维生素等）必须保持平衡。营养的阶段性指毛兔剪毛前后环境发生了很大的变化，因而要求提供的营养要适应这种变化的需要。尤其在寒冷的季节，剪毛后突然失去了厚厚的保温层，维持体温要求较多的能量，同时剪毛刺激兔毛生长，需要大量的优质蛋白。因此，在剪毛后 3 周内，饲料中的能量和蛋白质水平要适当提高，饲喂量也应有所增加，或采取自由采食的方法，以促进兔毛的生长。为了提高产毛量和兔毛品质，可在饲料中添加含硫物质和促进兔毛生长的生理活性物质，如羽毛粉、松针粉、土茯苓、蚕砂、硫磺、胆碱、甜菜碱等。

(二) 商品毛兔的管理

1. 笼具质量和单笼饲养

毛兔的被毛生长很快，长度可达到 10 厘米以上。很容易被周围物体挂落或污染，影响产量和质量。因此，饲养毛兔的笼具四周最好用表面光滑的材料，如水泥板。由于铁网笼具很容易缠挂兔毛，给消毒带来一定困难，同时还容易诱发食毛，一般不采用这种笼具。为了防止毛兔之间相互接触而诱发食毛症，有条件的兔场应单笼饲养。

2. 及时梳毛

兔毛生长到一定长度，容易缠结，特别是被毛密度较低的毛兔，缠结现象更加严重。只要有兔毛缠结现象，应及时梳理。梳毛没有固定的时间，主要根据毛兔的品种和兔毛生长状况而定。

3. 适时采毛

兔毛生长有一定的规律性，剪毛后刺激皮肤毛囊，使血液循环加快，毛纤维生长加速。据测定，剪毛后 1～3 周，每周兔毛增长 5 毫米，3～6 周为 4.8 毫米，7～9 周为 4.1 毫米，9～11 周为 3.7 毫米。因此，增加剪毛次数可提高产毛量。一般南方较温暖地区每年剪毛 5 次，养毛期 73 天，北部地区可剪毛 4 次或 9 次。为了提高兔毛质量和毛纤维的直径，可采取拔毛的方式采毛，在较寒冷地区更为适用。

4. 剪毛期管理

剪毛前后环境发生了很大的变化，管理工作必须做好，否则，容易诱发呼吸道、消化道及皮肤疾病。剪毛应选择晴朗的天气进行，气温低时，剪毛后应适当增温和保温。剪毛对兔来说是一个较大的应激，在剪毛前后，可适当给兔喂一些抗应激物质，如维生素C或复合维生素（速补14、维补18等）；为了预防消化道疾病，可在饮水中加入微生态制剂；为预防感冒，可添加抗感冒药物（以中药为佳）；对于有皮肤病（疥癣和真菌病）的兔场，剪毛7～10天进行药浴效果较好。

第五节　不同季节的管理要点

一、春季的饲养管理

（一）注意气温变化

春季气温渐暖，空气干燥，阳光充足，是兔繁殖的最佳季节。但是由于春季气候多变，给养兔带来更多的不利因素。从总体来说，春季的气温是逐渐升高的，但并不是直线上升的，而是升中有降，降中有升，气候多变，变化无常。在华北以北地区，尤其是在3月份，倒春寒相当严重，寒流、小雪、小雨不时袭来，很容易诱发兔患感冒、巴氏杆菌病、肺炎、肠炎等病。特别是刚刚断奶的小兔，抗病力较差，容易发病死亡，应精心管理。尽管春季是兔生产的最佳季节，但理想时间是很短的。原因在于春季的气候变化十分剧烈，而稳定的时间很短。

刚由冬季转入春季时为早春，此时的整体温度较低，以较寒冷的北风为主，夹杂着雨雪。此期应以保温和防寒为主，每天中午适度打开门窗，进行通风换气。而由春季到夏季的过渡时期为春末，气候变化较为剧烈，不仅温度变化大，而且大风频繁，时而有雨。此期应控制兔舍温度，防止气候骤变。平时打开门窗，加强通风。遇到不良天气，及时采取措施，为春季兔的繁殖和小兔的成活提供最佳环境。

（二）抓好春繁

兔在春季的繁殖能力最强，公兔精液品质好，性欲旺盛，母兔的发情明显，发情周期缩短，排卵数多，受胎率高。这与气温逐渐升高和光照由短到长，刺激兔生殖系统活动有关。应利用这一有利时机，争取早配多繁。但是，在多数农村家庭兔场，特别是在较寒冷地区，由于冬季没有加温条件，往往停止冬繁，公兔较长时间没有配种，造成在附睾里储存的精子活力低，畸形率高，最初配种的母兔受胎率较低。为此，应采取复配或双重配（商品兔生产时采用），并及时摸胎，减少空怀。春季繁殖应首先抓好早春繁殖。对于我国多数地区夏季和冬季的繁殖有很大困难，而秋季由于公兔精液品质不能完全恢复，受胎率受到很大的影响，如果抓不住春季的有利时机，很难保证年繁殖5胎以上的计划。一般来说，春季第二胎采取频密繁殖策略，对于膘情较好的母兔，在产后立即配种，缩短产仔间隔，提高繁殖率；但是第三胎采取半频密繁殖，即在母兔产后的10～15天进行配种，使母兔泌乳高峰期和仔兔快速发育期错开，这样可实现春繁2胎，为提高全年的繁殖率奠定基础。

（三）保障饲料供应

春季是兔的换毛季节，此期冬毛脱落，夏毛长出，要消耗较多的营养，对处于繁殖期的种兔，需要更高水平的营养。兔毛是高蛋白物质，需要含硫氨基酸较多。为了加速兔毛的脱换，在饲料中应补加蛋氨酸，使含硫氨基酸达到0.6%以上。同时，早春又是饲料青黄不接的时候，应利用冬季贮存的萝卜、白菜或生大麦芽等，补充维生素。春季兔容易发生饲料中毒事件，尤其是发霉饲料中毒，给生产造成较大的损失。其原因是冬季贮存的甘薯秧、花生秧、青干草等在户外露天存放，冬春的雪雨使之受潮发霉，在粉碎加工过程中如果不注意挑选，用发霉变质的草饲喂兔，就会发生急性或慢性中毒；此外，冬贮的白菜、萝卜等受冻或受热，发生霉坏或腐烂，也容易造成兔中毒。冬季向春季过渡期，兔也同时经历一个饲料的过渡期。随着气温的升高，青草不断生长，采集喂兔，由于青草幼嫩多汁，适口性好，兔喜食，如果不控制喂量，兔子的胃肠不能立即适应青饲料，会出现腹泻现象，严重时甚至造成死亡。一些有毒的草返青较早，要防止兔误食。一些青菜，如菠菜、牛皮菜等含有草酸盐较多，影响钙磷代谢，对于繁殖母兔及生长兔更应严格控制喂量。

（四）预防疾病

春季万物复苏，各种病原微生物活动猖獗，是兔多种传染病的多发季节，防疫工作应放在首要的位置。

① 要注射有关的疫苗，兔瘟疫苗必须保证注射。其他疫苗可根据具体情况灵活掌握，如魏氏梭菌疫苗、巴氏-波氏二联苗、大肠杆菌疫苗等。

② 将传染性鼻炎型为主的巴氏杆菌病作为重点。由于气温的升降，气候多变，会诱发兔患呼吸道疾病，应有所防范。

③ 预防肠炎。尤其是断乳小兔的肠炎作为预防的重点。可采取饲料营养调控、卫生调控和微生态制剂调控相结合，尽量不用或少用抗生素和化学药物。

④ 预防球虫病。春季气温低，湿度小，容易忽视春季球虫病的预防。目前我国多数实行室内笼养，其环境条件有利于球虫卵囊的发育。如果预防不利，有暴发的危险。

⑤ 有针对性地预防感冒和口腔炎等。前者应根据气候变化进行，后者的发生尽管不普遍，但在一些兔场连年发生，应根据该病发生的规律进行有效防治。

⑥ 控制饲料品质，预防饲料发霉。可在饲料中添加霉菌毒素吸附剂，同时加强饲料原料的保管，缩短成品饲料的贮存时间，控制饲料库的湿度等。

⑦ 加强消毒。春季的各种病原微生物活动猖獗，应根据饲养方式和兔舍内的污染情况酌情消毒。在兔的换毛期，可进行一到两次火焰消毒，以焚烧脱落的兔毛。

（五）作好防暑准备

在我国北方，春季特别短，4～5 月份气温刚刚达到舒适，高温季节马上来临。由于兔惧怕炎热，而我国多数兔场的兔舍保温隔热条件较差，尤以农村家庭兔场的兔舍更加简陋，给夏季防暑工作带来很大的难度。应采取投资少、见效快、效果好、简便易行的防暑降温措施，即在兔舍前面栽种藤蔓植物，如丝瓜、吊瓜、苦瓜、眉豆、葡萄、爬山虎等，既起到防暑降温效果，又有美化环境、净化空气的作用，还可有一定的瓜果收益，一举多得。

二、夏季的饲养管理

夏季气温高，湿度大，蚊蝇多，给兔的生长和繁殖带来很大的难度。同时，由于高温高湿气候利于球虫卵囊的发育，幼兔极易暴发球虫病。因此有“寒冬易度，盛夏难熬”之说。

（一）防暑降温

夏季应采取多种措施进行防暑降温，保持环境卫生，减少疾病发生。生产中采取的防暑降温措施见第四章第四节二（一）3（2）。

（二）科学饲养管理

1. 降低饲养密度

高温季节兔舍热量来源：一是太阳辐射热进入兔舍或通过墙壁和舍顶辐射进入兔舍，增加舍内热量；二是粪尿分解产生热量；三是兔本身的散热。饲养密度越大，向外散热量越多，越不利于防暑降温。因此，降低饲养密度是减少热应激的一条有效措施。为了便于散热降温，对兔舍内的兔进行适宜的疏散。泌乳母兔最好与仔兔分开，定时哺乳，既利于防暑，又利于母兔的体质恢复和仔兔的补料，还有助于预防仔兔球虫病。育肥兔实行低密度育肥，每平方米底板面积饲养10～12只，由群养改为单笼饲养或小群饲养。三层重叠式兔笼，由三层养兔改为两层养兔，即将最上面的笼具空置（上层的温度高于下层）。

2. 合理喂料

饲喂时间、饲喂次数、饲喂方法和饲料组成，都对兔的采食和体热调节产生影响，所以，从饲喂制度到饲料配方等均应进行适当调整。

（1）喂料时间调整　采取“早餐早，午餐少，晚餐饱，夜加草”的原则，把一天饲料的80%安排在早晨和晚上。由于中午和下午气温高，兔没有食欲，应让其好好休息，减少活动量，降低产热量，不要轻易打扰兔。即便喂料，它们也多不采食。

（2）饲料种类调整　增加蛋白质饲料的含量，减少能量饲料的比例，尽量多喂青绿饲料。尤其是夜间，气温下降，兔的食欲旺盛，活动增加，可满足其夜间采食。家庭养兔，可以大量的青草保证自由采食；使用全价颗粒料的兔场，也可投喂适量的青绿饲料，以改善胃肠功能，提高食欲。阴雨天，空气湿度大，病原微生物容易滋生，通过饲料和饮水感染兔，导致腹泻。可在饲料中添加1%～3%的木炭粉，以吸附病原菌和毒素。

（3）喂料方法调整　粉料湿拌喂可增强食欲，但加水量应严格控制，少喂勤添，一餐的饲料量分两次添加，防止剩料发霉变质。

3. 充足供水

水是兔机体重要的组成部分，机体内的任何代谢活动，几乎都与水有密切关系。研究表明，假如完全不提供水，成年兔只能活4～8天，而供水不供料，兔可以活30～31天。一般来说，兔的饮水量是采食量的2～4倍，并随着气温的升高而增加，在30℃环境下兔饮水量比20℃时增加50%。有人对生长后期的兔进行了限制饮水和自由饮水对增重的影响试验。限制饮水组每只兔日供水50毫升，试验组自由饮水，试验期30天。结果表明，限制饮水组日增平均0.63克，而试验组为15.5克。试验组是对照组的24倍之多。饮水不足必然对兔的生产性能和生命活动造成影响，其中妊娠母兔和泌乳母兔受到的影响最大。妊娠母兔除了自身需要外，胎儿的发育更需要水。泌乳母兔饮水量要比妊娠母兔增加50%，因为泌乳高峰期的母兔日泌乳量高达250毫升，而乳中70%是水。生长兔代谢旺盛，相对地需水量也大。兔夏季必须保证自由饮水。为了提高防暑效果，可在水中加入人工盐；为了预防消化道病，可在饮水中添加微生态制剂；为了预防球虫病，可让母兔和仔、幼兔饮用0.01%～0.02%稀碘液。

4. 种公兔的特殊保护

公兔睾丸对于高温十分敏感，高温条件下，兔的曲细精管变性，细胞萎缩，睾丸体积变小，暂时失去产生精子的机能。所以，夏季加强种公兔的特殊保护，对提高配种受胎率有重要意义。

（1）提供适宜的环境温度　如果兔场的所有兔舍整体控温有困难，可设置一个“环境控制舍”，即建筑一个隔热条件较好的房间，安装控温设备（如空调），使高温期兔舍内温度始终控制在最佳范围之内，避免公兔睾丸受到高温的伤害，使公兔舒舒服服度过夏季，以保证秋配母兔满怀。如果种公兔数量较多，环境控制舍不能全部容纳，可对种公兔进行鉴定，保证部分最优秀的公兔得到保护。没有条件的兔场，可建造地下室或利用山洞、地下窖、防空洞等，也可起到一定的保护作用。

（2）防止睾丸外伤　阴囊具有保护、承托睾丸和调节睾丸温度的作用。睾丸温度始终低于体温 4～6℃，这主要是依靠阴囊的扩张和收缩来实现的。在低温情况下，阴囊收缩，可使睾丸贴近腹壁，甚至通过腹股沟管进入腹腔“避寒”。在高温情况下，阴囊下垂，扩大散热面积，以最大限度地保证睾丸降温。大型品种的种公兔，睾丸体积大，阴囊下垂可到达踏板表面。如果踏板表面有钉头毛刺，很容易划破阴囊甚至睾丸，造成发炎、脓肿，甚至丧失生精机能。因此，在入夏之前，应对踏板全面检查和检修，防止无谓损失。

（3）营养平衡　有人认为夏季公兔不配种，没有必要提供全价营养，这是片面的。精子的产生是一个连续的过程，并非在使用前增加营养即可排出合格的精液。尽管公兔暂时休闲，但也不能降低饲养水平。当然，与集中配种期相比，饲喂的数量要减少，防止营养过剩，沉积脂肪过多而造成肥胖。一般按照配种期饲喂量的 80％饲喂即可。必需氨基酸和维生素的水平不可降低。

（三）搞好卫生

夏季气温高，蚊蝇滋生，病原微生物繁殖速度快，饲料和饮水容易受到污染。夏季空气湿度大，兔舍和笼具难以保持干燥，不仅不利于细菌性疾病的预防，也给球虫病的预防增加了难度，往往发生球虫和细菌的混合感染，因而兔消化道疾病也较多，所以搞好卫生非常重要。

1. 饲料卫生

饲料原料要保持较低的含水率，否则霉菌容易滋生而产生毒素；室外存放的粗饲料，要预防雨水侵入；室内存放的饲料原料，很容易通过地面和墙壁的水分传导而受潮结块，应进行防潮处理；饲料原料在贮存期间，要预防老鼠和麻雀的污染；颗粒饲料是最佳的饲料形态，但夏季由于气温高、湿度大，存放时间不宜过长，以控制在 3 周内最佳；小型颗粒饲料机压制的颗粒饲料含水率一定要控制。当加入的水分较多时，一定要经晾晒，使含水率低于14%方可入库存放；粉料湿拌饲喂，一次的喂料量不宜过多，以控制在20分钟之内吃完为度，不能使含水率较高的粉料长期在饲料槽内存放；青饲料喂兔，一定要放在草架上，尽量降低被污染的机会。

2. 饮水卫生

对于用开放性饮水器（如瓶、碗、盆等器皿）的兔场，容易受到污染，应经常清洗消毒饮水器具，每天更换新水；重视对水源的保护，防止被粪便、污水、动物和矿物等污染；定期化验水质，尤其是兔场发生无原因性腹泻时应首先考虑是否水源被污染；以自动饮水器供水，可保持水的清洁。目前国内生产的塑料管容易长苔，对兔的健康造成威胁，应选用不透明的塑料管。

3. 环境卫生

在兔的生活环境中，直接与兔接触的环境对兔的健康影响最大。尤其是脚踏板，当湿度较大时，残留在踏板上的有机物很容易成为微生物的培养基，尤其是兔发生腹泻后，带有很多病原微生物的粪便黏附在踏板上。因此，踏板是消毒的重点。

此外，还应注意消灭苍蝇、蚊子和老鼠。它们是造成饲料和饮水污染的罪魁祸首之一。兔舍的窗户上面安装窗纱，涂长效灭蚊蝇药物，可对蚊蝇有一定的预防效果。加强饲料库房的管理，防止老鼠污染饲料。采取多种方法主动灭鼠，可降低老鼠的密度，减少其对饲料的污染。

舍内粪便、污物等容易发酵分解，产生有害气体等，要勤清粪和清扫舍内污物，加强通风换气，保持舍内空气清洁卫生。

（四）预防球虫病

夏季温度高、雨水多、湿度大，是兔球虫病的高发期，尤其是1～3月龄的幼兔最易感染。球虫病是严重危害幼兔的一种传染性寄生虫病。多年来，人们都非常重视球虫病的防治工作，但是，近年发现兔球虫病有些新的特点，即发病的全年化、耐药性的普遍化、药物中毒的严重化、混合感染的复杂化、临床症状的非典型化和死亡率提高等，为有效控制这种疾病带来很大的难度。兔球虫病是兔夏季的主要疾病，应采取综合措施进行防控：一是搞好饮食卫生和环境卫生，对粪便实行集中发酵处理，以降低感染机会；二是减少母仔接触机会，或严格控制母兔对仔兔的感染；三是加强药物预防，选用高效药物，交替使用药物，用量掌握准确，严格按照程序用药等。若采取中西结合或复合药物防治效果更好。兔对不同药物的敏感性不同，如兔对马杜霉素非常敏感，正常剂量添加即可造成中毒，因此该药物不可用于兔球虫病的预防和治疗。另外，多种疾病并发，即混合感染，如球虫和大肠杆菌、球虫和线虫混合感染等，在诊断和治疗中应引起重视。

（五）控制繁殖

兔具有常年发情、四季繁殖的特点。只要环境得到有效控制，特别是温度控制在适宜的范围之内，一年四季均可获得较好的繁殖效果。但是，我国多数兔场，尤其是农村家庭兔场，环境控制能力较差，夏季不能有效降低温度，给兔的繁殖带来极大困难。兔体温为38.5～39.5℃，适宜的环境温度为15～25℃，临界上限温度为30℃。也就是说，超过30℃不适宜兔的繁殖。高温对兔整个妊娠期均有威胁，关键时期是妊娠早期和妊娠后期。妊娠早期，即胎儿着床前后，对温度敏感，高温容易引起胚胎的早期死亡；妊娠后期，尤其是产前1周，胎儿发育迅速，母体代谢旺盛，需要的营养多，采食量大。如果此时高温，母兔采食量降低，造成营养的负平衡和体温调节障碍，不仅胎儿难保，有时母兔也会中暑死亡。母兔夏季的繁殖应根据兔场的具体情况而定，在没有防暑降温条件的兔场，6月份就应停止配种。

三、秋季的饲养管理

（一）抓好秋繁

秋高气爽，温度适宜，饲料充足，是兔繁殖的第二个黄金季节。但是，由于兔刚刚度过了夏季（体质较弱，公兔睾丸的破坏严重，公兔睾丸的生精上皮受到很大的破坏，精液品质不良，配种受胎率较低）、第二次季节性换毛（代谢处于一种特殊时期，换毛和繁殖在营养方面发生了冲突）、光照时间进入渐短期（母兔卵巢活动弱，母兔的发情周期不规律，发情征状表现不明显）等因素不利于兔繁殖，为了保证秋季的繁殖效果，应重点抓好以下工作：

1. 保证营养

除了保证优质青饲料外，还应注重维生素 A 和维生素 E 的添加，适当增加蛋白质饲料的比例，使蛋白质达到 16%～18%。对于个别优秀种公兔，可在饲料中搭配 3%左右的动物性蛋白饲料（如优质鱼粉），以尽快改善精液品质，加速被毛的脱换，缩短换毛时间。

2. 增加光照

如果光照时间不足 14 小时，可人工补充光照。由于种公兔较长时间没有配种，应采取复配或双重配。

3. 对公兔精液品质进行全面检查

经过一个夏天，公兔精液品质发生很大的变化，但个体之间差异很大。因此，应对所有种公兔普遍采精，进行一次全面的精液品质检查。对于精液品质很差（如活率低、死精和畸形精子比例高等）的公兔，查找原因，对症治疗，暂时休养，不参加配种。每 1～2 周检测一次，观察恢复情况。对于精液品质优良的种公兔，重点使用，以防盲目配种造成受胎率低。

4. 提高配种成功率

秋季公兔精液品质普遍低，而且兔又处于换毛期，受胎率不高。为了提高配种的成功率，可采取复配和双重配。对于种兔场，采用复配的方式，即母兔在一个发情期，用同一只公兔交配 2 次或 2 次以上。对于生产商品兔的兔场，在一个母兔发情期可用两只不同的公兔交配，注意间隔时间在 4 小时以内。根据生产经验，每增加一次配种，受胎率可提高 5%～10%，产仔数可增加 0.5～1 只。

（二）科学饲养

秋季是兔繁殖的繁忙季节，也是换毛较集中的季节，同时是饲料种类变化最大的季节。饲养应针对季节和兔代谢特点进行。

1. 调整饲料配方

随着季节的变化，饲料供应的种类发生一系列变化，饲料价格也发生一定的变化。为了降低饲料成本，同时也根据季节和兔的代谢特点进行饲料配方的调整。以新的饲料替代以往饲料时，如果没有可靠的饲料营养成分含量，应进行实际测定。尤其是地方生产的大宗饲料品种，更应进行实际测定，以保证饲料的理论营养值和实际需要值的相对一致。

2. 预防饲料中毒

立秋之后，一些饲料产生一定的毒副作用，比如露水草、霜后草、二茬高粱苗、棉花叶、萝卜缨、龙葵、蓖麻、青麻、苍耳、灰菜等。农村家庭兔场喂兔，一是要控制喂量，二是掌握喂法，防止饲料中毒。

3. 做好饲料过渡

深秋之后，青草逐渐不能供应，由青饲料到干饲料要有一个过渡阶段。由一种饲料配方改换到另一种配方要让兔有一个适应过程。否则，饲料突然变化，会造成兔消化机能紊乱。生产中可采取两种方式：一种是两种饲料逐渐替代法，即开始时，原先饲料占2/3，新的饲料占1/3，每3～5天，更替30%左右，使之平稳过渡；另一种是有益菌群强化法。饲料改变造成腹泻的机理在于消化道内微生物种类和比例的失调。也就是说，正常时双歧杆菌、乳酸菌等占绝对优势，而大肠杆菌、魏氏梭菌等有害微生物处于劣势地位；当饲料突然改变后，导致兔消化道不能马上适应变化的饲料，肠道的内环境发生改变，进入盲肠内的内容物也发生改变，为有害菌的繁殖提供机会。欲防止肠道菌群的变化，也可以在饲料或饮水中大量添加微生态制剂，使外源有益菌与内源有益菌共同抑制有害微生物，保持肠道内环境的稳定和消化机能的正常。

（三）饲料贮备

秋季是饲草饲料收获的最佳季节。抓住有利时机，收获更多更好的饲草饲料，特别是优质青草、树叶和作物秸秆等粗饲料，为兔准备充足优质的营养物质，是每个兔场必须考虑的问题。

1. 适时收获

立秋之后，寸草结籽，各种树叶开始凋落，农作物相继收获，及时采收是非常重要的。否则，采收不及时，其营养物质的转化非常迅速，将有利于兔消化吸收的可溶性营养物质转化成难以吸收利用的纤维素和木质素，营养价值大大降低。立秋之后，植物茎叶的水分含量逐渐降低，干物质含量增加，是收获的有利时机，应在它们的颜色保持绿色时收获。

2. 及时晾晒

秋季天高气爽，风和日丽，有利于青草的晾晒干制，要在晴朗的天气尽快将饲草晒干。但是有时候秋雨连绵，对饲草的晾晒造成很大的困难。有条件的进行人工干燥，可保证青干草的质量。若自然干燥遇到不良天气，应及时避雨，经常翻动，防止堆积发酵，否则很容易造成青草受损破坏。在晾晒期间，应关注气象预报，获得最新气象信息，避开不良天气，趁晴朗天气抓紧将草晒干。

3. 妥善保管

青草或作物秸秆晒干后要妥善保管。由于其体积大，占据很大的空间，多垛在室外，然后用苫布保护。在保管过程中应注意防霉、防晒、防鼠、防雨雪。若草没有晒得特别干，或晾晒不均匀，在保存过程中易导致霉菌滋生而霉坏，应注意。在保存过程中注意避免阳光直射，刚刚干制的青干草是绿色的，如果长期暴露在阳光下，受紫外光的破坏作用，其颜色逐渐变成黄色和白色，丧失营养价值。防止老鼠对草的破坏和污染；要防止苫布出现破洞而渗漏雨雪。在干草的保存过程中，应定期抽查，发现问题及时解决。

(四) 预防疾病

秋季的气候变化无常，温度忽高忽低，昼夜温差较大，是兔主要传染病发生的高峰期，应引起高度重视：

1. 注意呼吸道传染病的预防

秋冬过渡期气温变化剧烈，最容易导致兔暴发呼吸道疾病，特别是巴氏杆菌病对兔群造成较大的威胁。生产中，单一巴氏杆菌感染所占的比例并不很多，多数是巴氏杆菌和波氏杆菌等多种病原菌混合感染。除了注意气温变化以外，可用适当的药物预防作为补充，应有针对性地进行疫苗注射。根据生产经验，单独注射巴氏杆菌或波氏杆菌疫苗效果都不理想，应注射二联苗。

2. 预防兔瘟

兔瘟尽管是全年发生，但在气候凉爽的秋季更易流行，应及时注射兔瘟疫苗。注射疫苗应注意三个问题：一是尽量注射单一兔瘟疫苗，不要注射二联或三联苗，否则对兔瘟的免疫产生不利影响；二是注射时间要严格控制，断乳仔兔最好在40日龄左右注射，过早会造成免疫力不可靠，免疫过晚有发生兔瘟的危险；三是检查免疫记录，看兔群免疫期是否已经超过4个月，凡是超过或接近4个月的种兔最好统一注射。

3. 重视球虫病预防

由于秋季的气温和湿度仍适于球虫卵囊的发育，预防幼兔球虫病不可麻痹大意。应有针对性地注射有关疫苗、投喂药物和进行消毒。

4. 强化消毒

秋季病原微生物活动较猖獗，又是兔换毛季节，通过脱落的被毛传播疾病的可能性增加，特别是真菌性皮肤病。因此，在集中换毛期，应用火焰喷灯进行1～2次消毒，这样也可避免脱落的被毛被兔误食而发生毛球病。

四、冬季的饲养管理

(一) 加强兔舍保温

保温是冬季管理的中心工作，应从减少热能的放散、冷空气的进入和增加热能的产生等几个方面入手：

1. 减少舍内热量散失

见第四章第四节二（一）3（1）②。

2. 增加外源热量

见第四章第四节二（一）3（1）③。

3. 建造保温舍

在高寒地区，可挖地下室，山区可利用山洞等。这样的兔舍不仅保温，且夏季可起到降温作用。

（二）注意通风换气

生产中发现，冬季兔的主要疾病是呼吸道疾病，占发病总数的60%以上，而且相当严重。其主要原因是冬季兔舍通风换气不足，污浊气体浓度过高，特别是有毒有害气体（如硫化氢）对兔黏膜（如鼻腔黏膜、眼结膜）的刺激而发生炎症，黏膜的防御功能下降，病原微生物乘虚而入，容易发生传染性鼻炎，有时继发急性和其他类型的巴氏杆菌病。这些疾病仅靠药物和疫苗效果不好，兔舍空气环境改善，症状很快减轻。因此，冬季应注意通风换气，在晴朗的中午应打开窗户，排出浊气。较大的兔舍应采取机械通风和自然通风相结合。为了减少污浊气体的产生，粪便不可在兔舍内堆放时间过长，每天定时清理，以减少湿度和臭气。使用添加剂，如微生态制剂——生态素，按0.1%的比例添加在饮水中或直接喷洒在颗粒饲料表面，让兔自由饮水或采食，不仅可有效地控制兔的消化道疾病，而且大大减轻兔舍内的不良气味。

（三）抓好冬繁

冬季气温低，虽给兔的繁殖带来很大的困难，但低温也不利于病原微生物的繁衍。搞好保温的情况下，冬繁的仔兔成活率相当高，而且疾病少。因此，抓好冬繁是提高养兔效益的重要一环。抓好冬繁应该注意如下问题：

1. 舍内保温

可采用多种方法进行增温和保温。冬季兔舍温度达到最理想的温度（15～25℃）是不现实的。根据生产经验，平时保持在10℃以上，最低温度控制在5℃以上，繁殖是没有问题的；另外，产仔箱的局部高温（指产仔箱温度要达到仔兔需要的温度）是搞好冬繁的有效措施。一方面产仔箱的材料具有隔热保温性，最好内壁镶嵌隔热系数较大的泡沫塑料板；另一方面，产仔箱内填充足够的保温材料作为垫草（以薄碎刨花作为垫草效果最佳），将垫草整理成四周高、中间低的浅锅底状，让仔兔相互靠拢，相互取暖，不容易离开，就可实现保温防寒的目的。

2. 增强母性

母兔母性对于仔兔成活率至关重要。凡是拉毛多的母兔，母性强，泌乳力高。而母性的强弱除了受遗传影响以外，受环境的影响也很大。据观察，洞穴养兔，没有人去管理母兔，其自行打洞、拉毛、产仔和护仔，没有发现母性差的母兔。也就是说，人工干预越多，对兔的应激越大，本性表现得就越差。据试验，建造人工洞穴，创造光线暗淡、环境幽雅、温度恒定的条件，就会唤起兔的本性，母性大增。因此，在产仔箱上多下功夫，可以达到事半功倍的效果。母兔拉下的腹毛是仔兔极好的御寒物。对于不会拉毛的初产母兔，可人工诱导拉毛，即在其安静的情况下，用手将乳头周围的毛拉下，盖在仔兔身上，可起到诱导母兔自己拉毛的作用。

3. 精细管理

有些兔场冬季繁殖成活率低的主要原因是仔兔产后 3 天内死亡严重，与管理不当有关。如产仔前没有准备产仔箱、环境不安静是造成母兔箱外产仔和仔兔吊乳的主要原因。如果没有及时发现吊乳仔兔，多数会被冻死。若产仔箱过大、垫草少，小兔不能相互集中，容易爬到产仔箱的角落被冻死。

4. 人工催产

如果冬季兔舍温度较低，白天没有产仔，夜间缺乏照顾的情况下产的仔容易被冻死。因此，对于已经到了产仔期，但白天没有产仔的母兔，可采取人工催产。方法有二：一是催产素催产，肌内注射人用催产素，每支可注射 3 只母兔，10 分钟内即可产仔；二是吮乳法诱导分娩，即让其他一窝仔兔吮吸待产母兔乳汁 3～5 分钟，效果良好。

(四) 科学管理

根据冬季气候特点，采取以下饲养管理方法：

1. 科学饲喂

冬季气温低，兔维持体温需要消耗的能量较其他季节高，即兔子需要的营养要高于其他季节。无论是在喂料数量上还是在饲料的组成上，都应作适当调整。比如，饲料中能量饲料适当提高，蛋白质饲料相对降低。喂料量要比平时提高10%以上。在饲喂时间方面，更应注意夜间饲喂。尤其是在深夜入睡前，草架上应加满饲草，任其自由采食。冬季气温低，光照短，青绿饲料缺乏，要注意维生素的补给。

2. 适时出栏

冬季商品兔育肥的效率低，应采取小群育肥，可笼养或平养。平养条件下，如果地面为水泥或砖面，应铺垫干柴草，以减少热量的传递，防止育肥兔腹部受凉。冬季育肥用于维持体温的能量比例高，因此，只要达到出栏的最低体重即可出栏。否则，饲养期越长，经济上越不合算。

3. 合理剪毛

冬季天气寒冷可刺激被毛生长。但是剪毛之后如果保温不当，会引起感冒等疾病发生。因此，多采用拔毛的办法，拔长留短，缩短拔毛间隔，并可提高采毛量。如果采取剪毛，在做好保温工作的同时，可预防性投药，或在饲料中添加抗应激制剂。

4. 防球虫

冬季保温的兔场，应注意球虫病的预防。

5. 注意防潮

冬季通风不良，兔舍湿度大，容易发生疥癣病和皮肤真菌病。因此，应做好防潮工作，注意预防传染性皮肤病的发生。

第六节　其他管理技术

一、兔的常规管理技术

（一）捉兔方法

母兔发情鉴定、妊娠摸胎、种兔生殖器官的检查与鉴定、疾病诊断和治疗（如药物注射、口腔投药、体表涂药等）、注射疫苗、打耳号、后备兔体尺体重的测量、兔的转群和转笼等，都需要先捕捉兔。

在捕捉前应将笼子里的食具取出，右手伸到兔子头的前部将其挡住（如果手从兔子的后部捕捉，兔子受到刺激而奔跑不止，很难捉住），顺势将其耳朵按压在颈肩部，抓住该部皮肤，将兔上提并翻转手腕，手心向上，使兔子的腹部和四肢向上（如果使兔子的四肢向下，则兔子的爪用力抓住踏板，很难将其往外拉出，而且还容易把脚爪弄断）撤出兔笼。如果为体型较大的种兔，此时左手应托住其臀部，使重心放在左手上。取兔时，一定要使兔子的四肢向外，背部对着操作者的胸部，以防被兔子抓伤。捉兔时绝不可提捉兔子的耳朵（因兔的耳朵大多是软骨，不能承担全身的重量）、倒提后肢（因兔子有跳跃向上的习惯，倒提时必使其挣扎向上而易导致脑部充血死亡和内脏受伤）或前肢、腰部（引起腰部骨折）及其他部位。对于妊娠母兔在捕捉中更应慎重，以防流产。

（二）性别鉴定

鉴别初生仔兔性别对于决定是否保留和重点培养有一定的意义，可根据阴孔和肛门的形状、大小和两者的距离判断。公兔的阴孔呈圆形，稍小于其后面的肛门孔洞，距离肛门较远，大于1个孔洞的距离；母兔的阴孔呈扁形，其大小与肛门相似，距离肛门较近，约1个孔洞或小于1个孔洞的距离。也可以将小兔握在手心，用手指轻轻按压小兔阴孔，使之外翻。公兔阴孔上举，呈柱状；母兔阴孔外翻，呈两片小豆叶状。性成熟前的兔可通过外阴形状来判断。一手抓住耳朵和颈部皮肤，一手食指和中指夹住尾根，大拇指往前按压外阴，使之黏膜外翻。呈圆柱状上举者为公兔，呈尖叶状下裂接近肛门者为母兔。性成熟后的公兔阴囊已经形成，睾丸下坠入阴囊，按压外阴即可露出阴茎头部。对于成年兔的性别鉴定，应注意隐睾的兔，不能因为没有见到睾丸就认为是母兔。隐睾是一种遗传性疾病，一侧睾丸隐睾可有生育能力，但配种能力降低，不可留种。两侧睾丸隐睾，由于腹腔内的温度始终在35℃以上，兔的睾丸不能产生精子，不具备生育能力。

（三）年龄鉴定

在集市上购买种兔，或对兔群进行鉴定，以决定种兔的选留和淘汰，判断年龄是非常必要的工作。生产中常用的方法是根据兔子的眼睛、牙齿、被毛和脚爪来进行判断，见表 5-2。

表 5-2　兔的年龄鉴定

兔的年龄	眼睛	门齿	趾爪	被毛	状态
青年兔（6 个月至 1.5 岁）	圆而明亮、凸出	洁白短小，排列整齐	表皮细嫩，爪根粉红。爪部中心有一条红线（血管），红线长度与白色（无血管区域）长度相等，约为 1 岁；红色多于白色，多在 1 岁以下。青年兔爪短，平直，无弯曲和畸形	皮板薄而富有弹性	行动敏捷，活泼好动
壮龄兔（1.5～2.5 岁）	较大而明亮	牙齿白色，表面粗糙，较整齐	趾爪较长、稍有弯曲，白色略多于红色	皮肤较厚、结实、紧密	行动灵活
老龄兔（2.5 岁以上）	眼皮较厚，眼球深凹于眼窝中	门齿暗黄，厚长，有破损，排列不整齐	趾爪粗糙，长而不齐，向不同的方向歪斜，有的断裂	皮板厚，弹性较差	行动缓慢，反应迟钝

注：獭兔的脚毛短，很难掩盖脚爪，因此，以脚爪露出脚毛的多少判断年龄的方法不适于獭兔。以上判断方法，仅是一种粗略估测方法，不十分准确。而且兔子的年龄越大，误差也越大，而靠以上方法只能作出初步判断。准确知道兔子的年龄必须查找种兔档案。

（四）修爪技术

兔的每一指（趾）的末节骨上都附有爪。前肢 5 指 5 爪，后肢 4 趾 4 爪。爪的功能是保护脚趾，奔跑抓地，挖土打洞和御敌搏斗等。兔的爪具有终身生长的特性。保持适宜的长度，才能使兔感到舒服。在野生条件下，兔在野外奔跑和挖土打洞，将过长的爪磨短。但是，在笼养条件下，兔失去了挖土的自由，随着月龄的增加，其脚爪不断生长，越来越长，不仅影响活动，而且在走动中很容易卡在笼底板间隙内，导致爪被折断。同时，由于爪部过长，脚着地的重心后移，迫使跗关节着地，这是造成脚皮炎的主要原因之一。因此，及时给种兔修爪很有必要。在国外有专用修爪剪刀，我国还没有专用工具，可用果树修剪剪刀代替。

修爪方法是：将种兔保定，放在胸前的围裙上，使之臀部着力，露出四肢的爪。剪刀从脚爪红线前面 0.5～1 厘米处剪断即可，不要切断红线；如果一人操作不方便，可让助手配合操作；剪断爪之后，可用锉刀将其端部锉尖，以便种兔着地舒服。

种兔一般从 1 岁以后开始剪爪，每年修剪 2～3 次。

（五）恶癖的调教

恶癖是指动物非常规性的、习惯性的、对动物或管理者产生不利影响的行为。如咬人、乱排便、咬架、拒绝哺乳等，只要方法得当，是可以调教的。

1. 咬人兔的调教

有的兔当饲养人员饲喂或捕捉时，先发出“呜——”的示威声，随即扑过来，或咬人一口，或用爪挠人一把，或仅仅向人空扑一下，然后便躲避起来。这种恶癖，有的是先天性的，有的是管理不当形成的（如无故打兔、逗兔，兔舍过深过暗等）。对这种兔的调教首先要建立人兔亲和，将其保定好，在阳光下用手轻轻抚摸其被毛和颜面，并以可口的饲草饲喂，以温和的口气与其“对话”，不要用粗暴的态度对待兔，经过一段时间后，恶癖便能纠正。

2. 咬架兔的调教

当母兔发情时将其放入公兔笼内配种，而有的公兔不分青红皂白，先扑过去猛咬一口。这种情况多发生在双重交配时，在前一只公兔的气味还没有散尽时便放进另一只公兔笼中，久而久之，便形成了咬架的恶癖。对这种公兔可采取互相调换笼位的方法，使其与其他种公兔多次调换笼位，熟悉更多的气味。如果还不行，则采取在其鼻端涂擦大蒜汁或清凉油的方法予以预防。

3. 拒哺母兔的调教

有的母兔无故不哺喂仔兔，有的母兔因为人用手触摸了仔兔而不再喂奶，一旦将其放入产仔箱便挣扎着逃出。对于这种母兔，可用手多次抚摸其被毛，让其熟悉饲养人员的气味，并使之安静下来，将其放在产仔箱里，在人的监护和保定下给仔兔喂奶，经过几天后即可调教成功。

如果因为母兔患了乳房炎、缺乳，或因环境嘈杂，母兔曾在喂奶时受到惊吓而发生的拒哺，应有针对性地予以防治。

（六）公兔去势

商品獭兔出栏的理想时间为 5 月龄，3 月龄后公兔相继性成熟，群养时相互爬跨影响毛的生长和采食，且有可能造成偷配而受孕。对非种用公兔实行去势不仅可使之温顺好养，便于群养，而且可改善兔皮品质和兔肉风味。去势时间一般为 2.5～3 月龄，去势方法见表 5-3。

表 5-3　公兔的去势方法和操作

方法	操作步骤	优缺点
刀骟法	将兔仰卧保定，将两侧睾丸从腹腔挤入阴囊并固定捏紧，用 2%的碘酒涂擦手术部位（阴囊中部纵向切割），然后用 75%酒精涂擦，以消毒后的手术刀切开一侧阴囊和睾丸外膜 2～3 厘米，并挤出睾丸，切断精索。用同样方法处理另一侧睾丸。手术后在切口处涂些抗生素或碘酒即可	刀骟法将睾丸一次去掉，干净彻底，尽管当时剧烈疼痛，但伤口很快愈合，总的疼痛时间短 需要动手术，伤口有感染的危险性
结扎法	将睾丸挤入阴囊并捏紧，以橡皮筋在阴囊基部反复缠绕扎紧，使之停止血液循环和营养供应，自然萎缩脱落	有造成肿胀和疼痛时间长的问题
药物法	药物去势是以不同的化学药物注入睾丸，破坏睾丸组织而达到去势的目的。常用的化学药物有：2%～3%碘酒、甲钙溶液（10%的氯化钙＋1%甲醛）、7%～8%高锰酸钾溶液和动物专用去势液等。其方法是以注射器将药液注入每侧睾丸实质中心部位，根据兔子年龄或睾丸的大小，每侧注射 1～2 毫升	药物法去势睾丸严重肿胀，兔子疼痛时间长，有时去势不彻底 操作简便，没有感染的危险

（七）编号

1. 编耳号

在任何一家养兔场，对每只种兔都应有与其他种兔相区别的方法。在育种工作中，通常给种兔编刺耳号。也就是说，耳号就是兔的名字。编耳号是按照一定的规则给每只种兔起“名字”。耳号应尽量多地体现种兔较多的信息，如品种（或品系、组合）、性别、出生时间及个体号等。编号一般4～6位数字或字母。给兔编耳号没有统一规定。习惯上，表示种兔品种或品系的号码一般放在耳号的第一位，以该品种或品系的英文或汉语拼音的第一个字母表示，如美系以A或M表示，德系以G或D表示，法系以F表示。性别有两种表示方法：一种是双耳表示法，通常将公兔打在左耳上，母兔打在右耳上；另一种是单双号表示法，通常公兔为单号，母兔为双号。

出生时间一般以出生年月或出生第几周（星期）表示。出生的年份以1位数字表示，如1998年以“8”表示，2000年以“0”表示，10年一个重复。出生月份以两位数字表示，即1～9月份分别为01～09，10～12月份即编为实际月份。也可用一位数表示，即用数字和字母混排法。1～9月份用1～9表示，10、11和12月份分别用其月份的英文第一个字母，即O、N和D表示。周（即星期）表示法是将一年分成52周，第一至第九周出生的分别以01～09表示，此后出生的以实际周号表示。比较而言，以周表示法更好。

个体号一般以出生的顺序编排。如以出生年月表示法则为该月出生的仔兔顺序号，如以出生周表示法则为该周初生仔兔的顺序号。由于耳朵所容纳的数字位数有限，个体顺序号以两位为好。对于小型兔场，如每月出生的仔兔在100只以内，可以年月表示法；如果生产的仔兔多，最好以出生周表示法。

如果一个兔场饲养的品种或品系只有一种，可将车间号编入耳号，以防车间之间种兔的混乱；对于搞杂交育种的兔场，耳号应体现杂交组合种类和世代数；对于饲养配套系的兔场，应将代（系）编入耳号。如果所反映的信息更多，一只耳朵不能全部表示出来，也可采用双耳双号法。

2. 标耳号

（1）钳刺法　即借助工具将编排好的号码刺在种兔的耳壳内。通常是用专用工具——耳号钳。先将欲打的号码按先后顺序一一排入耳号钳的燕尾槽内并固定好，号码一般打在耳壳的内侧上1/3～1/2的皮肤上，避开较大的血管。打前先消毒，再将耳壳放入耳号钳的上下卡之间，使号码对准欲打的部位，然后按压手柄，适度用力，使号码针尖刺透表皮，刺入真皮，使血液渗出而不外流为宜。此时在针刺的耳号部位涂擦醋墨（用醋研磨的墨汁，也可在黑墨汁中加入1/5的食醋）即可，此后在耳壳上留下蓝黑色永不褪色的标记。小规模兔场也可使用蘸水笔刺耳号的方法。其原理与耳号钳相同。将蘸水笔的尖部磨尖，一手抓住兔的耳朵，一手持笔，先蘸醋墨，再将笔尖刺入兔耳壳内，多个点形成预定的字母或数字的轮廓。此种方法比较原始，但对于操作熟练的饲养员很实用。刺耳号对于兔来说是一个非常大的应激。应尽量缩短刺号时间。在刺耳号前2天，可在饮水或饲料中添加抗应激的添加剂，如维生素C、维生素E等。操作前，应在刺号的部位消毒，以防止病原菌感染。

（2）耳标法　在耳标上写上兔子的耳号，再装在兔子的耳朵上即可，此法简单实用。

二、兔场的记录管理

记录管理就是将兔场生产经营活动中的人、财、物等消耗情况及有关事情记录在案，并进行规范、计算和分析。

（一）记录管理的作用

1. 兔场记录反映生产经营活动的状况

完善的记录包括整个兔场的动态与静态记录。有了详细的兔场记录，管理者和饲养者通过查看记录不仅可以了解现阶段兔场的生产经营状况，而且可以了解过去兔场的生产经营情况，有利于对比分析，有利于进行正确的预测和决策。

2. 兔场记录是经济核算的基础

详细的兔场记录包括了各种消耗、兔群的周转及死亡淘汰等变动情况、产品的产出和销售情况、财务的支出和收入情况以及饲养管理情况等，这些都是进行经济核算的基本材料。没有详细、原始、全面的兔场记录材料，经济核算也是空谈，甚至会出现虚假的核算。

3. 兔场记录是提高管理水平和效益的保证

通过详细的兔场记录，并对记录进行整理、分析和必要的计算，可以不断发现生产和管理中的问题，并采取有效的措施来解决和改善，不断提高管理水平和经济效益。

（二）兔场记录的原则

1. 及时准确

及时是根据不同记录要求，在第一时间认真填写，不拖延、不积压，避免出现遗忘和虚假；准确是按照兔场当时的实际情况进行记录，既不夸大，也不缩小，实实在在。特别是一些数据要真实，不能虚构。如果记录不精确，将失去记录的真实可靠性，这样的记录也是毫无价值的。

2. 简洁完整

记录工作烦琐就不易持之以恒地去实行，所以设置的各种记录簿册和表格力求简明扼要，通俗易懂，便于记录；记录要全面系统，最好设计成不同的记录册和表格，并且填写完全、工整，易于辨认。

3. 便于分析

记录的目的是为了分析兔场生产经营活动的情况，因此在设计表格时，要考虑记录下来的资料便于整理、归类和统计，为了方便与其他兔场的横向比较和本兔场过去的纵向比较，还应注意记录内容的可比性和稳定性。

（三）兔场记录的内容

兔场记录的内容因兔场的经营方式与所需的资料不同而有所不同，一般应包括以下内容：

1. 生产记录

（1）兔群生产情况记录　兔的品种、饲养数量、饲养日期、死亡淘汰、产品产量等。

（2）饲料记录　将每日不同兔群（以每栋或栏或群为单位）所消

耗的饲料按其种类、数量及单价等记载下来。

（3）劳动记录　记录每天出勤情况、工作时数、工作类别以及完成的工作量、劳动报酬等。

2. 财务记录

（1）收支记录　包括出售产品的时间、数量、价格、去向及各项支出情况。

（2）资产记录　固定资产类，包括土地、建筑物、机器设备等的占用和消耗；库存物资类，包括饲料、兽药、在产品、产成品、易耗品、办公用品等的消耗数、库存数量及价值；现金及信用类，包括现金、存款、债券、股票、应付款、应收款等。

3. 饲养管理记录

（1）饲养管理程序及操作记录　饲喂程序、光照程序、兔群的周转、环境控制等记录。

（2）疾病防治记录　包括隔离消毒情况、免疫情况、发病情况、诊断及治疗情况、用药情况、驱虫情况等。

（四）兔场生产记录表格

1. 生长性能记录表

见表5-4。

表5-4　生长性能记录表

批次　　品种　　性别　　断奶日期　　　　　　单位：千克

断奶兔耳号	性别	28日龄体重	56日龄体重	84日龄体重	120日龄体重	初配体重	备注
平均体重							

2. 产品生产和饲料消耗记录表

见表5-5。

表 5-5　产品生产和饲料消耗记录表

品种＿＿＿＿＿　　兔舍栋号＿＿＿＿＿　　填表人＿＿＿＿＿

日期	日龄	存栏兔数（只）	死亡淘汰（只）	饲料消耗（千克）				产品数量			饲养管理情况	其他情况
				精饲料	只耗量	青饲料	只耗量	肉兔（千克）	兔毛（千克）	兔皮（张）		

3. 收支记录表

见表 5-6。

表 5-6　收支记录表

收　　入		支　　出		备注
项目	金额（元）	项目	金额（元）	
合计		合计		

4. 繁殖计划表

见表 5-7。

表 5-7　全年繁殖计划表

配种批次	配种日期	配种数量	摸胎日期	挂产仔箱日期	产仔日期	断奶日期	备注

（五）记录数据的统计分析

数据统计处理是一个基础性的工作，是提高经营管理水平的一个重要环节，是对职工进行业绩考核和兑现劳动报酬的主要依据。通过建立报表制度，做好生产统计分析工作，能做到及时掌握生产动态和生产计划执行情况，便于管理，确保生产按计划有序进行。常用统计报表有：母兔配种记录（表5-8）、母兔繁殖性能测定（表5-9）、断奶兔生长性能测定、后备种兔测定、兔出栏、存栏、转群、死亡、淘汰、饲料消耗、卫生防疫、兽医诊断治疗、物品入库出库等。

表5-8 配种记录

配种批次　　配种日期　　配种总数　　怀孕总数　　怀孕率

公兔耳号	母兔耳号	受孕情况	操作者

表5-9 母兔繁殖性能测定表

配种批次　　配种日期

母兔耳号	产仔日期	产仔数	产活仔数	带仔数	7日龄数	21日龄数	21日龄窝重	断奶数	断奶窝重	断奶成活数

第七节 常见误区纠错

一、饲养方面误区纠错

（一）自由采食一定比限制采食好

自由采食和限制采食是两种饲养方法，二者各有优缺点，哪一种好没有定论。但生产中有的养兔者认为自由采食好，可以保证充足营养，不管饲养对象，特别是种兔，均采用自由采食，结果导致种兔体况过肥，严重影响种兔的繁殖性能。

【纠正措施】 要因兔所处的不同生理时期而采用不同的方法。例如，对于生长兔、妊娠后期的母兔，特别是泌乳期的母兔，因其营养需要量大，供料不足，就会影响生产性能。因此，最好采取自由采食的方法。但对于后备种兔、空怀母兔、种公兔非配种期、母兔的妊娠前期，特别是膘情较好的母兔等，营养的供应量应适当控制，最好采取定时定量的饲喂方式，以便长期保持均衡的饲养水平。

（二）忽视早期断奶的管理

一些兔场为了缩短母兔繁殖周期，提高繁殖率，推行早期断奶技术，即由传统的35天缩短到28～30天，这样可大大地提高经济效益。但应用不当，技术措施不衔接或不配套，就会出现很多问题，如腹泻就是常见的一个问题，并且死亡率很高，会给养兔场造成很大的经济损失。

由于仔兔的消化、免疫和体温调节等生理功能未完善，断奶给仔兔造成营养和环境等应激，其中营养应激反应最大。仔兔的消化机能和酶系统本来就未发育完善，突然断奶转为饲草饲料。由于胃肠功能弱而消化不好，造成肠的吸收减少，分泌功能增加，使肠道内容物增加。不仅为病原微生物提供了营养场所，而且使肠内渗透压升高，导致渗透性腹泻。

仔兔断奶后贪食，很容易造成过度采食和过量饮水，从而造成消化不良，引起腹泻。或由于隔离卫生防疫措施不力，早期断奶仔兔免疫力低下，极易发生传染性肠炎、腹泻。如感染胃肠炎病毒、细菌（大肠杆菌、沙门氏菌、魏氏梭菌等）、寄生虫（如球虫等），均可导致腹泻。

表现都是病兔精神不振，常蹲于一隅，不愿采食甚至食欲废绝，粪便变软、稀薄，甚至成稀糊状或水样，有臭味，可能混入未消化食物的碎块、气泡和浓稠的黏液。有时腹围增大，随着炎症加剧，体温升高、消瘦，被毛粗乱、无光泽，黏膜发绀或黄染，全身恶化。

【纠正措施】

（1）减少早期断奶的应激。可采取分期分批逐渐断奶法，即将体质强壮的仔兔先断奶，不要突然断奶，应在断奶前5天逐渐减少哺乳次数，直至最终完全断奶。如果实行早期断奶，应将仔兔28天断乳体重调整到500克，但必须采取早期补料。

（2）对早期断奶的仔兔，要定期在饮水中加入肠道消炎药，如氟哌酸、庆大霉素等。饲料中也应加入抗球虫药物和肠道消炎药。近年来生产中发现，在断乳仔兔的饮水或饲料中添加微生态制剂，可有效地预防各种类型的腹泻。

（3）在断奶后饲喂营养丰富的全价饲料，并保持断乳后与断奶前饲料的一致性。

（三）不注意补充维生素A

维生素A是家兔需要的脂溶性维生素，对于促进生长、提高繁殖性能和增强抗病能力等起到至关重要的作用。当饲料中没有添加或添加不足，或青绿饲料缺乏，或维生素A源不足，或提供总量不足、需要量大的时候，就会发生维生素A缺乏症，给生产造成损失。如辉县市某兔场春季出现了母兔受胎率低、产仔数少、流产率高和仔兔不开眼、眼球萎缩的怪现象。连续2个多月，30%左右的仔兔12天不开眼，1个月仍然没有开眼的迹象。掰开眼皮之后，发现内为空洞，眼球没有发育。其饲料配方至入冬以来没有变化，也没有发现异常现象，3月份产仔以后，陆续出现问题。经调查发现，近半年来，饲料中没有添加任何维生素，也没有补充任何青绿多汁饲料。当家兔进入繁殖季节后，维生素的需要量大大增加。胎儿发育、精子形成、神经系统和眼球的发育对于维生素A最为敏感，在母兔妊娠期间却没提供足够的维生素A，因而出现以上的症状。

【纠正措施】饲喂优质牧草，注意饲料中补充维生素添加剂，保持饲料新鲜。繁殖母兔要增加维生素A的添加量。病兔内服鱼肝油，每次内服3～5毫升，每天2～3次，连用10～15天。

（四）粗饲料含量过低

有的养殖者为追求兔的生长速度，不根据其生理需求，大量饲喂精饲料，不加粗饲料，时间一长，必然导致兔消化机能紊乱，以致发生肠炎。

【纠正措施】由于兔特殊的生理特点，兔饲料中粗饲料的含量必须达到30%以上，才能保证胃肠的正常机能。

（五）整粒谷物代替颗粒饲料

有的养兔者认为许多兔场使用颗粒饲料喂兔效果良好，就使用谷物整粒饲喂兔，结果导致腹泻或肠炎的发生。因为谷物中有相当一部分没有得到充分咀嚼就进入兔的肠胃，使之不能完全消化吸收就进入盲肠，并在兔的盲肠内发酵，使有害细菌产生肠毒素。

【纠正措施】 颗粒饲料是经过粉碎制粒后的饲料，与整粒谷物或籽实有本质区别，其营养全面，易于消化，所以饲喂兔效果好。若利用谷物和籽实，一定要粉碎加工，使其可以充分地与消化液接触，提高消化利用率。

（六）不注意青绿饲料选择，引起兔中毒

青绿饲料对兔来说是较好的饲料，但有的养兔者不注意青绿饲料选择，引起兔的中毒。

【纠正措施】 注意青绿饲料选择，在任何情况下都不能饲喂有毒青草和野菜，如土豆秧、番茄秧、落叶松、金莲花、白头翁、落叶杜鹃、野姜、飞燕草、蓖麻、白天仙子、水芋、野葡萄秧、玉米苗、高粱苗以及秋后再生的二茬高粱苗等；黄白花草木樨不可喂兔，荞麦、油菜花在开花时有毒不可喂兔，发芽土豆也易致兔中毒。哺乳母兔食秋水仙、药用牛舌草、野葱、臭甘菊、毒芹等，兔奶中会带有难闻的气味，仔兔食乳后易引起中毒。

（七）忽视青饲料的搭配和科学饲喂

青饲料喂兔的好处多，平时在青饲料中经常搭配一些大蒜、野葱、大青叶等，能有效地预防和治疗感冒、腹泻、口腔炎等兔的常见病。母兔过肥容易造成不孕，对过肥的母兔，只要在喂料时适当减少精料，多喂些青料，过一段时间就能控制到合适的膘情。在炎热的夏秋季，兔的生长发育往往受到影响，轻则减食落膘，重则中暑死亡。如果在饲料中适当加入一些西瓜皮、黄瓜皮、夏枯草等青料，可增强机体抗热能力。

在生产中，有的饲养者不注意青饲料的搭配和科学饲喂，反而影响到饲养效果。

【纠正措施】

（1）多种青饲料搭配　如白萝卜叶中叶绿素含量高、水分多，家兔过多采食后容易发生胀气、腹泻。用白萝卜叶喂兔，应与其他牧草、菜叶等搭配在一起混合饲喂。花生藤营养丰富，家兔很爱吃，但由于其含粗纤维多、水分多，兔过量采食容易发生大肚病、拉稀等。用花生藤喂兔时，应与其他青饲料搭配，同时喂给一些洋葱、大蒜头

等，可以有效地预防兔病的发生。甘薯藤中缺少维生素 E，如果长期单独饲喂种兔，可使公兔精子的形成发育减慢，导致母兔受胎率降低。用甘薯藤喂兔的时候，应和其他牧草搭配饲喂。菠菜中含有较多的草酸，草酸能与动物体内的钙质结合生成草酸钙沉淀，影响兔对钙质的吸收，幼兔采食菠菜容易得佝偻病、软骨症，故不宜单独给幼兔饲喂。多雨季节，家兔最容易得病，常造成大批死亡，在喂给含水量多的青绿饲料时，喂给一半左右含水量较少的晒干青料，做到鲜干混喂，则可以有效地克服气候潮湿给家兔带来的危害。

（2）科学使用

一要勤添少给。青饲料水分含量高，柔嫩多汁，兔喜欢采食，如果采食过量，会引起兔拉稀。另外，如果一次添加过多，兔吃不完，会将饲料拉入笼内而造成污染，易诱发家兔消化道疾病。

二要注意同精饲料或颗粒料搭配使用。由于新鲜的青绿饲料水分含量太高，如果单纯作为日粮，则不能满足其能量需要，所以在饲喂时要和能量、蛋白质含量较高的饲料搭配使用。配合饲料搭配适量青（粗）饲料喂兔，经济效益最好。

三是鲜喂。除少数含有毒素的青饲料外，绝大部分青饲料均要鲜喂，不要煮熟喂。鲜喂可避免维生素遭破坏，同时可避免因调制不当而造成的亚硝酸盐中毒。

（八）忽视饲料霉变的危害

饲料霉变可引起不同阶段兔出现腹泻、便秘腹胀、口炎流涎、瘫软和流产死胎等病症。霉变的饲草、饲料中含有大量霉菌毒素，易引起家兔中毒，甚至死亡。霉菌毒素对种兔造成的危害远远高于幼兔和成年兔，常造成繁殖障碍，引起妊娠母兔产死胎。生产中，人们常不关注饲料是否霉变，甚至有的明知饲料已霉变，还继续使用。

【纠正措施】

（1）种兔场和养兔户在饲喂家兔时，应严把饲料质量关，杜绝饲喂发霉变质的饲料。

（2）加强饲料保存管理。一般要求饲料原料的含水量不应超过13%，对含水量超标的饲料原料应及时晒干。贮存饲料的仓库要干燥，贮藏时下面要垫底，上方周围要留空隙，使空气流通。对贮存较久者要定期进行水分监测，若含水量超标应及时采取措施。

（3）对轻微发霉的玉米，用1.5%氢氧化钠和草木灰水浸泡处理，再用清水清洗多次，直至泡洗液澄清为止。但处理后仍含有一定毒性物质，须限量饲喂；辐射、暴晒能破坏50%～90%的黄曲霉毒素；每吨饲料添加200～250克大蒜素，可减轻霉菌毒素的毒害。

（4）选择有效的防霉剂及毒素吸附剂。目前市场上的毒素吸附剂效果比较好的有百安明、霉可脱、脱霉素、霉可吸等，添加量视饲料霉变情况而定，一般添加0.05%～0.2%。

（九）饲料更换不当

保持饲料的相对稳定是饲养管理的基本原则之一。由于家兔盲肠内存在大量的微生物，其菌群的稳定是保证家兔消化道功能正常的关键。一种饲料饲喂家兔，会在盲肠中产生相对适应的微生物菌群。当饲料突然改变之后，会造成消化道内环境的变化，肠道菌群生存条件改变，导致菌群失调和消化机能紊乱，轻则引起短时的食欲不振、消化不良、粪便异常，严重者造成腹泻或肠炎，甚至造成死亡。但饲料更换是生产中不可避免的事情，处理不当造成生产的损失也是屡见不鲜的。

【纠正措施】 为了避免由于改变饲料造成的菌群失调，应采取逐渐过渡的办法。即利用7～10天的时间将饲料改变过来，以使胃肠和微生物逐渐适应改变的饲料。

如果出现因突然更换饲料而导致的消化机能紊乱，应采取紧急措施：一是控制喂量，饲喂量减少1/2～1/3，以后逐渐过渡，将喂料量增加到正常喂量；二是增加粗饲料，在草架上添加优质青干草，任其自由采食；三是饮用微生态制剂，浓度0.5%～1%，连用3～5天，以控制胃肠道内的菌群，使有益菌群占据优势地位。

如果出现粪便异常，应口服微生态制剂，成年家兔5毫升/次，青年兔3毫升/次，幼兔1～2毫升/次，每天2次，连用2～3天。

（十）为降低成本大量使用酒糟

酒糟中含有蛋白质、脂肪等营养物质，少量饲喂可以促进食欲和帮助消化，冬春喂兔还可暖胃、御寒和提高抗病力。有的兔场为降低饲料成本，给兔投喂大量鲜酒糟，结果引起中毒（酒糟中含有未挥发的乙醇，尤以鲜酒糟为甚，超量使用可致中毒）。

【纠正措施】酒糟喂兔应适量，并搭配其他饲料，禁止单独作饲料，以占日粮的15%为宜。此外，酒糟易发热变质，且不易贮存（特别是夏秋季节应禁喂），应将酒糟装入缸内压实，与外界空气隔绝贮存，防止发酵酸败。

如果出现中毒，立即停喂酒糟，同时进行抢救治疗，严重患兔静脉或腹腔注射生理盐水、复方氯化钠、5%葡萄糖，每兔5～10毫升，并视病情肌内注射20%安钠咖2～4毫升；中毒轻的灌服1%碳酸氢钠2～4毫升，或缓泻剂硫酸钠2～4克，或食用油5～10毫升。

二、管理方面的误区纠错

（一）低温造成新生仔兔猝死

初生仔兔体温调节机能不健全，需要的适宜温度在33℃左右。但生产中，有的兔场不注意保温（尤其是产仔箱保温效果不良），因低温而导致仔兔猝死。如南乐县某兔场进行冬繁过程中，技术人员在检查时发现，3～4日龄的初生仔兔中接连出现不明原因的整窝死亡现象。冬繁的136窝仔兔中，有46窝共167只仔兔均在产后1～6天内死亡，死亡窝数大约占34%。而哺乳母兔和同场的其他各年龄段家兔未有任何临床症状表现。此时正值冬季，夜间外界气温最低达－12℃以下，而兔舍内温度仅8～15℃。死亡仔兔均在6日龄以内，以3～4日龄为多，全身皆未长毛。从死亡的3窝仔兔中取9只进行剖检，观察到的比较一致的变化有：肝脏小而硬，胃肠内无乳凝块，肾盂内有白色沉淀物，其他脏器未见明显异常变化。死亡原因是低温引起的仔兔低血糖症。

【纠正措施】增加取暖设施，使舍内温度提高到20℃以上，通过加放棉花等方法提高窝内温度；给全场繁殖母兔饮用温热的5%葡萄糖液；给新生仔兔灌服温热的25%葡萄糖溶液2毫升，隔4小时再重复一次。

（二）运输不当引起大批死亡

运输家兔是一项技术性较强的工作，生产中存在忽视运输管理，麻痹大意导致兔大批死亡的现象。若运输的兔年龄过小，抵抗力低和抵抗力急剧下降是造成幼兔死亡的主要原因。如一兔场，运输刚断乳和断乳不久的幼兔971只，整个群体本身的抵抗力就低，加之长途颠簸，机体过度疲劳和迅速消耗，使抵抗力急剧下降。小兔个个皮包骨，卸车时最小的才0.35千克，有的呈瘫软衰竭状态。

【纠正措施】

（1）在没有饲养管理经验的情况下，不要一次大量购买。可先少量饲养，取得经验后，再逐步增加饲养量。

（2）长途大批运兔时，装载密度不要过大，一般应按兔龄的大小，以6～12只/米^{2}为适宜。同时，要增加兔笼的格数，注意行车、急刹车、转弯时的车速，避免造成堆积性挤压。

（3）设置足够的食、水槽，定时喂饮。喂饮前要适当休息，供水要充足。食物投放量以使兔每次吃到五六成饱为宜。

（4）遇有炎热天气时，要避开炎热时间，必要时可采取昼停夜行的方式运输。

（5）卸车后要让兔休息1～1.5小时，再少量供水供食，逐渐增加至正常量，切忌暴饮暴食。

（6）要选购抵抗力强的健康兔，最好从条件好的兔场购买。

（三）忽视兔场的应激因素而影响生产

家兔胆小怕惊，是由其生物学特性决定的。任何年龄的家兔都容易受到外界应激因素的影响而受到惊吓，尤其是噪声、强光和动物的闯入。怀孕母兔受到惊吓，往往发生流产；泌乳母兔拒绝哺乳，仔兔和幼兔精神系统发育不健全，受到惊吓之后，轻者影响采食和生长，有“一次惊场，两天白养”之说，严重者容易继发其他疾病。但有的养兔者忽视兔场的应激因素对兔的影响，不注意预防应激管理，导致家兔受到惊吓而影响生产效益。

生产中，许多养殖户（场）忽视外界应激因素对兔的不良影响，人员进入、动物闯入、靠近噪声大的场所、设备发出剧烈声响、光照变化强烈等应激因素不断，不注意采取措施缓解，导致严重应激反应，兔的生长发育和繁殖受到影响，严重的甚至造成死亡率提高。

【纠正措施】 对于受到惊吓的兔群，饮水中添加适量的电解多维，并喂给适量的维生素C，严重者可酌情添加一些镇静剂，如安定等。选择安静的场地建设兔场，选择安装噪声小的设备；兔舍的窗户安装窗帘遮光；禁止非饲养员进入兔舍，在饲喂之前，最好播放轻音乐，声音小而轻柔，以缓解兔的紧张状态；遇到应激因素时或定期在饮水中添加适量的电解多维，并添加适量的维生素C预防或缓解应激；对于有流产征兆的怀孕母兔，可注射黄体酮1毫升、复合维生素0.5毫升。如出现出血症状，加注仙鹤草及维生素K各1毫升。对于泌乳母兔，可实行母仔分养，人工看护哺乳，连续3天，如果没有发生食仔现象，可恢复正常。对于大群，尤其是断乳后的幼兔，饮水中加入0.2%微生态制剂，预防因应激造成的肠道菌群失调。

（四）重视温度而忽视湿度

温度对兔非常重要，但湿度不适宜，特别是高湿，也会严重影响兔的生产和健康。家兔具有喜干燥、怕潮湿，喜干净、怕污浊的习性。短时高湿对家兔影响不明显，但如果长时间高湿，不仅影响家兔的生产性能，而且容易诱发其他疾病，对兔群健康造成威胁。有些养兔者忽视湿度管理，兔舍内湿度过高，兔的生产性能难以发挥，还易患病。

【纠正措施】 通过加强通风、保持舍内清洁、减少不必要舍内用水、更换垫草等措施保持舍内干燥。

（五）忽视光照

有的养殖户认为兔对光照要求不高，因此不注意光照管理，虽然给以适宜温度、全价饲料，兔群也健康，但母兔怀孕率特别低。如许多地区养兔场修建的兔舍大多是半封闭式，只留有通风口，没有考虑光线的进入，导致阳光不足，影响母兔繁殖。

【纠正措施】 建设兔舍要考虑采光窗的合理设计。加强光照管理，尤其冬季、早春和晚秋光照时间短，光照时间达不到种兔要求，这就要人工补充光照。保证光照时间，一般母兔每天光照时间14～16小时，光照强度为3～4瓦/米^2，公兔每天光照时间12～16小时，光照强度为 2～3 瓦/米^2。补充光照要有规律性，不能时停时补，否则会导致公兔性欲和母兔受孕率降低。

（六）认为兔子耐寒能力强，温度低些无所谓

有的养殖者认为兔体表覆盖较厚的被毛，耐寒能力强，冬季环境温度低一些也无所谓，不会导致冻死。但其实虽然兔子耐寒能力强，如肉兔和毛兔品种可以在我国东北地区室外兔舍中度过零下三十多度的冬季严寒，但其繁殖能力和生产性能大大降低，严重影响生产效益。如新乡一兔场饲养 150 只基础母兔，在－12℃（室外兔舍，未保温）情况下，其怀孕母兔仅占配种母兔的 5%左右。另一兔场，室外兔舍用塑料膜覆盖，中午掀开，舍内温度为 9℃，母兔繁殖哺乳受影响较小。

【纠正措施】 冬季要注意兔舍保温，使用隔热材料封闭兔舍开口，中午外界温度高时可以适当通风，必要时人工采暖，保持种兔舍内温度达到 10℃左右。

（七）发现冻僵的兔就扔掉

仔兔体温调节机能不健全，需要较高的温度（初生 1～3 天，最适宜的温度是 33～35℃）。如果温度低，轻者影响生长发育，重者造成冻僵和死亡。生产中出现仔兔冻僵的事件屡见不鲜，尤其是个别仔兔离开了全窝小兔，或哺乳时被母兔带出巢箱，如不及时发现，很容易被冻僵或冻死。一旦发现僵兔，及时采取抢救措施，有的是可以存活的，但生产中，有的发现仔兔被冻僵不进行抢救就扔掉，造成一定损失。

【纠正措施】 发现仔兔被冻僵，应及时进行抢救。即将仔兔放在 35℃左右的温水里，头部向上，露出口和鼻子，手轻轻握住小兔在水中晃动，很快小兔苏醒，皮肤红润，并不停蹬动。将小兔取出，用干净的毛巾擦去身上的水分，将其放入巢箱内，与其他仔兔混在一起即可。

（八）不重视兔场经济核算

许多兔场缺乏有关系统的原始记录，不进行经济核算，不知道产

品成本高低，也不会采取有效措施降低产品成本，从而影响到生产效益。

【纠正措施】

（1）产品成本是一项综合性很强的经济指标，它反映了企业的技术实力和整个经营状况。兔场的品种是否优良、饲料质量好坏、饲养技术水平高低、固定资产利用的好坏、人工耗费的多少等，都可以通过产品成本反映出来。所以，兔场通过经济核算，了解成本和费用情况，可发现成本升高或降低的原因，降低成本消耗，提高产品的竞争能力和盈利。

（2）做好经济核算的基础工作。如建立健全各项原始记录，建立健全各项定额管理制度，加强财产物质的计量、验收、保管、收发和盘点制度等。

（3）确定产品成本项目。

（4）定期进行经济核算，找出降低成本的途径和措施。

第六章

兔高效养殖的疾病防治技术及常见误区纠错

第一节　兔场疾病的诊断

及时而正确的诊断是兔场防治疾病的重要环节，它关系到能否尽快采取有效的措施预防和控制疾病。疾病诊断的步骤和方法包括现场资料调查分析、临床检查诊断、病理剖检诊断、实验室诊断等。

一、现场资料调查分析

为及时准确地诊断疾病，需要有针对性地进行一些调查，了解兔群的临床表现，可以初步确定疾病的范围。如了解发病时间、发病年龄和传播速度，由此可以推断该病是急性病还是慢性病。如突然大批死亡，可提示中毒性疾病或环境应激性疾病；短期内兔群迅速传播，可提示兔瘟等急性传染病；营养代谢病一般呈慢性经过。既要了解病兔的一般共有的临床表现，如精神沉郁、食欲减退、羽毛蓬松等，也要掌握某些兔病特有的临床症状。了解周围疫情，可以分析本次发病与过去疫情的关系；了解发病后病情变化，可由此分析疾病的发展趋势，如营养代谢病，开始症状轻，若缺乏的营养不能补充或补充不当，就日益加重；了解兔场防疫情况、卫生状况、环境条件和发病前用药情况，可为诊断提供有价值的参考。

二、临床检查诊断

通过临床检查诊断，就是通过掌握兔的主要临床症状及表现的基本特征来诊断疾病，以此缩小疾病可能存在的范围，为诊断疾病提供线索和依据。临床检查包括一般检查和系统检查。

（一）一般检查

主要包括外貌、精神状态、可视黏膜、体温测定等，了解一般情况，得出初步印象，然后再重点深入调查，综合分析。

1. 外貌检查

检查时要注意外形、肌肉、骨骼等是否正常。体格发育和营养良好的健康兔，外观其躯体各部匀称，肌肉发达，体态丰满，骨骼棱角处不显露。发育不好和营养不良的兔，表现体躯矮小，瘦弱无力，骨骼显露，发育迟缓和停滞。

2. 精神状态

兔的精神状态是衡量中枢神经机能的标志。健康兔的行动、起卧姿势自然，动作灵活，轻快敏捷，两眼有神，稍有动静，立即抬头，两耳竖起；如受到惊吓，会用后足拍打笼地板，在笼中窜跑；当中枢神经机能受到抑制时，精神沉郁、反应迟钝、头低耳垂、眼闭呆立，有的出现乱蹦、乱圈等兴奋现象。

3. 被毛与皮肤的检查

健康兔被毛平滑、有光泽，生长牢固，并伴有规律性的换毛。如被毛粗乱、蓬乱、缺乏光泽，则是营养不良或慢性消耗性疾病的表现，如非季节性、年龄性换毛和孕兔拉毛；脱毛则是一种病态，应查明原因。皮肤检查要注意皮肤的颜色、温度、湿度及弹性是否正常，另外要查看有无外伤、肿胀等现象。当体表局部有炎症或发热时，可使皮肤温度升高、发红；若全身性脱水，可使皮肤发干，弹性减退；当循环障碍或呼吸困难时，皮肤因缺氧呈暗紫色。常见的皮肤、被毛疾病有脓肿、螨病、体表霉菌病等。

4. 可视黏膜检查

兔的可视黏膜主要包括眼结膜、鼻腔黏膜、口腔黏膜。正常时呈粉红色。

（1）眼结膜　可用左手固定头部，右手食指、拇指拨开眼睑即可观察。眼结膜颜色病理变化有下列几种情况：结膜呈弥漫性潮红，是充血现象，多见于中暑、结膜炎等；结膜苍白是贫血的表现，多见于营养不良、寄生虫病及其他慢性消耗性疾病等；结膜黄色可见于各种肝脏疾病、小肠黏膜卡他及寄生虫病（如肝片吸虫病、豆状囊尾蚴病）等；结膜发绀（呈蓝紫色）是高度缺氧所致，见于肺炎、中毒病、心力衰竭等。另外，要检查眼结膜的分泌物（眼屎），凡有分泌物者，一般是有疾病的表现，分泌物有水样、黏液样或脓样几种。

（2）鼻腔黏膜　鼻腔黏膜异常见于鼻炎。

（3）口腔黏膜　口腔黏膜潮红、水疱、溃疡，见于口腔炎。

（二）系统检查

1. 消化系统检查

消化系统的发病率，在大兔和仔兔中都比较高，许多传染病、寄生虫病以及中毒等在消化系统中表现出明显的变化。

（1）食欲和饮水　食欲的好坏与饲料的性质、种类以及是否突然变换饲料有关系。除此之外，吃食减少是兔发病的重要症状之一，往往最先表现出来。胃肠道各种疾病均有食欲不振现象。吃食量变化不定，多为消化器官的慢性疾病；拒食见于各种严重的疾病；兔食欲反常（异嗜），如舔食被毛或母兔吞食仔兔，可能与微量元素或维生素、蛋白质、氨基酸缺乏有关。饮水同饮食一样，反映兔体的健康状况。

（2）口腔检查　检查时用木棒或开口器把兔嘴张开，检查口腔黏膜是否正常，有无流涎现象。口腔内有出血点或溃疡常见于传染性口炎。

（3）腹部检查　主要观察腹部形态和腹围大小，如腹部容积增大，见于怀孕、胀气、积食和积液。积食多在胃内；胀气的特征是腹部上方膨大，腹壁紧张，叩诊发出鼓音；积液的特征是腹部两侧下方膨大，主要由于营养不良及慢性下痢等原因造成。发生腹膜炎时，触诊病兔腹部，兔因疼痛而用力挣扎。当便秘或胃肠内有异物（毛球）时，于腹部可以摸到硬固的粪块或异物。

（4）粪便检查　健康兔粪便的颜色与饲料有关，但粪便应大小均匀、光滑，无血液、黏液。粪便减少或停止排粪，触诊腹内有干硬粪块时，即为便秘。粪便稀薄如水或呈稀泥状，带血，主要见于肠炎、中毒、寄生虫等病。有时粪便稀薄如水，有特殊的腥臭味，则可能是魏氏梭菌病。

2. 呼吸系统检查

（1）上呼吸道的检查　主要检查兔的鼻腔分泌物。健康兔鼻端干燥，被毛洁净，没有分泌物。鼻分泌物来自鼻腔、喉头、气管和肺。检查分泌物的量、颜色、稠度及气味，是一侧性还是两侧性。从鼻分泌物中可以分离培养到多杀性巴氏杆菌、波氏杆菌和金黄色葡萄球菌等多种致病菌。

（2）胸部检查　健康兔呼吸有规律，用力均匀平稳。呼吸方式为胸腹式，呼吸时胸部和腹部都有明显的起伏。当腹部有病（如腹膜炎）时，常会出现胸部动作为主的胸式呼吸；当胸部有病，又常会出现以腹部动作为主的腹式呼吸。当兔出现慢性鼻炎时，可引起上呼吸道狭窄而出现吸气性困难；当患肺气肿时，可见呼气性困难；当患胸膜炎时，吸气和呼气都会发生困难，叫做混合性呼吸困难。如果胸部一侧患病，如肋骨骨折时，患侧的胸部起伏运动就会显著减弱或停止，造成呼吸不匀称。当兔出现呼气性困难或混合性呼吸困难时，更应该注意胸部的检查，首先应对胸廓的形状和肋骨的起伏状态进行全面的观察。胸廓的畸形或肋骨的损伤等都可以破坏正常的呼吸机能，其次是要对胸部异常变化进行触诊，要注意胸部的温度、有无肿胀、是否疼痛等。

3. 循环系统检查

心率的减慢或加快，意味着某部分器官出现了病理变化。兔耳的血管位于浅表且丰富，除天气变化外，耳温的变化、血管的充盈程度反映着心血管系统的健康状况。

4. 泌尿生殖系统检查

正常尿液为淡黄色，稍浑浊，一旦出现异常就要考虑是否系统出现疾患。如频频排少量的尿，这是膀胱及尿道黏膜受到刺激的结果，见于膀胱炎及尿道炎。在急性肾炎、下痢、热性病或饮水减少时，则排尿次数减少。有时给某些药物也能影响尿色，如口服双黄联灭或痢特灵后尿变黄色。

三、病理剖检诊断

（一）剖检前的准备

进行尸体解剖时，既要防止病原扩散，又要防止自身被感染，有条件的还要无菌采样送实验室确诊。

1. 剖检场所的选择

剖检不能在室内进行时，要选择在离住宅、兔舍较远、地势较高、干燥的偏僻地点进行。并挖深达 1.5～2 米左右的土坑，坑底铺上 2～5 厘米厚的石灰，待剖检完毕后将尸体和被污染的垫物及场地表面土层等一起投入坑内掩埋，再撒生石灰或喷洒消毒液，然后用土夯实。有条件的也可进行焚烧处理。

2. 剖检器械及消毒药

剖检器械：解剖刀、镊子、剪刀、骨钳等。

消毒液：0.1%新洁尔灭溶液，或 3%来苏儿溶液。

若要采病料进行实验室确诊，还需灭菌试管或平皿、一次性注射器、10%甲醛溶液或 95%酒精等。

刀剪、镊子等用具应煮沸消毒 30 分钟，器皿应在高压灭菌器内或干烤箱内灭菌。剖检器械使用前，最好用酒精擦拭，并在火焰灯上消毒。

3. 人员防护

解剖人员应穿工作服，戴橡皮手套，穿胶靴等。可在手臂上涂凡士林，以防感染。

4. 剖检记录

准备好剖检记录本，将病变部位及病变大小、形状、颜色、质地、气味等记录下来，为诊断提供参考。

（二）病理剖检程序

1. 濒死兔的宰杀

病死兔及濒死兔要注意检查其外观，包括体况，皮肤的颜色、湿度、有无疹块、外伤及肿胀现象，被毛有无光泽等；检查眼结膜、鼻腔黏膜、口腔黏膜和阴道黏膜的颜色变化，以及眼角有无分泌物；检查体表淋巴结的大小、形状、硬度、敏感性和移动性等；检查尸僵情况、血液凝固情况、尸体腐败情况。濒死兔的宰杀方式有棒击法、电麻法、颈部移位法等。

2. 剖检方法

（1）将死兔仰卧置于解剖台上或塑料垫物上，四肢分开固定。

（2）沿腹中线，上起下颌部，下至耻骨缝处切开皮肤，再沿腹中线切口向每条腿切开，然后分离皮肤，检查皮下有无出血、水肿、化脓、炎症等。

（3）用手术刀划开胸廓肌肉，并用骨钳剪断肋骨，揭开胸廓，暴露胸腔。检查胸腔内有无积液及积液的颜色；胸膜、心包、心肌及肺脏是否充血、出血、变性、坏死以及血液的凝固情况等。

（4）沿着腹白线用镊子挑起腹肌，切开腹壁肌肉，打开腹腔。依次检查腹膜、肝、胆囊、脾脏、肠道、胰、肠系膜及淋巴结、肾脏、膀胱和生殖道等的病理变化。

（5）从颈部咽喉处划开肌肉至胸部，找出气管剪开，检查气管内有无黏液、出血及炎症等。

（6）打开口腔、鼻腔及脑：检查口腔、鼻腔内有无黏液或泡沫，黏膜是否充血、出血等；检查脑膜是否充血、水肿等。

（三）病理剖检诊断

表 6-1 列出了主要器官的病理变化。

表 6-1　主要器官的病理变化

检查部位	病理变化	鉴别诊断
胸腔	胸膜与肺、心包粘连、化脓或有纤维素性渗出物，鼻腔和气管黏膜均充血、出血，有黏稠性分泌物，肺严重充血、出血、水肿	常伴有皮下化脓病灶，心包积液，心肌出血，腹腔有纤维素性渗出物，肝脏表面有灰白色或浅黄色针尖大小的结节，提示为兔巴氏杆菌病
		常在肝脏表面呈现黄豆至蚕豆大的脓疱，脓疱内积有黏稠的乳白色或灰白色脓液，提示为波氏杆菌病
		胸腔、心包、腹腔常积有血样液体；胃、十二指肠、空肠黏膜出血；脾脏肿大，呈樱桃红色，表面有出血点，提示为铜绿假单胞菌感染

续表

检查部位	病理变化	鉴别诊断
胸腔	胸膜与肺、心包粘连、化脓或有纤维素性渗出物，鼻腔和气管黏膜均充血、出血，有黏稠性分泌物，肺严重充血、出血、水肿	某些部位的皮下和内脏器官有数量不等、大小不一的脓疱，腹腔内有纤维素性渗出物，母兔子宫呈灰白色且宫内蓄脓，可以诊断为兔葡萄球菌病。
	心肌有白色条纹，且伴有心肌出血	有坏死性盲肠炎，提示为泰泽氏病
肝脏	表面有灰白色或淡黄色结节	当结节为针尖大小，则可能患沙门氏菌病、巴氏杆菌病、野兔热等；肝表面结节为绿豆大小时，则提示为肝球虫病
	肝肿大、硬化，胆管扩张	提示为肝球虫病、肝片吸虫病。肝球虫病常在腹腔积有透明腹水。肝片吸虫病常表现皮下脂肪、肌肉黏膜黄染
	肝脏实质呈深红色或紫红色，易碎，细胞间质增宽	提示病毒性出血症。肝实质内有蛋黄色条纹状可能患豆状囊尾蚴或肝毛细线虫病。切开肝组织可见白色虫体则为肝毛细线虫病
胆囊	上有小结节	提示为兔痘
	扩张，黏膜水肿	提示大肠杆菌病
脾脏	肿大且有大小不等的灰白色结节，结节切开有脓液或干酪样物质	可能是沙门氏菌病。若还伴有阑尾肥厚，肿硬如香肠，则可能为伪结核病
肾脏	充血、出血	提示病毒性出血症
	局部肿大、突出，似鱼肉样病变	提示肾母细胞瘤、淋巴瘤等
胃肠	胃肠黏膜充血、出血、炎症、溃疡	若空肠、回肠、盲肠充满半透明胶冻样液体或伴有黏液，肝脏及心脏局部常有坏死病灶，则可诊断为大肠杆菌病
		若小肠、盲肠和结肠内充满气体，并有黑绿色稀薄内容物，同时伴有腐败气味，提示为魏氏梭菌病
		肠壁有许多灰色小结节，提示为肠球虫病
生殖道	阴茎溃疡，阴茎周围皮肤龟裂，红肿，有结节灶等	提示为兔梅毒病
	子宫肿大，充血，有粟粒样坏死结节	提示为沙门氏菌病
	子宫呈灰白色，宫内蓄脓	提示为兔葡萄球菌病和巴氏杆菌病

四、治疗观察

有时候虽然经过某些项目的检验，仍未能对疫病作出确诊，在实验室确诊之前，可根据临床症状和病理变化先作出初步诊断，进行治疗处理，对治疗效果进行观察，也是一种重要的诊断手段。如治疗效果明显，也可作为确认依据之一。

五、实验室诊断

通过细菌学、免疫学、寄生虫学、营养分析、毒物检验等实验室检验，可以对疾病作出准确诊断。

第二节 兔场疾病综合控制

一、兔场的隔离卫生

（一）科学选址

应选建在背风、向阳、地势高燥、通风良好、水电充足、水质卫生良好、排水方便的沙质土地带，易使兔舍保持干燥和卫生环境。最好配套有鱼塘、果林、耕地，以便于污水的处理。兔场应处于交通方便的位置，但要和主要公路、居民点、其他繁殖场至少保持 2 千米以上的间隔，并且尽量远离屠宰场、废物污水处理站和其他污染源。

（二）合理布局

兔场要分区规划，并且严格做到生产区和生活管理区分开，生产区周围应有防疫保护设施。生产区内部应按“核心群种兔舍—繁殖兔舍—育成兔舍—幼兔舍”的顺序排列，并尽可能避免运料路线与运粪路线的交叉。

（三）严格引种

尽量做到自繁自养。从外地引进场内的种兔，要严格进行检疫，并先隔离饲养和观察 2～3 周，确认无病后，方可并入生产群。

（四）加强隔离管理

（1）兔场大门必须设立宽于门口、长于大型载货汽车车轮一周半的水泥结构的消毒池，并装有喷洒消毒设施。人员进场时应经过消毒人员通道，严禁闲人进场，外来人员来访必须在值班室登记，把好防疫第一关。

（2）生产区最好有围墙和防疫沟，并且在围墙外种植荆棘类植物，形成防疫林带，只留人员入口、饲料入口和出兔舍，减少与外界的直接联系。

（3）生活管理区和生产区之间的人员入口和饲料入口应以消毒池隔开，人员必须在更衣室沐浴、更衣、换鞋，经严格消毒后方可进入生产区。生产区的每栋兔舍门口必须设立消毒脚盆，生产人员经过脚盆再次消毒工作鞋后进入兔舍，生产人员不得互相串舍，各兔舍用具不得混用。

（4）外来车辆必须在场外经严格冲洗消毒后才能进入生活管理区，严禁任何车辆和外人进入生产区。

（5）饲料应由本场生产区外的饲料车运到饲料周转仓库，再由生产区内的车辆转运到每栋兔舍，严禁将饲料直接运入生产区内。生产区内的任何物品、工具（包括车辆），除特殊情况外不得离开生产区，任何物品进入生产区必须经过严格消毒，特别是饲料袋应先经熏蒸消毒后才能装料进入生产区。场内生活区严禁饲养畜禽，尽量避免猪、狗、禽类进入生产区。生产区内肉食品要由场内供给，严禁从场外带入偶蹄兽的肉类及其制品。

（6）全场工作人员禁止兼任其他畜牧场的饲养、技术工作和屠宰贩卖工作，保证生产区与外界环境有良好的隔离状态，全面预防外界病原侵入兔场内。休假返场的生产人员必须在生活管理区隔离二天后，方可进入生产区工作，兔场后勤人员应尽量避免进入生产区。

（五）搞好卫生

（1）保持兔舍和兔舍周围环境卫生　及时清理兔舍的污物、污水和垃圾，定期打扫兔舍和设备用具的灰尘，每天进行适当的通风，保持兔舍清洁卫生；不在兔舍周围和道路上堆放废弃物和垃圾。

（2）保持饲料、饲草和饮水卫生　饲料不霉变，不被病原污染，饲喂用具勤清洁消毒；饮用水符合卫生标准，水质良好；饮水用具要清洁，饮水系统要定期消毒。

（3）废弃物要无害化处理　粪便堆放要远离兔舍，最好设置专门贮粪场，对粪便进行无害化处理，如堆积发酵、生产沼气或烘干等。病死兔不要随意出售或乱扔乱放，防止传播疾病。

（4）防害灭鼠　昆虫可以传播疫病，要保持舍内干燥和清洁，夏季使用化学杀虫剂防止昆虫滋生繁殖；老鼠不仅传播疫病，而且会污染和消耗大量的饲料，危害极大，必须注意灭鼠，应每2～3个月进行一次彻底灭鼠。

二、科学的饲养管理

科学的饲养管理可以增强兔群的抵抗力和适应力，从而提高兔体的抗病力。

（一）满足营养需要

兔体摄取的营养成分和含量不仅影响生产性能，更会影响健康。营养不足不仅引起营养缺乏症，而且影响免疫系统的正常运转，导致机体的免疫机能低下。所以要供给全价平衡日粮，保证营养全面充足。大型集约化养兔场可将所进原料或成品料分析化验之后，再依据实际含量进行饲料的配合，严防购入掺假、发霉等不合格的饲料，造成不必要的经济损失。小型兔场和养兔专业户最好从信誉高、有质量保证的大型饲料企业采购饲料。自己配料的养殖户，最好能将所用原料送质检部门化验后再用，以免造成损失；按照兔群不同时期各个阶段的营养需要量，科学设计配方，合理加工调制，保证日粮的全价性和平衡性；重视饲料的贮存，防止饲料腐败变质和污染。

（二）供给充足卫生的饮水

水是重要的营养素，要保证兔体健康和正常生产，必须提供充足的饮水，特别是在炎热的高温季节，如果水供应不足，会影响兔体的抵抗力。同时，必须保证兔饮用的水洁净卫生，符合饮用水标准，并定期进行饮水消毒。

（三）减少应激发生

应激严重影响兔的抵抗力和生产力。生产中的应激因素较多，如捕捉、转群、免疫接种、运输、饲料转换、无规律地供水供料以及饲料营养不平衡或营养缺乏、温度过高或过低、湿度过大或过小、不适宜的光照、突然的噪声等。应加强饲养管理和改善环境条件，在饲料和饮水中使用维生素 C、速补 14 等抗应激剂，预防和缓解应激。

三、保持适宜的环境条件

根据季节气候的差异，做好小气候环境的控制，适当调整饲养密度，加强通风，改善兔舍的空气环境。做好防暑降温、防寒保温、卫生清洁工作，使兔群生活在一个舒适、安静、干燥、卫生的环境中。

四、严格消毒

消毒是指杀灭或清除传播媒介上的病原微生物，使之达到无传播感染水平的措施。兔场消毒就是将养殖环境、养殖器具、动物体表、进入的人员或物品、动物产品等存在的微生物全部或部分杀灭或清除掉的方法。消毒的目的在于消灭被病原微生物污染的场内环境、畜体表面及设备器具上的病原体，切断传播途径，防止疾病的发生或蔓延。因此，消毒是保证兔群健康和正常生产的重要技术措施。

（一）消毒方法

兔场常用的消毒方法有机械性清除（如清扫、铲刮、冲洗等机械方法和适当通风）、物理消毒（如紫外线和火焰、煮沸与蒸汽等高温消毒）、化学药物消毒和生物消毒等。生物消毒主要是针对兔粪而言，将一定量的兔粪堆积起来，上面覆盖一层泥土，封闭起来，使里面的微生物大量繁殖、增温、腐熟，从而达到杀灭病原体的目的。

（二）化学消毒方法

化学消毒方法是利用化学药物杀灭病原微生物以达到预防感染和传染病的传播和流行的方法，此法最常用于养殖生产。常用的有浸泡法、喷洒法、熏蒸法和气雾法。

1. 浸泡法

此法主要用于消毒器械、用具、衣物等。一般洗涤干净后再进行浸泡，药液要浸过物体，浸泡时间以长些为好，水温以高些为好。在兔舍门口处消毒槽内，可用浸泡药物的草垫或草袋对人员的靴鞋进行消毒。

2. 喷洒法

喷洒地面、墙壁、舍内固定设备等，可用细眼喷壶；对舍内空间消毒，则用喷雾器。喷洒要全面，药液要喷到物体的各个部位。一般喷洒地面、墙壁、顶棚，每平方米面积需要1～1.5升药液。

3. 熏蒸法

此法适用于可以密闭的兔舍。这种方法简便、省事，对房屋结构无损，消毒全面。常用的药物有福尔马林（40%甲醛水溶液）、过氧乙酸水溶液。为加速蒸发，常利用高锰酸钾的氧化作用。实际操作中要严格遵守下面的基本要点：兔舍及设备必须清洗干净，因为气体不能渗透到兔粪和污物中去，所以不能发挥应有的效力；兔舍要密封，不能漏气。应将进出气口、门窗和排气扇等的缝隙糊严。

4. 气雾法

气雾粒子是悬浮在空气中的气体与液体的微粒，直径小于200纳米，密度极小，能悬浮在空气中较长时间，可到处漂移扩散到兔舍内及空隙。气雾是消毒液从气雾发生器中喷射出的雾状微粒，是消灭气携病原微生物的理想办法。

（三）兔场的消毒程序

1. 消毒池消毒

场大门、生产区入口、各栋兔舍两头都要设消毒地。大门口消毒池长度为汽车轮周长的2倍，深度为15～20厘米，宽度与大门口同宽；各栋舍两头也可放消毒槽。消毒液可选用2%～5%火碱（氢氧化钠）、1%菌毒敌、1∶300特威康或1∶（300～500）喷雾灵。药液每周更换1～2次，雨过天晴后立即更换，确保消毒效果。

2. 车辆消毒

进入场门的车辆除要经过消毒池外，还必须对车身、车底盘进行高压喷雾消毒，消毒液可用2%过氧乙酸溶液或1%灭毒威溶液。严禁车辆（包括员工的摩托车、自行车）进入生产区。进入生产区的料车每周需彻底消毒一次。

3. 人员消毒

所有工作人员进入场区大门必须进行鞋底消毒，并经自动喷雾器进行喷雾消毒。进入生产区的人员必须淋浴、更衣、换鞋、洗手，并经紫外线照射15分钟。工作服等定期消毒（可放在1%～2%碱水内煮沸消毒）。严禁外来人员进入生产区。进入兔舍人员先踏消毒池（消毒池的消毒液每3天更换一次），再洗手后方可进入。病兔隔离人员和剖检人员操作前后都要进行严格消毒。

4. 环境消毒

（1）生产区的垃圾实行分类堆放，并定期收集。

（2）每周固定时间进行一次环境清理、消毒和焚烧垃圾。

（3）消毒时用3%氢氧化钠喷湿，阴暗潮湿处撒生石灰。

（4）生产区道路、每栋舍前后、生活区、办公区院落或门前屋后，4～10月份每7～10天消毒一次，11月至次年3月每半月一次。

5. 兔舍消毒

（1）空舍消毒　兔出售或转出后对兔舍进行彻底的清洁消毒，消毒步骤如下：

① 清扫　首先对空舍的粪尿、污水、残料、垃圾和墙面、顶棚、水管等处的尘埃进行彻底清扫，并整理归纳舍内饲槽、用具，当发生疫情时，必须先消毒后清扫。

② 浸润　对地面、兔栏、出粪口、食槽、粪尿沟、风扇匣、护仔箱进行低压喷洒，并确保充分浸润，浸润时间不低于30分钟，但不能时间过长，以免干燥、浪费水，而且不好洗刷。

③ 冲刷　使用高压冲洗机，由上至下彻底冲洗屋顶、墙壁、栏架、网床、地面、粪尿沟等。要用刷子刷洗藏污纳垢的缝隙，尤其是食槽、护仔箱壁的下端，冲刷不要留死角。

④ 消毒　晾干后，选用广谱高效消毒剂，消毒舍内所有表面、设备和用具，必要时可选用2%～3%火碱进行喷雾消毒，30～60分

钟后低压冲洗，晾干后用另一种广谱高效消毒药（0.3%好利安）喷雾消毒。

⑤ 复原　恢复原来栏舍内的布置，并检查维修，作好进兔前的充分准备，并进行第二次消毒。

⑥ 进兔前 1 天再喷雾消毒。

（2）熏蒸消毒　对封闭兔舍冲刷干净、晾干后，最好进行熏蒸消毒。用福尔马林、高锰酸钾熏蒸。方法：熏蒸前封闭所有缝隙、孔洞，计算房间容积，称量好药品。按照福尔马林∶高锰酸钾∶水＝2∶1∶1 的比例配制，福尔马林用量一般为 14～42 毫升/米^2。容器应大于甲醛溶液加水后容积的 3～4 倍。放药时一定要把甲醛溶液倒入盛高锰酸钾的容器内，室温最好不低于 24℃，相对湿度在 70%～80%。先从兔舍一头逐点倒入，倒入后迅速离开，把门封严，24 小时后打开门窗通风。无刺激味后再用消毒剂喷雾消毒一次。

（3）带兔消毒　正常情况下选用新过氧乙酸或喷雾灵等消毒剂。夏季每周消毒 2 次，春秋季每周消毒 1 次，冬季 2 周消毒 1 次。如果发生传染病，每天或隔日带兔消毒 1 次。带兔消毒前必须彻底清扫，消毒时不仅限于兔的体表，还包括整个舍的所有空间。应将喷雾器的喷头高举空中，喷嘴向上，让雾料从空中缓慢地下降，雾粒直径控制在 80～120 微米，压力为 0.2～0.3 千克力/厘米^2。注意不宜选用刺激性大的药物。

6. 运动场消毒

对运动场地面进行预防性消毒时，可将运动场最上面一层土铲去 3 厘米左右，用 10%～20%新鲜石灰水或 5%漂白粉溶液喷洒地面，然后垫上一层新土夯实。对运动场进行紧急消毒时，要在地面上充分洒上对病原体具有强烈作用的消毒剂，2～3 小时后，将最上面一层土铲去 9 厘米以上，喷洒 10%～20%石灰水或 5%漂白粉溶液，垫上一层新土夯实，再喷洒 10%～20%新鲜石灰水或 5%漂白粉溶液，5～7天后，就可以将兔重新放入。如果运动场是水泥地面，可直接喷洒对病原体具有强烈作用的消毒剂。

7. 兽医防疫人员出入兔舍消毒

（1）兽医防疫人员出入兔舍必须在消毒池内进行鞋底消毒，在消毒盆内洗手消毒。出舍时要在消毒盆内洗手消毒。

（2）兽医防疫人员在一栋兔舍工作完毕后，要用消毒液浸泡的纱布擦洗注射器和提药盒的周围。

8. 特定消毒

（1）兔转群或部分调动时，必须对道路和需用的车辆、用具在用前、用后分别喷雾消毒。参加人员需换上洁净的工作服和胶鞋，并经过紫外线照射 15 分钟。

（2）接产母兔有临产征兆时，就要将兔笼、用具设备和兔体洗刷干净，并用 1/600 百毒杀或 0.1%高锰酸钾溶液消毒。

（3）在剪耳、注射等前后，都要对器械和术部进行严格消毒。消毒可用碘伏或 70%酒精棉。

（4）手术消毒时，对手术部首先要用清水洗净擦干，然后涂以 3%的碘酊，待干后再用 70%～75%酒精消毒，酒精干后方可实施手术，术后创口涂 3%碘酊。

（5）阉割时，切部要用 70%～75%酒精消毒，待干燥后方可实施阉割，结束后刀口处再涂以 3%碘酊。

（6）器械消毒手术刀、手术剪、缝合针、缝合线可煮沸消毒，也可用 70%～75%酒精消毒；注射器用完后里外冲刷干净，然后煮沸消毒；医疗器械每天必须消毒一遍。

（7）对粪便可采用生物热消毒法杀灭病原体。

（8）发生传染病或传染病平息后，要强化消毒，加大药液浓度，增加消毒次数。

（9）对毛皮可用福尔马林进行熏蒸消毒。

9. 消毒注意事项

（1）严格按消毒药物说明书的规定配制，药量与水量的比例要准确，不可随意加大或减小药物浓度。

（2）不准任意将两种不同的消毒药物混合使用。

（3）喷雾时，必须全面湿润消毒物的表面。

（4）消毒药物定期更换使用。

（5）消毒药现配现用，搅拌均匀，并尽可能在短时间内一次用完。

（6）消毒前必须搞好卫生，彻底清除粪尿、污水、垃圾。

（7）要有完整的消毒记录，记录好消毒时间、消毒对象、消毒药品、使用浓度、消毒方法等。

五、兔场的免疫接种

免疫接种通常是使用疫苗和菌苗等生物制剂作为抗原接种于兔体内，激发抗体产生特异性免疫力，免疫接种是预防传染病的有效手段。

（一）疫苗的管理

1. 疫苗的采购

采购疫苗时，一定要根据疫苗的实际效果和抗体监测结果，以及场际间的沟通和了解，选择规范而信誉高且有批准文号的生产厂家生产的疫苗；到有生物制品经营许可证的经营单位购买；疫苗应是近期生产的，有效期只有2～3个月的疫苗最好不要购买。

2. 疫苗的运输

运输疫苗要使用放有冰袋的保温箱，做到“苗随冰行，苗到未溶”。途中避免阳光照射和高温。疫苗运输过程中时间越短越好，中途不得停留存放，应及时运往兔场放入17℃恒温冰箱，防止冷链中断。

3. 疫苗的保管

保管前要清点数量，逐瓶检查苗瓶有无破损，瓶盖有无松动，标签是否完整，并记录生产厂家、批准文号、检验号、生产日期、失效日期、药品的物理性状与说明书是否相符等，避免购入伪劣产品；仔细查看说明书，严格按说明书的要求贮存；许多疫苗是在冰箱内冷冻保存，冰箱要保持清洁和存放有序，并定时清理冰箱的冰块和过期的疫苗。如遇停电，应在停电前一天准备好冰袋，以备停电用，停电时尽量少开箱门。

（二）影响免疫效果的因素

免疫应答是一种复杂的生物学过程，影响因素很多，必须了解主要影响因素，尽量减少不良因素的影响，提高免疫接种的效果。

1. 疫苗因素

一是疫苗的质量。疫苗的质量直接关系到免疫接种的成败，劣质的疫苗是不能起到好的免疫效果的。因此，建议养兔户在购买疫苗时一定通过正规渠道，最好到当地县级以上动物防疫检疫部门选购。

二是保存的条件。疫苗的保存也是一个很重要的环节，各类疫苗均有规定的保存温度和保存条件。若疫苗保存不当，常常会导致疫苗效价降低，甚至失效。在疫苗的购买和运输过程中，也要按要求满足相应条件。

三是使用的方法。疫苗使用不当，也会影响免疫接种效果。因此，应严格按照各类疫苗的免疫接种方法、接种部位、使用剂量、疫苗的稀释方法等进行使用，疫苗一经开封或稀释后应尽快注射，同时遵守疫苗接种的注意事项。

四是免疫程序。免疫程序的制定在兔病预防接种中是相当重要的一环，合理的免疫程序以及按程序进行接种是取得良好免疫效果的基础。

2. 环境因素

环境因素包括兔舍的温度、湿度、通风状况以及环境的清洁状况、消毒等。由于动物机体的免疫功能在一定程度上受神经、体液、内分泌的调节。因此，兔群处于应激状态下，如过冷过热、通风不畅、潮湿、噪声、疾病以及惊吓等，都会导致兔群的免疫能力下降，疫苗接种后达不到相应的免疫效果。另外，环境的清洁、消毒对免疫工作也十分重要，如不进行消毒，环境很脏，有利于病原微生物的生长繁殖，同时产生大量的有害气体，使兔群的免疫系统受到抑制，影响免疫效果。

3. 兔群体况

兔群的营养状况是影响疫苗免疫接种效果的一个很重要的因素。健康兔群的免疫应答能力较高。如果兔群营养较差，肥瘦、大小不均或患有疾病时，进行免疫接种就达不到应有的免疫效果，表现为抗体水平低下或参差不齐，对强毒感染的保护力低，抗体不能维持足够长的时间，即使免疫后也可能暴发这种传染病。

4. 遗传因素

动物机体对疫苗接种的免疫反应在一定程度上是受到遗传控制的。因此，不同品种的兔对疾病的易感性、抵抗力和对疫苗免疫的反应能力都有差异，即使同一品种不同个体之间对同一疫苗的免疫接种，其免疫反应强弱也有差异。

5. 药物因素

有许多药物能够干扰免疫应答，如某些抗生素、抗球虫药、肾上腺皮质激素等，消毒剂和抗病毒药物能够杀死活疫（菌）苗，破坏灭活疫苗的抗原性。因此，在免疫接种的前后 3 天内不能使用消毒药、抗生素、抗球虫药和抗病毒药。而在免疫接种时在饲料中添加双倍量的多种维生素，可有效提高兔群的免疫应答。

6. 应激因素

高免疫力本身对动物来说就是一种应激反应。免疫接种是利用疫苗的致弱病毒去感染兔只机体，这与天然感染得病一样，只是病毒的毒力较弱而不发病死亡，但机体经过一场恶斗来克服疫苗病毒的作用后才能产生抗体，所以在接种前后应尽量减少应激反应。免疫接种时最好多补充电解质和维生素，尤其是维生素 A、维生素 E、维生素 C 和复合维生素 B 更为重要。

（三）接种疫苗时的注意事项

1. 疫苗使用前要检查

使用前要检查药品的名称、厂家、批号、有效期、物理性状、贮存条件等是否与说明书相符。仔细查阅使用说明书与瓶签是否相符，明确装置、稀释液、每头剂量、使用方法及有关注意事项，并严格遵守，以免影响效果。对过期、无批号、油乳剂破乳、失真空、颜色异常或不明来源的疫苗禁止使用。

2. 免疫操作要规范

注射过程应严格消毒，注射器、针头应洗净煮沸 15～30 分钟备用，每注射 5～10 只更换一枚针头，防止传染。吸药时，绝不能用已给动物注射过的针头吸取，可用一个灭菌针头，插在瓶塞上不拔出，裹以挤干的酒精棉花专供吸药用，吸出的药液不应再回注瓶内；液体在使用前应充分摇匀，每次吸苗前再充分振摇；注射的剂量要准确，不漏注、不白注。进针要稳，拔针宜速，不得打“飞针”，以确保疫苗液真正足量地注射于皮下。

(四) 兔群的免疫参考程序

见表 6-2～表 6-4。

表 6-2　兔的参考免疫程序

免疫时间	疫苗及作用	免疫剂量和方式
25～30 日龄（断奶前后）	兔瘟-巴氏杆菌二联苗，预防兔瘟（兔病毒性出血症）和多杀性巴杆菌病	皮下注射 1.1 毫升/只
30～35 日龄	兔大肠杆菌多价苗，预防兔大肠杆菌病	皮下注射 1.2 毫升/只
35～40 日龄	兔产气荚膜梭菌苗，预防兔魏氏梭菌病	皮下注射 2 毫升/只
50～55 日龄	兔瘟-巴氏杆菌二联苗，加强预防兔瘟及巴氏杆菌病	皮下注射 1.5 毫升/只

注：基础兔（繁殖种兔）每 5 个月接种免疫 1 次，每次皮下注射兔瘟-巴氏杆菌二联苗 1.5 毫升/只，大肠杆菌病苗 1.5 毫升/只，产气荚膜梭菌苗 2 毫升/只。每次注射之间应间隔 7～10 天。对易患波氏杆菌病、葡萄球菌病、伪结核病、沙门氏杆菌病的兔场，应根据实际情况进行免疫接种。

表 6-3　商品肉兔参考免疫程序

日龄	免疫疫苗	免疫途径	剂　量
21	波氏杆菌＋大肠杆菌病蜂胶二联灭活疫苗	颈部皮下注射	1.0 毫升
30	兔波氏杆菌＋巴氏杆菌病蜂胶二联灭活疫苗	颈部皮下注射	1.0 毫升
	兔球净(长效抗球虫药)	颈部皮下注射	0.2 毫升
40	兔瘟蜂胶灭活疫苗或兔瘟＋巴氏杆菌病蜂胶二联灭活疫苗	颈部皮下注射	2.0 毫升
60	兔瘟蜂胶灭活疫苗或兔瘟＋巴氏杆菌＋魏氏梭菌病蜂胶三联灭活疫苗	颈部皮下注射	1.0 毫升

注：如疫区可视情况免疫魏氏梭菌和葡萄球菌病单苗，可在 45 日龄以后免疫一次；如发生兔瘟蜂胶灭活疫苗 4 毫升进行紧急免疫注射，注射时注意局部和注射针头的消毒，以免引发注射部位的脓肿。

表 6-4　种兔的参考免疫程序

日龄	免疫疫苗	免疫途径	剂　量
21	波氏杆菌＋大肠杆菌病蜂胶二联灭活疫苗	颈部皮下注射	1.0 毫升
30	波氏杆菌＋巴氏杆菌病蜂胶二联灭活疫苗	颈部皮下注射	1.0 毫升
	兔球净(长效抗球虫药)	颈部皮下注射	0.2 毫升
40	兔瘟蜂胶灭活疫苗或兔瘟＋巴氏杆菌病蜂胶二联灭活疫苗	颈部皮下注射	2.0 毫升
60	兔瘟蜂胶灭活疫苗或兔瘟＋巴氏杆菌＋魏氏梭菌病蜂胶三联灭活疫苗	颈部皮下注射	1.0 毫升
首次配种前 14 天	波氏杆菌＋巴氏杆菌病蜂胶二联灭活疫苗	颈部皮下注射	1.5 毫升
首次配种前 7 天	兔葡萄球菌蜂胶灭活苗	颈部皮下注射	1.5 毫升
以后兔瘟＋巴氏杆菌病、波氏杆菌＋巴氏杆菌病、葡萄球菌病等疫苗隔 5～6 个月免疫一次,兔球净隔 2 个半月注射一次			

注：疫区可视情况免疫魏氏梭菌病，可在二免后 5～6 个月免疫一次。如发生兔瘟可用兔瘟蜂胶灭活疫苗 4 毫升进行紧急免疫注射，注射时注意注射局部和注射针头的消毒，以免引发注射部位的脓肿。

六、药物预防

兔群保健预防用药就是在兔容易发病的几个关键时期，提前用药物预防，能够起到很好的保健作用，降低兔场的发病率。这比发病后再治省钱省力，又能确保兔正常繁殖生长，还可以用比较便宜的药物达到防病的目的，收到事半功倍的效果，提高养兔经济效益。

兔场保健预防用药的时间和方法如表 6-5。

表 6-5　兔场保健预防用药

时　间	药物及使用方法
3 日龄	滴服复方黄连素 2～3 滴/只,预防仔兔黄尿病
15～16 日龄	滴服痢菌净 3～5 滴/只,每日 1 次,连续 2 天,预防仔兔胃肠炎

续表

时　间	药物及使用方法
25～83 日龄	选用抗球虫药，配伍抗生素，预防兔球虫病及细菌性疾病，连续用药 3～4 个疗程。每个疗程 7 天，停药 10 天，再开始下一个疗程。配伍与饮用方法：球速杀 50 克，沙拉沙星 10 克，兑水 50 千克，饮用 3 天；百球威克 50 克，烟酸诺氟沙星 10 克，兑水 50 千克，饮用 2 天；地克珠利（球敌、球霸）10 毫升，恩诺沙星 10 克，兑水 50 千克，饮用 2 天；或第 1 个疗程用一种药，第 2、3 个疗程换另一种药也可。抗球虫药和抗生素种类较多，除抗球王、克球粉不能用于兔外，任选 3 种以上按说明配伍使用即可。饮水较拌料防球虫病效果更好
仔兔补料阶段	注意预防肚胀、拉稀、消化不良、胃肠炎等
60～70 日龄	内服丙硫苯咪唑 25 毫克/只，连续用药 3 次，每次间隔 3 天；或皮下注射伊力佳 0.5 毫升/只，1 次即可，预防寄生虫病
每年的 6 月、7 月、8 月	每兔每次内服磺胺嘧啶 1/4 片，病毒灵 1/2 片，维生素 B_1 和维生素 B_2 各 1/2 片，成年兔加倍，每天 1 次，连续 3～5 天。每个月用药 1 个疗程，预防传染性口炎。如此期间气温在 30℃ 以上，饲料中应添加消瘟败毒散或饮用抗热应激药物
基础兔	每个月饮用抗球虫药配伍抗生素 5～7 天，预防球虫病和细菌性疾病；每 3 个月驱虫 1 次，其方法同 60～70 日龄预防寄生虫病的方法。每年的 7～8 月份皮下注射伊力佳 1 毫升/只，隔 10 天再注射 1 次，预防疥螨病，也可饮水防治兔豆状囊尾蚴病。同时，对护场犬也要定期驱虫，且不能让犬进入兔场，以免犬的粪便污染兔用饲料
母兔产仔前后	内服复方新诺明 1 片/只，每日 1 次，连用 3～5 天；或用葡萄糖 2500 克、含碘食盐 450 克、电解多维 30 克、抗生素 10～15 克，兑水 50 千克，用量为 300 毫升/只，每天 1 次，连用 3～5 天，预防乳房炎、子宫炎、阴道炎和仔兔黄尿病，同时增强母兔体质，促进泌乳
发生应激	凡遇天气突变、调运、转群等应激情况，饮用葡萄糖盐水（同母兔产仔前后饮用的混合液）1～2 次，增加兔体抗病力
出栏前 15 天	停用任何药物

第三节　兔场常见病防治

一、传染病

（一）兔病毒性出血症（兔瘟）

兔病毒性出血症俗称“兔瘟”，或称兔出血症，是由兔病毒性出血症病毒引起的兔的一种急性、高度接触性传染病，特征为呼吸道出血、肝坏死、实质性脏器水肿、淤血及出血性变化。本病为兔的一种烈性传染病，危害极大，曾造成数千万只兔死亡。

1. 病原

兔出血症病毒是一种正链 RNA 杯状病毒。病毒存在于病兔所有器官组织、体液、分泌物和排泄物中，以肝、脾、肺含量高。病毒对氯仿和乙醚不敏感，能耐 pH3 和 50℃ 40 分钟处理。病毒对紫外线和干燥等不良环境的抵抗力较强。1%氢氧化钠 4 小时、1%～2%甲醛、1%漂白粉 3 小时、2%农乐 1 小时才被灭活。生石灰、草木灰对病毒几乎无作用。

2. 流行特点

一年四季均可发生，以春、秋、冬季发病较多，炎热夏季也有发病。本病只侵害兔，主要危害青年兔和成年兔，40 日龄以下幼兔和部分老龄兔不易感，哺乳仔兔不发病。传染源是病死兔和带毒兔，它们不断向外界散毒，通过病兔、带毒兔的排泄物、分泌物、死兔的内脏器官、血液、兔毛等污染饮水、饲料、用具、笼具、空气，引起易感兔发病流行。人、鼠、其他畜禽等机械性传播病毒，本病曾因收购兔毛及剪毛者的流动，将病原从一个地方带至另一个地方，引起本病的流行。在新疫区，本病的发病率和死亡率很高，易感兔几乎全部发病，绝大部分死亡，发病急，病程短，几天内几乎全群覆灭。目前，普遍重视本病的预防，发病率大为下降，但仍有发生，主要原因是忽视了使用优质疫苗及执行合理的免疫程序，或根本不进行预防注射。本病的潜伏期为 30～48 小时。

3. 临床症状

（1）最急性型　常发生在新疫区。在流行初期，患兔死前无任何明显症状，往往表现为突然蹦跳几下并惨叫几声即倒毙。死后角弓反张，少数兔鼻孔流出红色泡沫样液体，肛门松弛，周围有少量淡黄色黏液附着。

（2）急性型　病程一般 12～48 小时，患兔精神委顿，不爱活动，食欲减退，喜饮水，呼吸迫促，体温达 41℃。临死前表现为在笼中狂奔，常咬笼，倒地后四肢划动，抽搐或惨叫，很快死亡。少数死兔鼻孔流出少量泡沫状血液。

（3）亚急性型　多发于2月龄以内的幼兔，兔体严重消瘦，被毛焦枯无光泽，病程2～3天或更长，后死亡。

4. 病理变化

感染后病毒先侵害肝脏，然后释放入血液，发生病毒血症，引起全身性损害，特别是引起急性弥散性血管凝血和大量的血栓形成，造成本病病程短促、死亡迅速和特征性的病理变化。病死兔剖检时肉眼可见全身实质器官淤血、出血。气管软骨环淤血，气管内有泡沫状血样液体；胸腺水肿，并有针帽至粟粒大小出血点；肺有出血、淤血、水肿、大小不等的出血点；肝脏肿大，间质变宽，质地变脆，色泽变淡呈土黄色；胆囊充满稀薄胆汁；脾脏肿大、淤血呈黑紫色；部分肾脏淤血、出血，包膜下见有大量针头至针尖大小的出血点；部分十二指肠、空肠出血，肠腔内有黏液。

5. 诊断

由于肝脏含毒滴度最高，是病原鉴定最适合的器官。常规实验室诊断可用人O型红细胞进行血凝和血凝抑制试验。其他如免疫电子显微镜负染、夹心酶联免疫吸附试验和免疫组织学染色，均具有高度的特异性和敏感性。

6. 预防

（1）加强管理　平时坚持自繁自养，认真执行兽医卫生防疫措施，定期消毒，禁止外人进入兔场，更不准兔及兔毛商贩进入兔舍购兔、剪毛。引进兔要隔离至少2周，确认无病后方可入群饲养。

（2）免疫接种　定期注射脏器组织灭活苗进行预防。一年免疫二次，剂量1毫升/只，注苗后7～10天产生免疫力，保护力可靠。60日龄以下幼兔主动免疫效果不确实，建议40日龄用2倍疫苗注射1次，60～65日龄加强免疫1次。

7. 发病后措施

应用3～4倍量单苗进行注射紧急预防，或用抗兔瘟高免血清每兔皮下注射4～6毫升，7～10天后再注射疫苗；重病兔扑杀，尸体和病兔深埋；病、死兔污染的环境和用具彻底消毒。

（二）传染性口炎

本病是一种以口腔黏膜水疱性炎症为特征的急性传染病。特征是舌、唇、口腔黏膜发炎，局部有糜烂、溃疡。唾液腺红肿。

1. 病原

弹状病毒科的水疱性口炎病毒，主要存在于病兔的水疱液、水疱皮及局部淋巴结内，在4℃时存活30天；－20℃时能长期存活；加热至60℃及在阳光的作用下，很快失去毒力。

2. 流行特点

本病多发生于春、秋两季，自然感染的主要途径是消化道。对兔口腔黏膜人工涂布感染，发病率达67%；肌内注射也可感染，潜伏期为5～7天。主要侵害1～3月龄的幼兔，最常见的是断奶后1～2周龄的仔兔，成年兔较少发生。健康兔食入被病兔口腔分泌物或坏死黏膜污染的饲料或水，即可感染。饲喂发霉饲料或存在口腔损伤等情况时，更易发病。本病不感染其他家畜。

3. 临床症状

本病潜伏期3～4天，发病初期唇和口腔黏膜潮红、充血，继而出现粟粒至黄豆大小不等的水疱，部分外生殖器也有。水疱破溃后形成溃疡，易引起继发感染，伴有恶臭。口腔中流出多量液体，唇下、颌下、颈部、胸部及前爪兔毛潮湿、结块。下颌等局部皮肤潮湿、发红，毛易脱落。患兔精神沉郁。因口腔炎症，吃草料时疼痛，多数减食或停食，常并发消化不良和腹泻，表现消瘦。常于病后2～10天死亡。

4. 病理变化

可见兔唇、舌和口腔黏膜有糜烂和溃疡，咽和喉头部聚集有多量泡沫样唾液，唾液腺轻度肿大发红。胃内有少量黏稠液体和稀薄食物，酸度增高。肠黏膜（尤其是小肠黏膜）有卡他性炎症。

5. 诊断

可采取患兔口腔中的水疱液、水疱皮以及唾液作为被检材料，进行鸡胚绒毛尿囊腔接种或用兔肾原代细胞、禽胚原代单层细胞等进行培养，观察鸡胚和细胞病变。血清中和试验和动物保护试验也是常用的方法之一。

6. 预防

（1）加强饲养管理，不喂霉烂变质的饲料。笼壁平整，以防尖锐物损伤口腔黏膜。不引进病兔，春秋两季做好卫生防疫工作。

（2）对健康兔可用磺胺二甲嘧啶预防，每千克精料拌入 5 克，或 0.1 克/千克体重口服，每日 1 次，连用 3～5 天。

7. 发病后措施

发病后要立即隔离病兔，并加强饲养管理。兔舍、兔笼及用具等用 20％火碱溶液、20％热草木灰水或 0.5％过氧乙酸消毒；进行局部治疗，可用消毒防腐药液（2％硼酸溶液、2％明矾溶液、0.1％高锰酸钾溶液、1％盐水等）冲洗口腔，然后涂擦碘甘油；用磺胺二甲嘧啶治疗，0.1 克/千克体重口服，每日 1 次，连服数日，并用小苏打水作饮水；或采用中药治疗，可用青黛散（青黛 10 克、黄连 10 克、黄芩 10 克、儿茶 6 克、冰片 6 克、明矾 3 克研细末即成）涂擦或撒布于病兔口腔，1 日 2 次，连用 2～3 天。

（三）兔的黏液瘤病

本病是由黏液瘤病毒引起的一种高度接触性和高度致病性传染病，特征为全身皮肤尤其是面部和天然孔周围发生黏液瘤样肿胀。

1. 病原

痘病毒科黏液瘤病毒包括几个不同的毒株，各毒株的毒力和抗原性互有差异。病毒抵抗力低于大多数痘病毒。不耐 pH4.6 以下的酸性环境。对热敏感，55℃ 10 分钟，60℃以上几分钟内灭活，但病变部皮肤中的病毒在常温下存活好几个月。对干燥抵抗力相当强。对福尔马林较敏感。

2. 流行特点

全年均可发生，发病死亡率可达 100％。主要流行于大洋洲、美洲、欧洲，在我国尚未见报道。本病的主要传播方式是直接与病兔及其排泄物、分泌物接触或与被污染饲料、饮水和用具接触。蚊子、跳蚤、蚋、虱等吸血昆虫也是病毒传播者。兔是本病的唯一易感家畜。

3. 临床症状

临床上身体各天然孔周围及面部皮下水肿是其特征。最急性时仅见到眼睑轻度水肿，1 周内死亡。急性型症状较为明显，眼睑水肿，严重时上、下眼睑互相粘连；口、鼻孔周围和肛门、外生殖器也可见到炎症和水肿，并常见有黏液脓性鼻分泌物。耳朵皮下水肿可引起耳下垂。头部皮下水肿严重时呈狮子头状外观，故有“大头病”之称。病至后期可见皮肤出血，眼黏液脓性结膜炎，羞明流泪，出现耳根部水肿，最后全身皮肤变硬，出现部分肿块或弥漫性肿胀。死前常出现惊厥，但濒死前仍有食欲，病兔在 1～2 周内死亡。

4. 病理变化

患病部位的皮下组织聚集多量微黄色、清朗的水样液体。在胃肠浆膜下和心外膜有出血斑点；有时脾脏、淋巴结肿大、出血。

5. 诊断

用细胞培养的方法分离病毒。病毒存在于病兔全身各处的体液和脏器中，尤以眼垢中和病变部的皮肤渗出液中含毒量最高，以其接种兔肾（胀）原代细胞和传代细胞系，24～48 小时后可观察细胞病变。此外，也可取病变组织匀浆、冻融并经超声处理使细胞裂解，释放病毒粒子，用此病毒抗原做琼脂凝胶扩散试验，方法简便、快速，24 小时内可获得结果。

6. 预防

（1）加强饲养管理　消灭吸血昆虫；病兔和可疑兔应隔离饲养，待完全康复后再解除隔离。兔笼、用具及场所必须彻底消毒；应严禁从有本病的国家进口兔和未经消毒、检疫的兔产品，以防本病传入。

（2）免疫接种　用兔纤维瘤活疫苗及弱毒黏液瘤活疫苗进行免疫注射预防。

7. 发病后措施

发现本病时，应严格隔离、封锁、消毒，并用杀虫剂喷洒，控制疾病扩散流行。口服病毒灵治疗，每日 3 次，每次 0.1 克/千克体重，连服7天。

(四) 多杀性巴氏杆菌病

兔多杀性巴氏杆菌病又称兔出血性败血症，是兔的一种常见的、危害性很大的传染病。

1. 病原

多杀性巴氏杆菌为革兰氏阴性、无芽孢的短杆菌，无鞭毛，瑞氏染色法染色呈两极着染。多杀性巴氏杆菌需氧或兼性厌氧，最适生长温度为37℃，最适pH值7.2～7.4。在加有血清或血液的培养基上生长良好，在血清琼脂平板培养基上生长出露滴状小菌落。兔通常能分离到A型和D型。猪、禽巴氏杆菌对兔也有很强的毒力。

2. 流行特点

病兔的分泌物、排泄物如唾液、鼻液、粪、尿等带病原菌，通过呼吸道、消化道和皮肤、黏膜的伤口等传染给健康兔。一般情况下，病原菌寄生在兔鼻腔黏膜和扁桃体内，成为带菌者，在各种应激因素刺激下，如过分拥挤、通风不良、空气污浊、长途运输、气候突变等或在其他致病菌的协同作用下，机体抵抗力下降，细菌毒力增强，容易发生本病。各种年龄、品种的兔都易感染，尤以2～6月龄兔发病率和死亡率较高。本病一年四季均可发生，但以冬春最为多见，常呈散发或地方性流行。当暴发流行时，若不及时采取措施，常会导致全群覆没。本病病原也可感染家禽。本病的潜伏期长短不一，一般从几小时至数天不等，主要取决于兔的抵抗力、细菌的毒力、感染数量以及入侵部位等。

3. 临床症状

可分为急性型、亚急性型和慢性型三种。急性型发病最急，病兔呈全身出血性败血症症状，往往生前未及时发现任何症状就突然死亡。亚急性型又称地方性肺炎，主要表现为胸膜肺炎症状，病程可拖延数日甚至更长。病兔体温高达40℃以上，食欲废绝，精神委顿，腹式呼吸，有时出现腹泻。慢性型的症状依细菌侵入的部位不同可表现为鼻炎、中耳炎、结膜炎、生殖器官炎症和局部皮下脓肿。患鼻炎兔鼻孔流出浆液性或白色黏液脓性分泌物，因分泌物刺激鼻黏膜，常打喷嚏。由于病兔经常用前爪擦鼻部，致使鼻孔周围被毛潮湿、缠结。有的鼻分泌物与食屑、兔毛混合结成痂，堵塞鼻孔，使患兔呼吸困难。临床表现为鼻炎时发时愈。一部分病菌在鼻腔内生长繁殖，毒力增强，侵入肺部，导致胸膜肺炎或侵入血液引起败血症死亡。中耳炎俗称歪头病或斜颈，病菌由中耳侵入内耳，导致病兔头颈歪向一侧，运动失调，在受到外界刺激时会向一侧转圈翻滚。一般治疗无效，常可拖延数月后死亡。结膜炎又称烂眼病，多发于青年兔和成年兔，因病菌侵入结膜囊，引起眼睑肿胀，结膜潮红，有脓性分泌物流出。患兔羞明流泪，严重时分泌物与眼周围被毛黏结成痂，糊住眼睛，有时可导致失明。生殖器官炎症主要因配种时被病兔传染，公兔患睾丸炎，睾丸肿大；母兔患子宫炎，常自阴户流出脓性分泌物，多数丧失种用价值。由于许多养兔者提高了防疫密度，急性病例较少发生，临床上以亚急性型及鼻炎、中耳炎和结膜炎等慢性病例为多见。

4. 病理变化

急性型可见各实质脏器如心、肝、脾以及淋巴结充血、出血；喉头、气管、肠道黏膜有出血点。亚急性型可见胸腔积液，有时有纤维素性渗出物；心脏肥大，心包积液；肺充血、出血，甚至发生肝变，严重者胸腔蓄积纤维素性脓液或肺部化脓。

5. 诊断

从病变部位取样做细菌分离培养，以便确诊。血清学的诊断方法有 ELISA 法、琼脂扩散试验等。

6. 预防

严格管理，兔场要定期检疫，净化兔群。坚持自繁自养，建立无多杀性巴氏杆菌的种兔群。定期进行疫苗注射，同时注意环境卫生，加强消毒措施。兔场应与其他养殖场分开，严禁其他畜、禽进入，杜绝病原的传播。

7. 发病后措施

将发病兔尽快隔离或淘汰，兔舍及用具用 3%来苏儿或 2%火碱消毒；青、链霉素各 10 万单位，肌内注射，每天 2 次，连用 3～5

天；使用庆大霉素、氯霉素、四环素治疗也有一定效果；或磺胺嘧啶，100～200毫克/千克体重，每天2次，口服，连用5～7天；或喹乙醇，兔25毫克/千克体重，口服，每天1次，连用3天，效果也不错；或黄连、黄芪各3克，黄柏6克，水煎服；或用金银花9克、野菊花适量，水煎服；也可用穿心莲3克，水煎服。有条件的兔场，可分离病原做药敏试验后，选用高敏药物防治，则效果更佳。

（五）兔波氏杆菌病

兔波氏杆菌病也叫兔支气管败血波氏杆菌病，是由支气管败血波氏杆菌引起的兔的一种常见呼吸道传染病。本病特征表现慢性鼻炎、支气管肺炎和咽炎。

1. 病原

支气管败血波氏杆菌，简称波氏杆菌，是一种细小的杆菌，革兰氏染色呈阴性，有周身鞭毛，能运动，不形成芽孢，多形态，由卵圆形至杆状，常呈两极着染；严格需氧菌，在普通琼脂培养基上生长后，形成光滑、湿润、烟灰色、半透明、隆起的中等大菌落。

2. 流行特点

本病传播广泛，常呈地方性流行，一般以慢性经过为多见，急性败血性死亡较少。该菌常存在于兔上呼吸道黏膜上，在气候骤变的秋冬之交极易诱发本病。这主要是由于兔受到体内、外各种不良因素的刺激，导致抵抗力下降，波氏杆菌得以侵入机体内引起发病。本病主要通过呼吸道传播。带菌兔或病兔的鼻腔分泌物中大量带菌，常可污染饲料、饮水、笼舍和空气，或随着咳嗽、喷嚏的飞沫传染给健康兔。

3. 临床症状

可分为鼻炎型、支气管肺炎型和败血型。其中以鼻炎型较为常见，常呈地方性流行，多与多杀性巴氏杆菌病并发。多数病例鼻腔流出浆液性或黏液脓性分泌物，症状时轻时重。支气管肺炎型多呈散发，由于细菌侵害支气管或肺部，引起支气管肺炎。有时鼻腔流出白色黏性脓性分泌物，病后期呼吸困难，常呈犬坐式姿势，食欲不振，日渐消瘦而死。败血型即为细菌侵入血液引起败血症，如不加治疗，很快死亡。

4. 病理变化

鼻炎型兔可见鼻腔黏膜充血，有黏液，鼻甲骨变形。支气管肺炎型病死兔肺、心包有病变或有大小不等的凸出表面的脓疱，脓疱外有一层致密的包膜，包膜内积满脓汁，黏稠，呈奶油状。

5. 诊断

可利用病变组织或鼻分泌物做细菌分离培养，以便确诊。血清学的诊断方法有凝集反应、琼脂扩散试验等。

6. 预防

（1）严格饲养管理　加强饲养管理，改善饲养环境，做好防疫工作。兔场最好坚持自繁自养。对新引进的兔，必须隔离观察1个月以上，经细菌学与血清学检查为阴性者方可入群。

（2）疫苗预防　可用分离到的支气管败血波氏杆菌制成蜂胶或氢氧化铝灭活菌苗，进行预防注射，每只兔皮下注射1毫升，每年2次；也可用兔巴氏杆菌-波氏杆菌二联苗或巴氏杆菌-波氏杆菌-兔病毒性出血症三联苗。

7. 发病后措施

本病较难治愈，常用的药物有：卡那霉素，每只兔每次20～40毫克，肌内注射，每天2次；或庆大霉素，每只兔每次1万～2万单位，肌内注射，每天2次；或四环素，每只兔每次1万～2万单位，肌内注射，每天2次；或氯霉素，每只兔每次50～100毫克，肌内注射，每天2次。鼻炎型病例也可用氯霉素或链霉素滴鼻，每天2次，连用3天。本病常与巴氏杆菌混合感染。兔群一旦发病，必须查明原因，消除外界刺激因素，隔离感染兔，以控制病原传播。

（六）大肠杆菌病

兔大肠杆菌病是由一定血清型的致病性大肠杆菌及其毒素引起的仔兔、幼兔肠道传染病，以水样或胶冻样粪便和严重脱水为特征。

1. 病原

病原为致病性大肠杆菌，又称大肠埃希氏菌，为革兰氏阴性、无芽孢、有鞭毛的短小杆菌。该菌血清型较多，引起兔致病的大肠杆菌，主要有 30 多个血清型。

2. 流行特点

本病多引起断奶后仔兔腹泻，青年兔腹泻，成年兔便秘。各种年龄兔可发生急性败血症，哺乳仔兔有时会发生肺炎、胸腔积液而死亡。一年四季均可发生，尤以冬、春季较多发。

3. 临床症状

便秘病兔常精神沉郁，被毛粗乱，废食，有的磨牙，兔粪细小，呈老鼠屎状，常卧于兔笼一角，逐渐消瘦死亡。腹泻病兔，拉稀便，食欲减退，尾及肛周有粪便污染，精神差，病后期两耳发凉，卧伏不动，不时从肛门中流出稀便。急性病例通常在 1～2 天内死亡，少数可拖至 1 周，一般很少自然康复。

4. 病理变化

腹泻病兔剖检可见胃臌大，充满多量液体和气体，胃黏膜上有针尖状出血点；十二指肠充满气体并被胆汁黄染；空肠、回肠肠壁薄而透明，内有半透明胶冻样物和气体；结肠和盲肠黏膜充血，浆膜上有时有出血斑点，有的盲肠壁呈半透明，内有多量气体；胆囊亦可见胀大，膀胱常胀大，内充满尿液。便秘病死兔剖检可见盲肠、结肠内容物较硬且成形，上有胶冻，肠壁有时有出血斑点。败血型可见肺部充血、淤血，局部肺实变。仔兔胸腔内有多量灰白色液体，肺实变，纤维素渗出，胸膜与肺粘连。

5. 诊断

从自然感染发病死兔的肠道中，特别是从结肠、盲肠以及蚓突内容物和败血型病例中，容易分离到本菌。此外，在水肿的肠系膜淋巴结、脾脏、肝脏的坏死病灶中均能分离培养到本菌。分离时可选用伊红美蓝琼脂作为选择性培养基。如果需要，尚需进一步通过血清定型和动物试验等综合判定。

6. 预防

（1）严格饲养管理　平时加强饲养管理，搞好兔舍卫生，定期消毒。减少应激因素，特别是在断奶前后不能突然改变饲料，以免引起仔兔肠道菌群紊乱。

(2) 疫苗预防　常发生本病的兔场，可用从本病兔中分离出的大肠杆菌制成灭活苗，每年进行2次预防注射，有一定疗效。

7. 发病后措施

兔一旦发病，应立即隔离或淘汰，死兔应焚烧深埋，兔笼、兔舍用0.1%新洁尔灭或2%火碱水进行消毒。药物治疗：

① 肌内注射　链霉素，兔20～30毫克/千克体重，每天2次，连用3～5天；氯霉素，每只兔50～100毫克，每天2次，连用3～5天；多黏菌素，每只兔2.5万单位，连用3～5天；庆大霉素，每只2万～4万单位，每天2次，连用3～5天。以上药物可单独使用，也可配合使用。有条件的地方可先做药敏试验，再选用药物进行治疗。

② 口服　痢特灵，兔15毫克/千克体重，每天2次，连用2～3天；促菌生制剂，按兔50毫克/千克体重，日服1～2次，连用3天。

③ 中药治疗　穿心莲6克，金银花6克，香附6克，水煎服，每天2次，连用7天；也可用丹参、金银花、连翘各10克，加水1000毫升，煎至300毫升，口服，每天2次，每次3～4毫升，连用3～4天。

(七) 兔产气荚膜梭菌（A型）病

兔产气荚膜梭菌（A型）病，又称兔魏氏梭菌病，是由A型魏氏梭菌产生外毒素引起的肠毒血症，以发病突然、急性腹泻、排黑色水样或带血的胶冻样、腥臭粪便、盲肠浆膜出血斑和胃黏膜出血、溃疡为主要特征。本病是一种严重危害兔生产的急性传染病，其发病率、死亡率均高。

1. 病原

产气荚膜梭菌（A型），又称魏氏梭菌（A型），革兰氏染色阳性，菌体较大，芽孢位于菌体中间或偏端。魏氏梭菌（A型）主要产生α毒素。该毒素只能被A型抗血清中和，具有致坏死、溶血和致死作用，仅对兔和人有致病力。

2. 流行特点

多呈地方性流行或散发。各品种、年龄的兔皆可感染。一般20日龄后的兔即会发病，尤以膘情好、食欲旺盛的兔发病率高。病兔排出的粪便中大量带菌，极易污染食具、饲料、饮水、笼具、兔舍和场地等，经消化道感染健康兔，病菌在肠道中产生大量外毒素，引起发病和死亡。本病一年四季均可发生，尤以冬、春季为发病高峰期。

3. 临床症状

兔发病后精神沉郁，不食，喜饮水；下痢，粪稀呈水样，污褐色，有特殊腥臭味，稀便沾污肛周及后腿皮毛；外观腹部臌胀，轻摇兔身可听到"咣当咣当"的水声。提起患兔，粪水即从肛门流出。患病后期，可视黏膜发绀，双耳发凉，肢体无力，严重脱水。发病后最快的在几小时内死亡，多数当日或次日死亡，少数拖至1周后最终死亡。

4. 病理变化

打开腹腔即可闻到特殊的腥臭味。胃多胀满，可见有大小不一的溃疡斑，胃黏膜脱落、溃疡；小肠充气，肠管薄而透明；大肠特别是盲肠浆膜黏膜上有鲜红色的出血斑，肠内充满褐色或黑绿色的粪水或带血色粪及气体；肝质脆；膀胱多充满深茶色尿液；心脏表面血管怒张，呈树枝状充血。

5. 诊断

取病死兔空肠、回肠和盲肠内容物涂片，革兰氏染色镜检，发现两端稍钝圆的革兰氏阳性杆菌。接种肉汤培养基，37℃培养，5～6小时后，培养基变浑浊，并产生大量气体，培养物涂片，染色镜检，发现两端稍钝圆的革兰氏阳性杆菌，可以初步诊断。

6. 预防

（1）加强饲养管理　搞好环境卫生，少喂高蛋白饲料，兔舍内避免拥挤，注意灭鼠灭蝇；严禁引进病兔。

（2）预防接种　繁殖母兔于春、秋季各注射一次魏氏梭菌（A型）氢氧化铝灭活苗，仔兔断奶后立即注射疫苗。

7. 发病后措施

发生疫情后，立即隔离或淘汰病兔。兔笼、兔舍用5%热碱水消毒，病兔分泌物、排泄物等一律焚烧深埋。药物治疗：

① 病初可用特异性高免血清进行治疗，按兔 3～5 毫升/千克体重皮下或肌内注射，每天 2 次，连用 2～3 天，疗效显著。

② 金霉素，每千克饲料加 10 毫克；或按兔 20～40 毫克/千克体重肌内注射，每天 2 次，连用 3 天。

③ 红霉素，20～30 毫克/千克体重肌内注射，每天 2 次，连用 3 天。卡那霉素，20～30 毫克/千克体重肌内注射，每天 2 次，连用 3 天。

在使用抗生素的同时，也可在饲料中加活性炭、维生素 B_{12} 等辅助药物；口服喹乙醇，兔 5 毫克/千克体重，每天 2 次，连用 3 天；注意配合对症治疗，口服食母生（5～8 克/只）和胃蛋白酶（1～2 克/只），腹腔注射 5%葡萄糖生理盐水，可提高疗效。可从死兔的肠系膜淋巴结、脾脏及盲肠内容物中分离培养致病菌，并进一步做细菌学鉴定以确诊，也可选用血清学方法检查，如酶联免疫吸附试验、间接血凝试验、对流免疫电泳试验等。

（八）兔沙门氏菌病

兔沙门氏菌病是由鼠伤寒沙门氏菌和肠炎沙门氏菌引起的兔的一种消化道传染病，又名兔副伤寒。主要表现腹泻、流产和急性死亡，也可呈败血症型，对妊娠母兔危害大。

1. 病原

沙门氏菌属肠杆菌科，革兰氏阴性的小杆菌，广泛存在于自然界和动物体内（肠道寄生菌）。本菌对于干燥、腐败、日光等有一定抵抗力，但对化学剂的抵抗力不强，主要经过消化道感染。病原是鼠伤寒沙门氏杆菌或肠炎沙门氏杆菌。

2. 流行特点

本病长年发生，一般以春、秋季发病较多。发病兔无品种、年龄、性别差异，发病死亡率高达 90%以上，尤其以幼兔和妊娠母兔发病率和死亡率最高。本病也是幼兔拉稀死亡的主要原因之一。患兔的粪便中含大量病菌，是主要传染源，野鼠及苍蝇等昆虫是本病的传播者。消化道是主要的传染途径。健康兔通过接触被病菌污染的饲料、饮水、笼具、垫草等途径引起感染。

3. 临床症状

除个别病例因败血症突然死亡外，一般表现为下痢、粪便呈糊状带泡沫，稍有臭味。病兔体温升高至 41℃左右，无食欲，精神差，伏卧不起，病程 3～10 天，绝大多数死亡。部分兔有鼻炎症状。母兔从阴道流出脓样分泌物，怀孕母兔通常发病突然，烦躁不安，减食或废食，饮水增加，体温高至 41℃并发生流产。流产的胎儿多数已发育完全，有的皮下水肿，也有的胎儿木乃伊化或腐烂。

4. 病理变化

急性病例大多数内脏器官充血、出血，腹腔内有大量渗出液或纤维素性渗出物。腹泻病例可见部分肠黏膜充血、出血、水肿；肠系膜淋巴结肿大；脾脏肿大呈暗红色；部分兔胆囊外表呈乳白色，较坚硬，内为干酪样坏死组织；在圆小囊和蚓突处可见到浆膜下有弥漫性灰白色坏死病灶，其大小由针尖到粟粒大不等。流产母兔的子宫肿大，浆膜和黏膜充血，壁增厚，有化脓性或坏死性炎症，局部黏膜上覆盖一层淡黄色纤维素性脓液，有些病例子宫黏膜出血或溃疡。

5. 诊断

一般可用有病变的肝脏、脾脏、死兔心血、肠系膜淋巴结、子宫或阴道分泌物、流产胎儿的内脏器官作为被检材料。有肠炎的病例，可利用肠道内容物或排泄物直接或增菌后进行细菌学检查。

6. 预防

（1）加强饲养管理　兔场应与其他畜场分隔开；兔场要做好灭蝇、灭鼠工作，经常用 2%火碱或 3%来苏儿消毒。搞好饲养管理和环境卫生，消除各种应激因素，可减少本病的发生；兔场要进行定期检疫，淘汰感染兔。引进的种兔要进行隔离观察，淘汰感染兔、带菌兔，建立健康的兔群。

（2）疫苗免疫　对怀孕初期的母兔可注射鼠伤寒沙门氏菌灭活苗，每次颈部皮下或肌内注射 1 毫升，每年注射 2 次。

7. 发病后措施

发病兔、病死兔应及时治疗、淘汰或销毁。药物治疗：氯霉素，肌内注射，每次2毫升，每天2次，连用3～5天（如口服，兔20～50毫克/千克体重，每天1次，连用3天）；或链霉素，肌内注射，每次10万单位，每天2次，连用3天；也可用四环素、土霉素、环丙沙星、恩诺沙星等进行治疗；或磺胺二甲嘧啶，口服，100～200毫克/千克体重，每天1次，连用3～5天；痢特灵，兔5～10毫克/千克体重，口服，每天2次，连用3天。或用中药，黄连5克、黄芩10克、马齿苋15克，水煎服。或取1份大蒜捣碎后，加5份水，调成汁，每只兔服5毫升，每天2～3次，连用5天。

（九）泰泽氏病

兔泰泽氏病是由毛样芽孢杆菌引起的，以严重下痢、脱水和迅速死亡为特征的急性肠道传染病。

1. 病原

毛样芽孢杆菌为细长多样性的非抗酸染色的革兰氏阴性杆菌，能产生芽孢，能运动。这种细菌对外界环境抵抗力较强，在土壤中可存活1年以上。

2. 流行特点

本病死亡率高达95%。由于病原菌在人工培养基上不能生长，在我国报道较少，但实际上在兔、实验用鼠和家畜等都时有发生。多发于秋末至春初。仔兔和成年兔虽均可感染，但主要危害1.5～3月龄的幼兔。主要经过消化道感染。病兔是主要传染源，排出的粪便污染饲料、饮水和垫草，健康兔采食后即可发生感染。病原侵入小肠、盲肠和结肠的黏膜上皮，开始时增殖缓慢，组织损伤甚少，多呈隐性感染。遇有拥挤、过热、运输或饲养管理不良时，即可诱发本病，病菌迅速繁殖，引起肠黏膜和深层组织坏死，出现全身感染，造成组织器官严重损害。

3. 临床症状

发病急，以严重水泻为主。患兔精神沉郁、不食、虚脱并迅速脱水，发病后12～24小时死亡。少数病兔即使耐过也食欲不振，生长停滞。

4. 病理变化

尸体脱水、消瘦；回肠及盲肠后段、结肠前段的浆膜充血，浆膜下有出血点，盲肠壁水肿增厚，有出血及纤维素性渗出，盲肠和结肠内含有褐色粪水；肝脏肿大，有大量针帽大、灰白色或灰红色的坏死灶；脾脏萎缩，肠系膜淋巴结肿大；部分兔心肌上有灰白色或淡黄色条纹状坏死。

5. 诊断

本病的剖检病变虽较典型，但须在受害组织的细胞浆中找到毛样芽孢杆菌才可确诊。可取肝脏压片，姬姆萨染色镜检，或取回盲部组织制成匀浆染色镜检。镜下可见蓝色的毛样芽孢杆菌，呈细长，成簇、成堆或散在排列。

6. 预防

加强饲养管理，改善环境条件，定期进行消毒，消除各种应激因素；对已知有本病感染的兔群，在有应激因素作用的时间内使用抗生素，可预防本病发生。

7. 发病后措施

隔离或淘汰病兔；兔舍全面消毒，兔排泄物发酵处理或烧毁，防止病原菌扩散；兔发病初期用抗生素治疗有一定效果。用0.006%～0.01%土霉素饮水，疗效良好。青霉素，2万～4万单位/千克体重肌内注射，每天2次，连用3～5天。链霉素，20毫克/千克体重肌内注射，每天2次，连用3～5天。青霉素与链霉素联合使用，效果更明显。红霉素，10毫克/千克体重，分2次内服，连用3～5天。此外，用金霉素、四环素等治疗也有一定效果。对兔治疗用量为每天2克/千克体重。

（十）密螺旋体病

兔密螺旋体病（兔梅毒病）是兔的一种慢性传染病，也称性螺旋病、螺旋体病，以外生殖器、颜面、肛门等皮肤及黏膜发生炎症、结节和溃疡，患部淋巴结发炎为特征。

1. 病原

病原为兔密螺旋体，呈纤细的螺旋状构造，通常用姬姆萨或石炭酸复红染色，但着色力差，通常用暗视野显微镜检查，可见到旋转运动。主要存在于病兔的外生殖器官及其他病灶中，目前尚不能用人工培养基培养。螺旋体的致病力不强，一般只引起肉兔的局部病变而不累及全身。抵抗力也不强，有效的消毒药为1%来苏儿、2%氢氧化钠溶液、2%甲醛溶液。兔密螺旋体为螺旋体科密螺旋体属的细长、弯曲的螺旋形微生物，姬姆萨染色呈红色。

2. 流行特点

病兔是主要的传染源。主要通过交配经生殖道传播，所以发病的绝大多数是成年兔。此外，被病兔的分泌物和排泄物污染的垫草、饲料、用具等也是传播途径。兔局部发生损伤可增加感染机会。这种病菌只对兔和野兔有致病性，对人和其他动物不致病。兔群发病率高但病死率低，育龄母兔的发病率为65%，公兔为35%。

3. 临床症状

本病的潜伏期为2～10周。患病公兔可见龟头、包皮和阴囊肿大。患病母兔先是阴道边缘或肛门周围的皮肤和黏膜潮红、肿胀、发热，形成粟粒大的结节，随后从阴道流出黏液性、脓性分泌物，结成棕色的痂，轻轻剥下痂皮，可露出溃疡面，创面湿润，稍凹陷，边缘不齐，易出血，周围组织出现水肿。病灶内有大量病菌，可因兔的搔抓而由患部带至鼻、眼睑、唇、爪及其他部位，造成脱毛。慢性感染部位多呈干燥鳞片状，稍有突起，腹股沟淋巴结或腘淋巴结可肿大。患病公兔不影响性欲，患病母兔的受胎率大大降低。病兔精神、食欲、体温、大小便等无明显变化。

4. 病理变化

病变仅限于患部的皮肤和黏膜，多不引起内脏器官的病变。病变表皮有棘皮症和过度角化现象。溃疡区表皮与真皮连接处有大量多形核白细胞。腹股沟淋巴结和腘淋巴结增生，生发中心增大，有许多未成熟的淋巴网状细胞。

5. 诊断

直接镜检：采病变部皮肤压出的淋巴液包皮洗出液置于玻片上，在暗视野显微镜下观察，如见有活泼的细长螺旋状菌，可助诊断。也可用印度墨汁染色、镀银染色或姬姆萨染色，观察菌体形态。

6. 预防

兔场要严防引进病兔。新引进的兔必须隔离观察1个月，确定无病时方可入群；配种时要详细进行临床检查或做血清学试验，健康者方可配种。

7. 发病后措施

对病兔立即进行隔离治疗，病重兔应淘汰。彻底清除污物，用1%～2%火碱或2%～3%来苏儿消毒兔笼和用具。

药物治疗方法如下：

用新胂凡纳明（九一四）治疗病兔，40～60毫克/千克体重，配成5%溶液静脉注射，必要时隔7天再注射一次。同时配合抗生素进行治疗，效果更佳。青霉素10万单位/千克体重肌内注射，每天3次，连用5天。链霉素15～20毫克/千克体重肌内注射，每天2次，连用3～5天。局部可用0.1%高锰酸钾溶液等清洗消毒，然后涂上碘甘油或青霉素软膏。

二、兔的寄生虫病

（一）兔球虫病

1. 病原

兔球虫是艾美尔属的一种单细胞原虫。成虫呈圆形或卵圆形，球虫卵囊随兔的粪便排出体外，在温暖潮湿的环境中形成孢子化卵囊后即具有感染力。据初步调查，在我国各地常见的兔球虫有14个种，危害最严重的是斯氏艾美尔球虫、肠艾美尔球虫、中型艾美尔球虫等。

2. 流行特点

各品种的兔对球虫均有易感性，断奶至3个月龄的幼兔最易感，且死亡率高。在卫生条件较差的兔场，幼兔球虫病的感染率可达100%，死亡率80%左右；成年兔抵抗力较强，多为隐性感染，但生长发育受到影响。本病主要通过消化道传染，母兔乳头沾污有卵囊、饲料和饮水被病兔粪便污染，都可传播球虫病。本病也可通过兔笼、用具及苍蝇、老鼠传播。球虫病多发生在温暖多雨季节，常呈地方流行性。病兔及治愈兔长期带虫，成为重要的传染源。

3. 临床症状

球虫病的潜伏期一般为 2～3 天，有时潜伏期更长一些。病兔的主要症状为精神不振，食欲减退，伏卧不动，眼、鼻分泌物增多，眼黏膜苍白，腹泻，尿频。按球虫寄生部位，本病可分为肠球虫病、肝球虫病及混合型球虫病，以混合型居多。肠型以顽固性下痢、病兔肛门周围被粪便污染、死亡快为典型症状；肝型则以腹围增大下垂，肝肿大，触诊有痛感，可视黏膜轻度黄染为特征。发病后期，幼兔往往出现神经症状，表现为四肢痉挛、麻痹，最终因极度衰弱而死亡。病兔死亡率为 40%～70%，有时高达 80%以上。

4. 病理变化

（1）肝球虫病　病兔肝肿大，表面有白色或淡黄色结节病灶，呈圆形，大如豌豆，沿胆管分布。切开病灶可见浓稠的淡黄色液体，胆囊肿大，胆汁浓稠色暗。在慢性肝病中，可发生间质性肝炎，肝管周围和小叶间部分结缔组织增生，使肝细胞萎缩，肝体积缩小，肝硬化。

（2）肠球虫病　可见十二指肠、空肠、回肠、盲肠黏膜发炎、充血，有时有出血斑。十二指肠扩张、肥厚，小肠内充满气体和大量黏液。慢性病例肠黏膜呈淡灰色，上有许多小的白色小点或结节，有时有小的化脓性、坏死性病灶。肠系膜淋巴结肿大，膀胱积黄色浑浊尿液，膀胱黏膜脱落。

（3）混合型球虫病　各种病变同时存在，而且病变更为严重。

5. 诊断

可采用饱和盐水漂浮法检查粪便中的卵囊，或将肠黏膜刮屑物或肝脏病灶刮屑物制成涂片，镜检球虫卵囊、裂殖体或裂殖子。如在粪便中发现大量卵囊或在病灶中发现各个不同阶段的球虫，即可确诊。

6. 预防

（1）严格饲养管理　兔舍应保持清洁、干燥。保证饲料、用具的清洁卫生，不被兔粪污染。加强消毒，兔笼、饲槽至少每周用热碱水消毒一次，也可将其在日光下暴晒；选作种用的公、母兔，必须经过多次粪便检查，健康者方可留作种用。购进的新兔也须隔离观察15～20天，确定无球虫病时方可入群。成年兔和幼兔要分开饲养。幼兔断奶后要立即分群。

（2）隔离消毒　及时将发病兔隔离治疗，病兔的尸体和内脏要烧掉或深埋；注重对环境设备和用具的消毒。

（3）药物预防　见发病后措施。

7. 发病后措施

氯苯胍，按0.03%浓度拌料饲喂，连用7天，以后改用0.015%浓度拌料长期饲喂。预防时可按0.015%浓度拌料，连喂45天。磺胺二甲氧嘧啶与二甲氧苄氨嘧啶按5∶1混合后，按0.012%～0.013%浓度拌料饲喂，连喂5～7天，隔7天后再按上述浓度拌料饲喂5～7天。球痢灵（硝苯酰胺）与3倍量的磷酸钙共研细末，配成25%预混物，用于预防时按0.0125%浓度拌料饲喂，治疗时按0.025%浓度拌料饲喂，连喂3～5天。复方敌菌净，每天按兔每千克体重30毫克（首次饲喂时药量加倍）拌料，连喂3～5天。呋喃唑酮（痢特灵），1月龄内兔按3毫克/千克体重，1月龄以上兔按4毫克/千克体重，连用7天。白僵蚕50克，桃仁5克，白术15克，白茯苓15克，猪苓15克，大黄25克，地鳖虫25克，桂枝15克，泽泻5克，共研末，每只兔每天按5克拌料饲喂，连喂2～3天；黄柏、黄连各10克，大黄7.5克，黄芩25克，甘草15克，共研细末，每只兔每天7.5克，连喂3天；紫花地丁、鸭舌草、蒲公英、车前草、铁苋菜和新鲜苦楝树叶，每只兔每天各喂30～50克（苦楝树叶喂量少于30克），隔天喂1次。

由于大多数药物对球虫的早期发育阶段——裂殖体有效，所以用药必须及时。当兔群中有个别兔发病时，应立即使用药物对整群兔进行防治。此外，要注意药物的交替使用，以免球虫对药物产生耐药性。

（二）螨病

螨病主要有疥螨、痒螨、背肛螨、毛囊螨等。

1. 病原

兔疥螨为圆形，灰白色，长约0.2～0.5毫米，背部隆起，腹面扁平，身体背面有许多细的横纹、鳞片及刚毛，腹面有 4 对粗而短的腿，肛门在虫体背面，距虫体后缘较近。兔痒螨为长圆形，长 0.5～0.9 毫米，虫体前端有圆锥状的口器，腹面有 4 对足，前面的两对足粗大，后面的两对足细长，突出身体边缘。雄虫腹面后部有两个大的突起，突起上有毛。

2. 流行特点

本病多发生于秋、冬季及初春季节，具有高度传染性。病兔是该病的传染源。健兔与病兔直接接触可致染病，被病兔污染的环境、兔舍、工具等可传播病原，狗及其他动物也能成为传播媒介。笼舍潮湿、饲养密集、卫生不良等均可促使本病蔓延。瘦弱和幼龄兔易遭侵袭。

3. 临床症状

（1）疥螨病　常发生于兔的头部、嘴唇四周、鼻端、面部和四肢末端毛较短的部位，严重时可感染全身。患部皮肤充血，稍微肿胀，局部脱毛。病兔发痒不安，常用嘴咬腿爪或用脚爪搔抓嘴及鼻孔。皮肤被搔伤或咬伤后发生炎症，逐渐形成痂皮。随病情的发展，病兔脚爪出现灰白色的痂皮，患部逐渐扩大、蔓延到鼻梁、眼圈、脚爪底面，同时伴有消瘦、结痂等症状。严重时病兔会衰竭死亡。

（2）痒螨病　一般在兔耳壳基部开始发病。病初在耳内出现灰白色至黄褐色渗出物，渗出物干燥后形成黄色痂皮，严重时可堵塞耳孔。局部脱毛。病兔不安，消瘦，食欲减退，不断摇头，用脚爪抓挠耳朵，严重时可引起中耳炎、耳聋和癫痫等。

4. 病理变化

本病病变主要在皮肤。皮肤发生炎性浸润、发痒，发痒处形成结节及水疱。当结节、水疱被咬破或蹭破时，流出渗出液，渗出液与脱落的细胞、被毛、污垢等混杂一起，干燥后结痂。痂皮被擦破后，又会重新结痂。随着病情的发展，毛囊和汗腺受到侵害，皮肤角质化过度，患部脱毛，皮肤肥厚，失去弹性而形成皱褶。

5. 诊断

选择病兔患病皮肤交界处，剪毛消毒后，用蘸有少量 50％甘油水溶液的外科手术刀刮取皮屑，直到皮肤微出血。将刮下的皮屑放于载玻片上，滴几滴煤油使皮屑透明，然后放上盖玻片，在低倍显微镜下观察查找虫体。也可将刮取的皮屑放在培养皿内或黑纸上，在阳光下暴晒；或用热水或火等对皿底或黑纸底面加温至40～50℃，30～40分钟后移去皮屑。在黑色背景下，肉眼见到白色虫体爬动，即可确诊。

6. 预防

兔舍应保持干燥卫生，通风透光，勤换垫草，勤清粪便；经常检查兔群，发现病兔及时隔离治疗，对笼舍及用具消毒；新购进的兔要隔离饲养，确定无病后再混群；已治愈的兔应治愈20～30天后再混群。

7. 发病后措施

2%敌百虫溶液搽洗病兔患部，每天1次，连用2天，7～10天后再搽洗1次；或用“兔癣一次净”，按说明书使用；或杀虫脒（氯苯脒），配成0.15%溶液喷洒或药浴；或20%杀灭菊酯（速灭杀丁）稀释100倍，局部涂搽或药浴，7～10天后再用1次；或先将患部剪毛除痂，用温水洗净，涂克霉咪唑癣药水，每天2次，连涂2天；或灭螨威，先用菜油将1%灭螨威稀释成0.05%浓度，然后于患部涂搽。

(三) 豆状囊尾蚴病

1. 病原

豆状囊尾蚴是豆状带绦虫的中绦期，它寄生于兔的肝脏、肠系膜以及腹腔内，也可寄生于啮齿动物。豆状囊尾蚴呈白色的囊泡状，豌豆大小，有的呈葡萄串状。囊壁透明，囊内充满液体，有一白色头节，上有4个吸盘和两圈角质钩。

2. 流行特点

成虫寄生于狗、狐狸等肉食兽的小肠中，带有大量虫卵的孕卵节片随其粪便排出体外。兔食入了孕节和虫卵污染的饲料和饮水后即可感染本病。卵内的六钩蚴在兔的消化道内孵出，钻入肠壁，随血流至肝脏等部位发育成豆状囊尾蚴，使兔出现豆状囊尾蚴病的症状。

3. 临床症状

兔轻度感染豆状囊尾蚴病后一般没有明显的症状，仅表现为生长发育缓慢。感染严重时（囊尾蚴数目达100～200个），可导致肝炎，肝功能严重受损。慢性病例表现为消化紊乱，不喜活动等；病情进一步恶化时，表现为腹围增大，精神不振，嗜睡，食欲减退，逐渐消瘦，最终因体力衰竭而死亡。豆状囊尾蚴侵入大脑时，可破坏中枢和脑血管，急性发作时可引起病兔突然死亡。

4. 病理变化

剖检时常在肠系膜、网膜、肝脏表面及肌肉中见到数量不等、大小不一的灰白色透明的囊泡。囊泡常呈葡萄串状。肝脏肿大，肝实质有幼虫移行的痕迹。急性肝炎病兔，肝表面和切面有黑红色或黄白色条纹状病灶。病程较长的病例可转为肝硬变。病兔尸体多消瘦，皮下水肿，有大量的黄色腹水。

5. 诊断

从尸检中发现豆状囊尾蚴即可确诊。可采用囊尾蚴囊液抗原凝集反应、间接血凝试验和酶联免疫吸附试验，其中间接血凝试验较常用，但生前确诊较为困难。

6. 预防

兔场内禁止养狗、猫，以防止其粪便污染兔的饲料和饮水。同时也应阻止外来狗、猫等动物与兔舍接触；对兔尸肉和内脏进行检疫，严禁用含有豆状囊尾蚴的动物脏器和肉喂狗、猫。同时对兔定期驱虫，驱虫药可用吡喹酮，用量按5毫克/千克体重口服，驱虫后对其粪便严格消毒。

7. 发病后措施

吡喹酮每25毫克/千克体重皮下注射，每天1次，连用5天；或甲苯唑或丙硫苯咪唑35毫克/千克体重，口服，每天1次，连用3天；或早晨空腹服生南瓜子50克（或炒熟去皮碾成末），2小时后喂服槟榔80～100克煎剂，再经半小时喂服硫酸镁溶液。

三、营养代谢病

（一）佝偻病和软骨症

维生素D（VD）缺乏或钙、磷缺乏以及钙、磷比例失调都可以造成骨质疏松，引起幼兔的佝偻病或成年兔的软骨症。本病是一种营养性骨病，各种年龄的兔均可发生，但尤以妊娠母兔、哺乳母兔、生长较快的幼兔多发。

1. 病因

（1）钙、磷是机体重要的常量元素，参与兔骨骼和牙齿的构成，并具有维持体液酸碱平衡及神经肌肉的兴奋性、构成生物膜结构等多种功能。一旦饲料中钙、磷总量不足或比例失调，则必然引起代谢的紊乱。

（2）维生素D是一种脂溶性维生素，具有促进机体对钙、磷的吸收的作用。在舍饲条件下，兔得不到阳光照射，必须从饲料中获得，当饲料中VD含量不足或缺乏，都可引起兔体VD缺乏，从而影响钙、磷的吸收，导致本病的发生。

（3）日粮中矿物质比例不合理或有其他影响钙、磷吸收的成分存在。许多二价金属元素间存在抑制作用，例如饲料中锰、锌、铁等过高可抑制钙的吸收；饲料中含草酸盐过多也能抑制钙的吸收。

（4）此外，肝脏疾病以及各种传染病、寄生虫病引起的肠道炎症均可影响机体对钙、磷以及VD的吸收，从而导致本病的发生。

2. 临床症状

幼兔、仔兔典型的佝偻病主要表现骨质松软，腿骨弯曲，脊柱弯曲成弓状，骨端粗大。青年兔表现消化机能紊乱，异食、骨骼严重变形，易发生骨折等。妊娠母兔表现为分娩后瘫痪。典型病兔患病初期食欲下降或废绝，精神沉郁，有的表现轻度兴奋，随即后肢瘫痪。

3. 诊断

根据典型的临床症状和饲料分析结果即可确诊。

4. 防治

平时注意合理配制日粮中钙、磷的含量及比例，饲喂含钙、磷丰富的饲料，如豆科干草、糠麸等；由于钙、磷的吸收代谢依赖于维生素D的含量，故日粮中应有足够的维生素D供应，加强阳光照射。严重病例除了添加优质骨粉外，可肌内注射维丁胶性钙，每次1000～5000国际单位，每日一次，连用3～5天；或肌内注射维生素AD，每次0.5～1毫升，每日一次，连用3～5天。

(二) 维生素A缺乏症

维生素A (VA) 对于兔的正常生长发育、保持黏膜的完整性以及良好的视觉都具有重要的作用。维生素A缺乏症主要表现为生长发育不良，器官黏膜损害，并以干眼病和夜盲症为特征。本病主要发生于冬季和早春季节。

1. 病因

(1) 日粮中VA或胡萝卜素含量不足或缺乏。兔可以从植物性饲料中获得胡萝卜素VA原，并在肝脏转化为VA。当长期饲喂谷物、糠麸、粕类等胡萝卜素含量少的饲料，极易引起兔VA的缺乏。

(2) 消化道及肝脏的疾病，影响VA的消化吸收。由于VA是脂溶性的物质，它的消化吸收必须在胆汁酸的参与下进行，肝胆疾病、肠道炎症影响脂肪的消化，阻碍VA的吸收。此外，肝脏的疾病也会影响胡萝卜素的转化及VA的贮存。

(3) 饲料贮存时间太长或加工不当，降低饲料中VA的含量。如黄玉米贮存期超过6个月，约损失60%的VA；颗粒饲料加工过程中可使胡萝卜素损失32%以上；夏季添加多维素拌料后，堆积时间过长，使饲料中的维生素A遇热氧化分解而遭破坏。

2. 临床症状

兔缺乏时，可表现出生长停滞、体质衰弱、被毛蓬松、步态不稳、不能站立、活动减少，有时可出现与寄生虫性耳炎相似的神经症状，即头偏向一侧转圈，左右摇摆，倒地或无力回顾，或腿麻痹或偶尔惊厥。幼兔出现下痢，严重者死亡。母兔发情率与受胎率低，并出现妊娠障碍，表现为早产、死胎、难产、娩出衰弱的仔兔或畸形兔；患隐性维生素A缺乏症的母兔虽然能正常产仔，但仔兔在产后几周内出现脑水肿或其他临床症状。成兔和幼兔都出现眼的损害，发生化脓性结膜炎、角膜炎，病情恶化则出现溃疡性坏死。机体的上皮细胞受损，可引起呼吸器官和消化器官炎症，泌尿器官系统黏膜损伤（炎症、感染），能引起尿液浓度、比例关系紊乱和形成尿结石。有的病例出现干眼及夜盲。

3. 病理变化

可以发现明显眼和脑的病变，眼结膜角质化，患病母兔所产的仔兔发生脑内积水，呼吸道、消化道及泌尿生殖系统炎性变化。

4. 诊断

根据饲养史和临床症状初步诊断。确诊须靠病理损伤特征、血浆和肝脏中维生素 A 及胡萝卜素的水平（血浆中维生素 A 的含量低于 0.2～0.3 毫克/毫升）。

5. 防治

饲料中添加含有多种维生素的添加剂或维生素 AD_3 粉等，日粮中常补给青绿饲料，如绿色蔬菜、胡萝卜等。不可饲喂存放过久或霉败变质的饲料。及时给妊娠母兔和哺乳期母兔添加鱼肝油或维生素 A 添加剂，每天每千克体重添加维生素 A 250 单位。

病兔可注射鱼肝油制剂，按 0.2 毫升/千克给量。也可使用维生素 AD_3 粉或鱼肝油混入饲料中喂给；或使用水可弥散性维生素制剂（如速补 14 等）饮水。

维生素 A 摄入过多会引起中毒。

(三) 维生素 E 及硒缺乏症

维生素 E 又叫生育酚，属脂溶性维生素，具有抗不育的作用。维生素 E 是一种天然的抗氧化剂，其主要生理功能是维持正常的生殖器官、肌肉和中枢神经系统机能。维生素 E 不仅对兔的繁殖产生影响，而且参加新陈代谢，调节腺体功能，影响包括心肌在内的肌肉活动。

1. 病因

植物种子中含有较丰富的维生素 E，动物的内脏（肝、肾、脑等）、肌肉中储存维生素 E，但维生素 E 不稳定，易被饲料中矿物质元素、不饱和脂肪酸及其他氧化物质氧化。饲料中维生素E含量不足，饲料或添加剂中矿物质元素或不饱和脂肪酸含量较高而又缺乏一定的保护剂，造成饲料中维生素E的部分或全部破坏，以及兔的球虫病等使肝脏、骨骼肌及血清中维生素E的浓度降低，从而使兔对维生素E的需要量增加，而导致本病发生。维生素E和硒的营养作用密切相关，地方性缺硒也会引起相对性的维生素E缺乏，二者同时缺乏会加重缺乏症的严重程度。

2. 临床症状

患兔表现不同程度的肌营养不良，可视黏膜出血，触摸皮下有液体渗出，出现肌酸尿，肢体发僵，而后进行性肌无力，食欲下降或不食，体重减轻，喜卧少动或不动，不同程度的运动障碍，步态不稳，甚至瘫软，有的可出现神经症状，最终衰竭死亡。幼兔生长发育受阻。母兔受胎率下降，发生流产或死胎。公兔可导致睾丸损伤和精子生成受阻，精液品质下降。初生仔兔死亡率高。

3. 病理变化

肉眼可见全身性渗出和出血，膈肌、骨骼肌萎缩、变性、坏死，外观苍白。心肌变性，有界限分明的病灶。肝脏肿大、坏死，急性病例肝脏呈紫黑色，质脆易碎，呈豆腐渣样，体积约为正常肝的2倍；慢性病例肝表面凹凸不平，体积变小，质地变硬。

4. 防治

进行饲料的合理调配和加工，最好使用全价配合饲料，适当添加多种维生素或含多种维生素类添加剂；加强对妊娠、哺乳母兔及幼兔的饲养管理，补充青饲料，避免饲喂霉败变质饲料，及时治疗肝脏疾病；由于维生素E和硒有协同作用，适当补充硒可减少维生素E的添加量，使用含硒添加剂可有效防治维生素E缺乏。发病后可按每千克体重0.32～1.4毫克维生素E添加于饲料中饲喂，也可使用市售的亚硒酸钠维生素E，或使用水可弥散性维生素制剂（如速补14等）饮水。严重病例可肌内注射维生素E制剂，每次1000单位，每天2次，连用2～3天；肌注0.2%亚硒酸钠溶液1毫升，每隔3～5天注射1次，共2～3次。

(四) B族维生素缺乏症

见表 6-6。

表 6-6　B族维生素缺乏症

种类	原因	症状	诊断	防治
维生素 B_1 缺乏症	饲料中维生素 B_1 含量不足或饲料处理不当；慢性肠道疾病使维生素 B_1 合成与吸收减少，长期使用抗生素药物	兔食欲减退，腹泻或便秘，逐渐消瘦，精神不振，不爱活动，活动时易发生抽搐和痉挛，共济失调，软弱瘫痪，怀孕母兔易发生死胎、畸形胎或木乃伊化胚胎，甚至导致妊娠母兔死亡	根据饲料分析和临床症状可以确诊	预防　首先注意日粮调配，日粮中可适当添加酵母和谷物等。禁止饲喂变质饲料，不能长期服用抗生素类药物，在母兔妊娠期和哺乳期补充维生素 B_1 或使用复合维生素添加剂。不要大量长期使用氨丙啉类抗球虫药物，使用时应配合使用维生素 B_1。 治疗　早期可在饲料中添加维生素 B_1，按 10～20 毫克/千克，连用 1～2 周，也可以肌内注射 5%维生素 B_1 注射液 0.2～0.5 毫克/次，每天 1 次，连用 3～5 天。也可使用速补 14 等饮水
维生素 B_2 缺乏症	日粮中缺少维生素 B_2，饲料变质或加工不当，或患有胃肠炎和吸收障碍，也可以发生本病	维生素 B_2 缺乏主要表现为消瘦，厌食，生长缓慢，被毛粗糙、易脱落脱色；黏膜黄染，流泪，流涎。长期缺乏，母兔不育或所产仔兔畸形，泌乳减少，繁殖率下降，新生仔兔灰黄色	根据日粮组成、临床特征、加维生素 B_2 有疗效可确诊	预防　由于兔肠道细菌可以合成其机体所需的维生素岛，高碳水化合物有助于肠道细菌合成维生素 B_2。合理调配日粮，适当添加动物性饲料和酵母或饲喂含维生素 B_2 添加剂，可有效地预防本病的发生 治疗　最有效的方法是及时给予维生素 B_2，按每千克饲料 20 毫克添加，连用 1～2 周，之后减半，也可皮下或肌内注射维生素 B_2，一般连用 1 周，效果很好。也可使用如速补 14 等饮水

续表

种类	原因	症状	诊断	防治
维生素 B_{12} 缺乏症	饲料中不使用动物性饲料，并且未添加维生素 B_{12}，而导致本病的发生；饲料中缺乏微量元素钴和铁时，维生素 B_{12} 合成不足，肠道疾病可阻止微生物合成，或使之吸收利用发生障碍等，也可诱发本病的发生	患兔的主要症状是厌食，营养不良，贫血，消瘦，黏膜苍白，幼兔、仔兔生长发育停滞，也出现胃肠炎、腹泻、便秘等。血液稀薄，颜色发淡。肝脏黄色而脆，肝细胞坏死和脂肪变性。全身性贫血	根据临床症状、病理变化特点和日粮的配合进行综合分析确诊	预防　饲料中添加含维生素 B_{12} 及含钴和铁的添加剂；饲料中适当添加动物性饲料和酵母等，能够起到补充维生素 B_{12} 的作用。由于兔肠道内微生物可以合成维生素 B_{12}，可以让兔适当采食健康兔的软粪来获得维生素 B_{12}。母兔在妊娠期要提高维生素 B_{12} 的添加量，每千克饲料含维生素 B_{12} 0.04 毫克 治疗　病兔可按每千克饲料添加维生素 B_{12} 0.4 毫克，同时添加含钴和铁的添加剂，病情好转后再恢复到预防量。有价值的种兔可肌内注射维生素 B_{12} 注射液治疗
维生素 B_6 缺乏症	日粮中维生素 B_6 不足；饲料加工调制不当；使饲料中维生素 B_6 被破坏；兔患肠道疾病，使肠道不能合成足量的维生素 B_6 等。另外，由于喂含高蛋白质饲料对维生素 B_6 的需要增多，也能引起缺乏	一般轻微缺乏时对兔的影响不大，严重缺乏时，引起兔皮肤的损害，兔耳周边出现皮肤增厚和鳞片，鼻端或爪出现疮痂，眼睛发生结膜炎，神经功能紊乱，骚动不安，生长发育受阻，不孕率增高。孕兔死胎增加，妊娠后期出现尿石症。仔兔生长缓慢	根据日粮分析和临床症状初步诊断；根据尿检血液转氨酶活性降低和临床特征进行确诊	预防　使用全价配合饲料，适当添加鱼粉、肉骨粉、酵母等饲料。或适当加入维生素 B_6 添加剂或复合多种维生素添加剂。每千克日粮 0.6～1 毫克维生素 B_6 可预防本病的发生 治疗　可用维生素 B_6 制剂，发情期 1.2 毫克/千克体重，被毛生长前期每千克体重 0.9 毫克，被毛生长后期每千克体重 0.6 毫克，可得到良好的治疗效果。也可使用水可弥散性维生素制剂(如速补 14)等饮水

四、中毒性疾病

(一) 霉变饲料中毒

1. 病因

饲料被烟曲霉、镰刀菌、黄曲霉菌、赭曲霉、白霉菌、黑霉菌等污染，霉菌产生毒素，兔采食而发生中毒。

2. 临床症状

由于毒源极多，症状复杂。病兔口唇、皮肤发紫，全身衰弱、麻痹，初期食欲减退甚至拒食，精神不振，可视黏膜黄染，被毛干燥粗乱，不愿活动，常将两后肢膝关节凸出于臀部呈山字形趴卧在笼内。粪便软稀，带有黏液或血液。随病情加重，出现神经症状，后肢软瘫，全身麻痹死亡。日龄小的仔兔、幼兔及日龄大而体弱的兔发病多，死亡率高。妊娠母兔可发生流产，发情母兔不受孕，公兔不配种。

3. 病理变化

剖检可见肠胃出血性坏死性炎症，胃与小肠充血、出血；肝肿大、质脆易碎，表面有出血点；肺水肿，表面有小结节；肾脏淤血。

4. 防治

平时应加强饲料保管，防止霉变。霉变饲料不能喂兔。霉菌中毒尚无特效、特定的药物治疗，一般采取对症治疗措施。首先停喂有毒饲料，采取洗胃的办法清除毒物。如出现肌肉痉挛或全身痉挛，可肌内注射盐酸氯丙嗪 3 毫克/千克体重，或静脉注射 5%水合氯醛 1 毫升/千克体重。也可试用制霉菌素、两性霉素 B 等抗真菌药物治疗。饮用稀糖水和维生素 C 水，或将大蒜捣烂，每只成年兔每日 2～5 克，分 2 次拌料饲喂，亦有一定疗效。病情严重者可静脉注射 10%葡萄糖 6 毫升/千克，维生素 C 2 毫升/千克。

(二) 有机磷农药中毒

1. 病因

有机磷农药是我国目前应用最广泛的一类高效杀虫剂，引起兔中毒的主要农药有 1605、1059、3911、马拉硫磷、乐果等。兔中毒多是由于采食了喷洒过这类农药的蔬菜、青草、粮食等引起，有些则是由于用敌百虫治疗体表寄生虫病时引起的。当有机磷农药经消化道或皮肤等途径进入机体而被吸收后，则使体内乙酰胆碱在胆碱能神经末梢和突触部蓄积而出现一系列临床症状。

2. 临床症状

兔常在采食含有有机磷农药的饲料后不久出现症状，初期表现流涎、腹痛、腹泻、兴奋不安、全身肌肉震颤、抽搐、心跳加快、呼吸困难等症状，严重者表现可视黏膜苍白、瞳孔缩小，最后昏迷死亡。轻度中毒病例只表现流涎和腹泻。

3. 病理变化

急性中毒病例，剖开肠胃，可闻到肠胃内容物散发出有机磷农药的特殊气味，胃肠黏膜充血、出血、肿胀，黏膜易剥脱，肺充血水肿。

4. 防治

喷洒过有机磷农药尚有残留的植物和各种菜类不能用来喂兔。用有机磷药物进行体表驱虫时，应掌握好剂量与浓度，并加强护理，严防舔食。经口中毒的可用清水洗胃或盐水洗胃，并灌服活性炭。此外，还应迅速注射解磷定和阿托品，解磷定按15毫克/千克体重静脉或皮下注射，每日2～3次，连用2～3天；阿托品每次皮下注射1～2毫升，每日2～3次，直至症状消失为止。

（三）有机氯中毒

1. 病因

有机氯毒物主要有农药“六六六”“滴滴涕”，由于其化学性质稳定，在饲料、饮水中的残效期长，农作物副产品、籽实及草料被污染的可能性较大。

2. 临床症状

中毒后，兔表现为精神较差，无食欲或表现兴奋、痉挛，呼吸和心跳加快，嘴唇发绀，瞳孔扩大，死亡率高。

3. 防治

有机氯中毒尚无有效的治疗方法，一般采取对症治疗，如切断毒源，灌服2%碳酸氢钠或石灰水，也可灌服盐类泻药。皮肤中毒可用肥皂水、石灰水冲洗后，再用清水冲洗。

五、普通病

（一）便秘

兔的便秘主要是由于肠内容物停滞、变干、变硬，致使排粪困难，严重时可造成肠阻塞的一种腹痛性疾病。它是兔消化道疾病的常见病症之一，其中幼兔、老龄兔多见。

1. 病因

主要是由于精、粗饲料搭配不当，精料过多，饮水不足；缺少新鲜青绿饲料，长期饲喂单一的干硬饲料，如甘薯秧、豆秸、稻草、稻糠等；采食含有大量泥沙、被毛等异物使粪球变大，从而使胃肠蠕动减弱；环境的突然改变，运动不足，打乱正常排便习惯或继发其他疾病等多种因素均可导致便秘发生。

2. 临床症状

病初肠道不完全阻塞时，食欲减退，排粪困难，粪量少，粪球干硬，粪粒两头尖；完全阻塞时，食欲废绝，数天不见排粪，腹痛不安。有的频做排粪姿势，但无粪排出。当阻塞前段肠管产气、积液时，可见腹部臌胀，不安；触诊腹部，在盲肠与结肠部可触到内容物坚硬似腊肠或念珠状坚硬的粪块。剖检可见盲肠和结肠内充满干硬颗粒状粪便。

3. 防治

（1）合理搭配精、粗、青绿饲料，饲喂要定时定量，防止兔贪食过多，并保证充足饮水。

（2）适当增加运动，保持料槽的清洁卫生，及时清除槽内泥沙、被毛等异物。

（3）发病初期可适当喂青绿多汁饲料，待粪便变软后减少饲喂量。对病重的兔要立即停食，增加饮水量，并且按摩兔的腹部，慢慢地压碎粪球、粪块，同时使用药物促进肠蠕动，增加肠腺的分泌，以软化粪便。成年兔，硫酸钠 2～8 克或人工盐 10～15 克加温水适量 1 次灌服，幼兔可减半灌服；此外，用液体石蜡、植物油，成年兔10～20 毫升，加温水适量 1 次灌服。必要时可用温水灌肠，促进粪便排出。操作方法是：用粗细能插入肛门的橡皮管或软塑料管，事先涂上液体石蜡或植物油，缓缓插入肛门 5～8 厘米，灌入 40～45℃的温肥皂水或 2%碳酸氢钠水，为了防止肠内容物发酵、产气，可口服 5%乳酸 5 毫升、食醋 15 毫升。

(二) 积食

积食又称胃扩张。一般 2～6 月龄的幼兔容易发生，常见于饲养管理不当、经验不多的初养兔的养兔场。

1. 病因

兔贪食过量适口性好的饲料。特别是含露水的豆科饲料，较难消化的玉米、小麦、食后易产生臌胀的饲料、腐败和冰冻饲料等导致本病发生。积食也可继发于其他疾病，如肠便秘、肠臌气或球虫病。

2. 临床症状

通常在采食几小时后开始发病。病兔卧伏不动或不安，胃部肿大，流涎，呼吸困难，表现痛苦，眼半闭或睁大，磨牙，四肢集于腹下，时常改变蹲伏的位置。触诊腹部，可以感到胃体积明显胀大，如果胃继续扩张，最后导致胃破裂死亡。慢性发作的常伴有肠臌气和胃肠炎，如不及时治疗，可于 1 周内死亡。剖检可见胃体积显著增大，内容物酸臭，胃黏膜脱落；胃破裂的病死兔，胃局部有裂口，胃内容物污染整个腹腔。

3. 防治

平时饲喂要定时定量，加强管理，切勿饥饱不均。幼兔断奶不宜过早；更换干、青饲料时要逐渐过渡。禁止喂给遭雨淋、带露水的饲料，或晾干再喂；禁止饲喂腐败、冰冻饲料；少喂难消化的饲料。

发生积食应立即采取措施，停止饲喂，灌服植物油或石蜡油10～20 毫升、萝卜汁 10～20 毫升或食醋 40～50 毫升，口服小苏打片和大黄片 1～2 片，服药后，人工按摩病兔腹部，增加运动，使内容物软化后移。必要时皮下注射新斯的明注射液 0.1～0.25 毫克。多给饮水，后可给易消化的柔软的青绿饲料。

(三) 毛球病

毛球病主要是由于兔食入被毛所引起的，临床上较多发生，长毛兔多发。

1. 病因

（1）饲养管理不当　如兔笼太小，互相拥挤而吞食其他兔的绒毛或长毛兔身上久未梳理的毛，兔不适而咬毛吞食；未及时清理脱落在饲料内、垫草上的绒毛而被兔吞食；母兔分娩前拉毛营巢，吃产箱内垫料时，连毛吃入体内等。

（2）饲料营养物质不全　尤其是缺乏微量元素镁时，导致兔掉毛，吃毛；长期饲喂低维生素的日粮或日粮中蛋白质不足，尤其是含硫氨基酸含量不足时，也会造成兔吃毛；缺乏维生素 A 和 B 族维生素，兔形成异食癖，舔食自己的被毛。

（3）患有其他疾病　患有皮炎和疥癣时，因发痒，兔啃咬被毛而引起毛球病。

2. 临床症状

病兔表现为食欲不振，好卧，喜饮水，大便秘结，粪便中带毛，有时成串。由于饲料、绒毛混合成毛团，阻塞肠道，当形成肠梗阻时，病兔停止采食，因为胃内饲料发酵产气，所以胃体积大且臌胀。触诊能感觉到胃内有毛球。患兔贫血，消瘦，衰弱，甚至死亡。

3. 防治

（1）加强饲养管理，保证供给全价日粮，增加矿物质和富含维生素的青饲料，补充含蛋氨酸、胱氨酸较多的饲料；及时治疗兔的皮肤病；经常清理兔笼或兔舍，防止发生拥挤。

（2）治疗　灌服植物油（菜籽油、豆油）使毛球软化，肛门松弛，毛球润滑，并向后部肠道移动。对于较小的毛球，可口服多酶片，每日 1 次，每次 4 片，使毛球逐渐酶解软化，然后灌服植物油，使毛球下移；也可用温肥皂水灌肠，每日 3 次，每次 50～100 毫升，兴奋肠蠕动，利于毛球排出。毛球排出后，应给予易消化的饲料，口服健胃药（如酵母等），促进胃肠功能恢复。

（四）胃肠炎

胃肠炎是胃肠表层黏膜及其深层组织炎症。不同年龄的兔都可发生，幼兔发生后死亡率比较高。

1. 病因

兔采食品质不良的草料，如霉败、霜冻饲料以及有毒植物、化学药品处理过的种子等，或者是饲料、饮水不清洁。兔舍潮湿，饲草被泥水污染，均可导致本病的发生。断奶幼兔，体质较差，常因贪食过多饲料发生肠臌气，在此基础上继发胃肠炎。继发性胃肠炎见于胃扩张、胃臌气、出血性败血症、副伤寒及球虫病等。

2. 临床症状

初期，只表现胃黏膜浅层轻度炎症，食欲下降，消化不良，排出的粪便带有黏液。时间延长，炎症加重，胃肠内容物停滞，且发生发酵、腐败，加剧肠道有害菌的危害作用。当细菌产生的毒素被机体吸收后，导致严重的代谢紊乱、消化障碍，病兔食欲废绝，精神迟钝，舌苔重，口恶臭，四肢、鼻端等末梢发凉。腹泻是胃肠炎的主要特征之一，先便秘，后拉稀，肠管蠕动剧烈，肠音较亮，粪便恶臭，混有黏液、组织碎片及未消化的饲料，有时混有血液。肛门沾有污粪，尿呈酸性、乳白色。后期肠音减弱或停止，肛门松弛，排便失禁，腹泻时间较长者出现里急后重现象。全身症状严重，兔眼球下陷，脉搏弱而快，迅速消瘦，皮温不均，随病情恶化，体温常降至正常以下。当严重脱水时，血液黏稠，尿量减少，肾脏机能因循环障碍受阻。被毛逆立无光泽，腹痛、不安，出现全身肌肉抽搐、痉挛或昏迷等神经症状。若不及时治疗，则很快死亡。

3. 防治

（1）加强日粮管理　给以营养平衡的饲料，不可突然改变饲料，防止贪食；定时定量给食；严禁饲喂腐败变质饲料，保持兔舍卫生。对于断奶的幼兔要给予优质全价饲料。

（2）发病后治疗　对肠炎引起的脱水，可配制口服补液盐让病兔自由饮用。抑制炎症发展可采用抗菌类药物，内服链霉素粉 0.01～0.02 克/千克或新霉素 0.025 克/千克。清肠止泻，保护胃黏膜，可投服药用炭悬浮液，也可内服小苏打，每次 0.25～0.1 克/千克，1 日 3 次。严重者应静脉注射或腹腔注射葡萄糖氯化钠注射液 500～

1000毫升，皮下注射维生素C，增强病兔抵抗力，防止脱水。中药方剂对胃肠炎有较好的效果，可用郁金散和白头翁汤等治疗。

（五）肠臌气

肠臌气多为急性发生，如不及时进行治疗，很快导致死亡。饲料在肠内发酵是造成臌气的主要原因，尤其在盲肠内产生大量气体，臌气迅速形成。

1. 病因

兔采食容易发酵的饲料，如大豆秸、紫云英、三叶草，堆积发热的青草，腐败冰冻饲料，以及多汁、易发酵的青贮料，或突然更换饲料造成贪食也可发病。一般2～6周龄的幼兔最易发病。本病也可继发结肠梗阻、便秘等。

2. 临床症状

兔吃料后，精神不好，腹部逐渐胀大，像绷紧的鼓皮，若以手指敲弹，呈鼓音。患兔呼吸困难，心率加快，可视黏膜潮红，甚至发绀，偶尔拱腰，呜叫。

3. 防治

严禁给兔饲喂大量易发酵、易臌胀饲料。注意加强饲料保管，防止饲料发霉、冰冻、腐烂，一旦变质，不能用来喂兔。更换饲料要逐渐进行，以免兔贪食。对短时间内形成的急性肠臌气，需要立刻动手术，先用手按住腹部以固定肠道，在臌气最突出的地方剪毛、消毒后，用12号针头穿刺放气。消退后，灌服大黄苏打片2～4片，为预防霉菌性肠炎，用制霉菌素5万单位，每天3次，连用2～3天。

对于病情比较稳定的患兔，可应用如下治疗方案：

① 内服适量植物油，不仅能疏通肠道，且对泡沫性臌气有效。

② 应用制酵药，大蒜（捣烂）6克、醋15～30毫升，一次内服；或醋30～60毫升，内服；或姜酊2毫升、大黄酊1毫升，加温水适量内服。对轻微病例可辅助性按摩腹壁，兴奋肠活动，排出气体。

③ 对于便秘性臌气，可用硫酸镁10克、液状石蜡10毫升，一次灌服。为缓解心肺功能障碍，可肌注10%安钠咖注射液0.5毫升。

去除肠臌气后，患兔还需隔一段时间喂料，以免复发。最好喂易消化的干草，再逐步过渡到正常饲料。

（六）无乳或少乳症

母兔无乳和缺乳症是指母兔分娩后在哺乳期内出现无乳或少乳的一种综合性病症。无乳症是母兔围产期出现泌乳阻塞或停止的一种症状。母兔无乳和缺乳症会导致产后几天内成窝或许多仔兔的死亡，因此本病对养兔生产有极大的危害。

1. 病因

母兔在孕期或哺乳期饲料营养低下，或怀孕后期过量饲喂含蛋白质高的精料，使初期的乳汁过稠，堵塞乳腺泡导致缺乳；母兔患有某些传染病或其他慢性疾病也可引起无乳症。此外，母兔年龄过大，乳腺萎缩或过早交配，乳腺发育不全等，均可引起无乳。

2. 临床症状

母兔无乳症时表现为仔兔呈饥饿状，挤压母兔乳头仅见少量稀乳或根本无乳，拉稀。母兔体温高于正常，精神委顿，食欲不振，乳腺组织紧密、充血，但乳头松弛。

3. 防治

（1）加强饲养管理　饲喂全价饲料，增加日粮中的精、绿饲料，防止早配，淘汰过老母兔，选育、饲养母性好、泌乳足的种母兔。

（2）发病后治疗　可内服人用催乳灵1片，每日1次，连用3～5天；激素治疗，用垂体后叶素10单位，一次皮下或肌内注射；苯甲酸雌二醇0.5～1毫升，肌内注射。选用催乳和开胃健脾的中草药王不留行20克，通草、穿山甲、白术各7克，白芍、山楂、陈皮、党参各10克，研磨，分数次拌料喂给病兔，有助于疾病的恢复。

（七）乳房炎

母兔的乳房炎是母兔泌乳期常发的疾病，多发生于产后3周内的母兔。

1. 病因

母兔分娩前后因增加饲料过量，使乳汁分泌量增多，且变稠，仔兔体弱，吸奶无力或母兔产仔少，吃奶不多，使乳汁长时间停留在乳房内，通过细菌感染而变质是引起母兔乳房炎的内因。母兔乳头被仔兔咬破，乳房因产箱或笼舍不光滑或有尖锐物被损伤，致使病原菌如葡萄球菌、链球菌等入侵而感染，是导致母兔乳房炎的外因。

2. 临床症状

(1) 急性型　母兔食欲减退，精神不振，拒绝哺乳，体温升高至41℃以上，乳房红肿发热，触摸有痛感，时间稍长变为蓝紫色或青紫色，粪便干小如鼠粪状，有的排出胶冻样黏液。如不及时治疗，多在2～4天内因败血症而死亡，即使存活亦预后不良。

(2) 慢性型　乳房局部红肿，触之有灼热感，皮肤张紧发亮，部分乳头焦干不见，可摸到栗子样的硬块，乳量减少，母兔拒绝哺乳，精神委顿，食欲降低，体温多在40℃以上。

(3) 化脓性　食欲减退，体温升高，乳房能触摸到面团样脓肿，有的甚至变为坏疽。

3. 防治

(1) 母兔产前产后3天内控制精料及多汁饲料的喂给量，产仔4天后根据母兔的哺乳只数来增加或减少精料的喂量，保持兔舍产箱的清洁卫生，注意定期消毒。消除环境中能损伤母兔乳房或皮肤的尖锐物。经常发生乳房炎的兔场和养殖户在母兔产仔前后2天投服磺胺类药物，以预防本病的发生。

(2) 乳房炎初期可采用以下疗法：用温热毛巾敷乳房，每次15分钟，每天2～3次，同时肌注庆大霉素（3～5毫克/千克），每天2～3次；肌注青霉素20万单位，每日2次，控制病情后，口服复方新诺明，每次1片，每日2次，连用3天；采用封闭疗法，青霉素20万单位、0.25%盐酸普鲁卡因20毫升混合，在乳房患部作周边封闭，每日1次，连用3天；适量仙人掌去皮，捣成糊状，涂抹患处，每日1次，同时肌注青霉素20万单位，每日2次，连用3天。对已经成熟的脓肿可切开排脓，乳腺体腐烂的要彻底切除，后用高锰酸钾或3%双氧水冲洗疮面，再涂以紫药水或魏氏流浸膏等药物，并交替肌注青霉素（20 万单位）与庆大霉素。

第四节 常见误区纠错

一、疾病控制观念的误区纠错

规模化养兔，饲养密度高，环境条件差，病原感染的机会极大增加，疫病成为影响养兔业效益的重要因素。生产中，人们缺乏综合防治观念，存在轻视预防、重视治疗、高度依赖免疫接种和药物防治的问题，结果导致疾病不断发生，给生产带来较大损失。

【纠正措施】 免疫接种和药物防治是控制疾病的重要手段，但也有很大的局限性（见表 6-7），单纯依靠疫苗和药物难以完全控制疾病。要控制疾病，必须树立“预防为主、防重于治”的观念，采取隔离、卫生、消毒、提供抵抗力、免疫和药物等综合手段。疫病发生需要病原、传播途径和易感动物三大环节的相互衔接，如果没有病原进入兔体就不可能发生传染病。所以要从场址选择、规划布局、防护设施（隔离墙、消毒室）设置、消毒程序、防疫制度制定和执行等环节上狠下功夫，进行科学饲养管理，提高兔体的抵抗力，辅助疫苗的免疫接种和药物防治，从根本上减少和控制疫病发生。

表 6-7 免疫接种和药物防治的局限性

免疫接种局限性	药物局限性
①产生的抗体具有特异性，只能中和相应抗原，控制某种疾病，不可能防治所有疾病 ②许多疾病无疫苗或无高质量疫苗，或疫苗研制跟不上病原变化，不能有效免疫接种 ③ 疫苗接种产生的抗体只能有效抑制外来病原入侵，并不能完全杀死兔体内的病原 ④免疫副作用。如活疫苗毒力返强；中等毒力疫苗造成免疫抑制或发病、疫苗干扰；免疫接种途径和方法不当。免疫接种会造成兔应激，影响生长和生产性能 ⑤影响免疫接种效果的因素甚多，极易造成免疫失败。如疫苗因素（疫苗内在质量差、贮运不当、选用不当）、兔群自身因素（遗传、应激、健康水平、潜在感染和免疫抑制等）、技术原因（免疫程序不合理、接种途径不当、操作失误等）都可造成免疫失败	①许多疫病无特效药物，难以防治 ②细菌性疾病极易产生耐药性，病原对药物不敏感，防治效果差 ③兔产品药物残留威胁人类健康，影响对外贸易

二、卫生消毒方面存在的误区纠错

(一) 忽视卫生管理导致疾病不断发生

兔的规模化养殖，饲养密度高，环境条件差，如果卫生管理不善，必然增加疾病的发生机会。生产中由于不注重卫生管理，如隔离条件不良、消毒措施不力、兔场和兔舍内污浊等，而导致疾病发生的实例屡见不鲜。

【纠正措施】 改善环境卫生条件是减少兔场疾病最重要的手段。改善环境卫生条件需要采取综合措施：

一是做好兔场的隔离工作。兔场要选在地势高燥处，远离居民点、村庄、化工厂、畜产品加工厂和其他畜牧场，最好周围有农田、果园、苗圃和鱼塘。兔场周围设置隔离墙或防疫沟，场门口有消毒设施，避免闲杂人员和其他动物进入；场地要分区规划，生产区、管理区和病禽隔离区严格隔离。场地周围建筑隔离墙。布局建筑物时切勿拥挤，要保持15～20米的卫生间距，以利于通风、采光和兔场空气质量良好。注重绿化、粪便处理和利用的设计，避免环境污染。

二是采用全进全出的饲养制度，保持一定间歇时间，对兔场进行彻底的清洁消毒。

三是加强消毒。隔离可以避免或减少病原进入兔场和兔体，减少传染病的流行，消毒可以杀死病原微生物，减少环境和禽体中的病原微生物，减少疾病的发生。目前我国养兔业的饲养条件下，消毒工作显得更加重要。注意做好进入兔场人员和设备用具的消毒、兔舍消毒、带兔消毒、环境消毒、饮水消毒等。

四是加强卫生管理。保持舍内空气清洁，进行通风适量，过滤和消毒空气，及时清除舍内的粪尿和污染的垫草并无害化处理，保持适宜的湿度。

五是建立健全各种防疫制度。如制定严格的隔离、消毒规程，引入兔时进行隔离检疫，严格执行病死兔无害化处理、免疫等制度。

(二) 忽视休整期间的清洁

目前在兔场清理消毒过程中，很多兔场只重视了舍内清理工作，往往忽视舍外的清理。兔淘汰后兔场或兔舍清理不够彻底，间隔期不够长。

【纠正措施】 整理工作要求做到冲洗全面干净、消毒彻底完全；兔出售后要从清理、冲洗和消毒三方面下功夫整理兔场和兔舍，才能达到所要求的目的。清理起到决定性的作用，做到以下几点才能保证兔的生产和生长安全：一是淘汰第一批兔到第二批兔的进入要间隔2周以上；二是5天内舍内完全冲洗干净，舍内干燥期不低于7天（任何病原体在干燥情况下都很难存活，最少也能明显减少病原体存活时间）；三是舍内墙壁地面冲洗干净，空舍7天以后，再用20%生石灰水刷地面与墙壁，管理重点是生石灰水刷得均匀一致；四是对刷过生石灰水的兔舍，所有消毒（包括甲醛熏蒸消毒在内）重点都放在屋顶上，这样效果会更加明显；五是舍外也要如新场一样，污区土地面清理干净露出新土后，地面最好铺撒生石灰，所有人员不进入活动，以确保生石灰所形成的保护膜不被破坏，净区地面严格清理露出的新土，并一定要撒上生石灰，但不要破坏生石灰形成的保护膜；六是舍外水泥路面冲洗干净后，洒20%生石灰水和5%火碱水各一次，若是土地面，应铺1米宽砖路供饲养管理人员行走。

（三）消毒存在的误区

兔场消毒方面存在的误区有：消毒前不清理污物，消毒效果差；消毒不严格，留有死角；消毒液选择和使用不科学以及忽视日常消毒工作。

【纠正措施】

（1）消毒前彻底的清洁　彻底的机械清除是有效消毒的前提。消毒表面不清洁会阻碍消毒剂与细菌的接触，使杀菌效力降低。例如兔舍内有粪便、兔毛、饲料、蜘蛛网、污泥、脓液、油脂等存在时，会降低所有消毒剂的效力。在许多情况下，表面的清洁甚至比消毒更重要。进行各种表面的清洗时，除了刷、刮、擦、扫外，还可用高压水冲洗，效果会更好，有利于有机物溶解与脱落。消毒前应先将可拆除的用具运至舍外清扫、浸泡、冲洗、刷刮，并反复消毒，舍内从屋顶、墙壁、门窗至地面、粪池、水沟等，按顺序认真清理和冲刷干净，然后再进行消毒。

（2）消毒要严格　消毒是非常细致的工作，要全方位地进行消毒，如果留有“死角”或空白，就起不到良好的消毒效果。对进入生产区的人员必须严格按程序和要求进行消毒，禁止工作人员不按要求消毒而随意进入生产区或“串舍”，制定科学合理的消毒程序并严格执行。

（3）消毒液选择和使用要科学　长期使用同一种消毒药，细菌、病毒对药物会产生耐药性，对消毒剂也可能产生耐药性，因此最好是几种不同类型的消毒剂交叉使用；在养殖场或兔舍入口的池中，堆放厚厚的干石灰，这起不到有效的消毒作用。使用石灰消毒最好的方法是加水配成10%～20%的石灰乳，用于涂刷兔舍墙壁1～2次，既可消毒灭菌，又有涂白美观的作用。消毒池中的消毒液要经常更换，保持相应的浓度，才能达到预期的消毒效果。消毒液要现配现用，否则可能会发生化学变化，造成“失效”。用强酸、强碱等刺激性强的消毒药带兔消毒，会造成畜眼、呼吸道的刺激，严重时甚至会造成皮肤的腐蚀。空栏消毒后一定要冲洗，否则残留的消毒剂会造成兔的蹄爪和皮肤被灼伤。

（4）注意日常消毒　虽然没有发生传染病，但外界环境可能已存在传染源，传染源会排出病原体。如果此时没有采取严密的消毒措施，病原体就会通过空气、饲料、饮水等途径传播，入侵易感兔，引起疫病发生，所以要加强日常消毒，杀灭或减少病原，避免疫病发生。

（四）病死兔处理方面的误区

病死兔带有大量的病原微生物，是最大的污染源，处理不当很容易引起疾病的传播。存在误区：

（1）病死兔随意乱放，造成污染。很多养兔场（户）发现死亡的兔只后不及时处理，随意放在兔舍内、舍门口、庭院内和过道等处，特别是到了冬季更是随意乱放，还经常放置很长时间，没有固定的病死兔焚烧掩埋场所，也没有形成固定的消毒和处理程序。这样一来，就人为造成了病原体的大量繁殖和扩散，随着饲养人员的进出和活动，大大增加了兔群重复感染发病的概率，给兔群保健造成很大麻烦，经常是病兔不断出现，形成恶性循环。

（2）随意出售病死兔或食用，造成病原的广泛传播。许多养殖场（户）不遵守国家法律，为了个人一点利益，对病死兔不进行无害化处理，随意出售或者食用，结果导致病原体的广泛传播，造成疫病的流行。

（3）不注意解剖诊断地点选择，造成污染。怀疑兔群有病，尽快查找原因本无可厚非，可是不管是养兔场（户）还是个别兽医，在做剖检时往往都不注意地点的选择，随意性很大，有的在距离养兔场很近的地方，更有甚者，在饲养员住所、饲料加工贮藏间和兔舍门口等处就进行剖检。剖检完毕对尸体和周围环境仅做简单清理，不彻底消毒，这就更增加了疫病的传播和扩散的危险。

【纠正措施】

（1）死兔要无害化处理，严禁出售或自己食用。发现死兔要放在指定地点，经过兽医人员诊断后进行无害化处理。处理方法有：焚烧法、高温处理法和土埋法。

（2）病死兔解剖诊断等要在隔离区或远离养兔场、水源等地方，解剖诊断后尸体要无害化处理，诊断场所进行严格消毒。兽医人员在解剖诊断前后都要消毒。

（五）忽视疫病发生时的处理

疫病，特别是一些急性、恶性传染病发生时，许多养兔场（户）重视不够，不能采取有效的处理措施，导致疫病传播迅速，危害严重。

【纠正措施】

（1）隔离　当兔群发生传染病时，应尽快作出诊断，明确传染病性质，立即采取隔离措施。一旦病性确定，对假定健康兔可进行紧急预防接种。隔离开的兔群要专人饲养，用具要专用，人员不要互相串门。根据该种传染病潜伏期的长短，经一定时间观察不再发病后，再经过消毒后可解除隔离。

（2）封锁　在发生及流行某些危害性大的烈性传染病时，应立即报告当地政府主管部门，划定疫区范围进行封锁。封锁应根据该疫病流行情况和流行规律，按“早、快、严、小”的原则进行。封锁是针对传染源、传播途径、易感动物群三个环节采取相应措施。

（3）紧急预防　一旦发生传染病，在查清疫病性质之后，除按传染病控制原则进行诸如检疫、隔离、封锁、消毒等处理外，对疑似病兔及假定健康兔可采用紧急预防接种。预防接种可应用疫苗，也可应用抗血清。

（4）淘汰病兔　及时淘汰病兔，也是控制和扑灭疫病的重要措施之一。

三、免疫接种存在的误区纠错

（一）忽视疫苗贮存，认为在冷藏设备内长期存放不影响使用效果

疫苗的质量关乎免疫效果，影响疫苗质量的因素主要有产品的质量、运输贮存等。但生产中存在忽视疫苗贮存或认为疫苗在冷藏设备内长期存放不影响使用效果的误区，严重影响到兔的免疫效果。生产中就出现兔瘟疫苗受冻而造成免疫失败，导致兔瘟暴发的情况。

【纠正措施】

（1）根据不同疫苗特性科学保存疫苗　疫苗要冷链运输，要保存在冷藏设备内。油佐剂灭活疫苗和氢氧化铝乳胶疫苗可以常温保存或于2～4℃冰箱内低温保存，不能冷冻；冻干弱毒疫苗应当按照厂家的要求贮藏在－20℃。常温保存会使活疫苗很快失效。停电是疫苗贮存的大敌。反复冻融会显著降低弱毒活疫苗的活性。疫苗稀释液也非常重要，有些疫苗生产厂家会随疫苗带来特制的专用稀释液，不可随意更换。疫苗稀释液可以在2～4℃冰箱保存，也可以在常温下避光保存，但是绝不可在0℃以下冻结保存。不论在何种条件下保存的稀释液，临用前必须认真检查其清晰度和容器及其瓶塞的完好性。瓶塞松动脱落，瓶壁有裂纹，稀释液浑浊、沉淀或内有絮状物飘浮者，禁止使用。

（2）避免长期保存　一次性大量购入疫苗也许能省时省钱。但是，由于疫苗中含有活的病毒，如果不能及时使用，它们就会失效。要根据兔场计划来决定疫苗的采购品种和数量。要切实做好疫苗的进货、贮存和使用记录。随时注意冰箱的实际温度和疫苗的有效期，特别要保证疫苗先进先出，超过有效期的疫苗应当放弃使用。

（二）过分依赖免疫接种，认为只要进行过免疫接种就可以“高枕无忧”

疫苗的免疫接种可以提高兔体的特异性抵抗力，是防止疫病发生的重要措施之一，但生产中，有的兔场过分依赖免疫接种，把免疫接种看作是防止疫病发生的唯一方法，而忽视其他疫病控制方法，甚至认为免疫接种过了，就可以“高枕无忧”，殊不知免疫接种也不是百分之百保险，因为免疫接种也有一定的局限性。影响免疫接种的效果因素很多，任何一个方面出现问题，都会影响免疫效果。

【纠正措施】

（1）正确认识免疫接种的作用　免疫接种可以提高兔体特异性抵抗力，但必须是确切的接种。生产中许多疾病无疫苗或无高质量疫苗，或疫苗研制开发跟不上病原变化，不能进行有效的免疫接种。疫苗接种产生的抗体只能有效地抑制外来病原入侵，并不能完全杀死兔体内的病原，有些免疫兔向外排毒。免疫副作用，如活疫苗毒力返强、中等毒力疫苗造成免疫抑制或发病、疫苗干扰以及非SPF胚制备的疫苗通常含有病原，接种后更会增加兔群对多种细菌和病毒的易感性以及造成对疫苗反应抑制。疫苗因素（疫苗内在质量差、贮运不当、选用不当）、兔群自身因素（遗传、应激、健康水平、潜在感染和免疫抑制等）、操作原因（免疫程序不合理、接种途径不当、操作失误）等都可造成免疫失败。所以，疫病控制必须采取隔离、卫生、消毒、免疫接种等综合措施，仅仅依靠疫苗接种是不行的。

（2）进行正确免疫接种，尽量提高免疫效果

① 选择优质疫苗　疫苗质量是免疫成败的关键因素，疫苗质量好必须具备的条件是安全和有效。应选择规范的、信誉高的厂家生产的疫苗，注意疫苗的运输和保管。

② 适宜的免疫剂量　疫苗接种后在体内有个繁殖过程，接种到兔体内的疫苗必须含有足量的有活力的抗原，才能激发兔体产生相应抗体，获得免疫。若免疫的剂量不足，将导致免疫力低下或诱导免疫力耐受；而免疫的剂量过大，也会产生强烈应激，使免疫应答减弱甚至出现免疫麻痹现象。

③ 避免干扰作用　同时免疫接种两种或多种弱毒苗往往会产生干扰现象。对于有干扰作用的疫苗应保证一定的免疫间隔。

④ 环境良好　兔体内免疫功能在一定程度上受到神经、体液和内分泌的调节。当环境过冷或过热、湿度过大、通风不良时，都会引起兔体不同程度的应激反应，导致兔体对抗原免疫应答能力下降，接种疫苗后不能取得相应的免疫效果。所以要保持环境适宜，洁净卫生。

⑤ 减少应激　免疫接种是利用致弱的病毒或细菌（疫苗）去感染兔机体，这与天然感染得病一样，只是病毒的毒力较弱而不发病死亡，但机体经过一场恶斗来克服疫苗病毒的作用后才能产生抗体，所以在接种前后应尽量减少应激反应。

(三) 免疫接种时消毒和使用抗菌药物的失误

接种疫苗时，传统做法是防疫前后各 3 天不消毒，接种后不用抗生素，造成该消毒时不消毒，有病不能治，小病养成了大病。有些养殖户使用病毒性疫苗对兔进行注射接种免疫时，习惯在稀释疫苗的同时加入抗菌药物，认为抗菌药对病毒没有伤害，还能起到抗菌、抗感染的作用。须知，由于抗菌药物的加入，使稀释液的酸碱度发生变化，引起疫苗病毒失活，效力下降，从而导致免疫失败。

【纠正措施】　接种前后各 4 小时不能消毒，其他时间不误。疫苗接种后 4 小时可以投抗生素，但禁用抗病毒类药物和清热解毒类中草药。严禁在稀释疫苗时加入抗菌药物。

(四) 联合应用疫苗的误区

因为多种疫苗进入兔体后，其中的一种或几种抗原所产生的免疫成分可被另一种抗原性最强的成分产生的免疫反应所遮盖；疫苗病毒进入兔体内后，在复制过程中会产生相互干扰作用。生产中有的养兔者为了减少程序，将几种疫苗混合使用或同时使用，或不按照间隔时间使用等，影响到免疫的效果。

【纠正措施】 一般不要多种疫苗混合使用；多种疫苗同时使用或在相近的时间接种时，应注意疫苗间的相互干扰。

四、用药方面的误区纠错

（一）滥用抗生素导致抗生素相关性腹泻

科学合理地使用抗菌药物已逐渐成为全社会的共识。使用兽用抗菌药物控制疾病是畜禽养殖过程中常采用的措施之一，但是如果使用不当，将产生严重的副作用。抗生素相关性腹泻就是其中之一。

2005 年春，河南省濮阳市南乐县一养兔场为了预防传染性鼻炎，按照说明剂量的 1.6 倍在饲料中添加了阿莫西林，3 天后陆续出现腹泻。由于其养兔多年，经验丰富，按照常规方法处理。比如注射抗生素、口服药物、补液、解毒等，但均未奏效，1 周内死亡种兔 700 多只。同时，发病率越来越高，死亡越来越严重。

根据其发病的病因、临床表现和病理变化，诊断为家兔魏氏梭菌性腹泻，原因是由于滥用抗生素导致的抗生素相关性腹泻。由于滥用抗生素，家兔肠道内的有益菌被大量杀死，使得耐药性的有害菌得以大量繁殖，发生肠道菌群失调，出现急性肠炎，而且使用药物效果很差。

【纠正措施】 使用微生态制剂调节肠道菌群平衡。大群预防可以在饲料或饮水中添加微生态制剂，病兔可以大量灌服微生态制剂。

（二）不合理用药

有的养殖户认为只有多喂药、兔子才健康，结果致使兔胃肠道菌群失衡，药物中毒时有发生。兔属食草性动物，消化道内有正常菌群维持其正常消化。过多用药，特别是大量长期使用抗生素药物，肠道内正常菌群会遭到破坏，消化机能紊乱，一些致病菌也乘虚而入，使兔发病。

【纠正措施】 在健康兔群中无需经常用药，如发现有个别采食饮水异常，应根据症状有针对性的用药，如防感冒、球虫病等可定期在饲料饮水中添加药物，要严格按要求剂量添加，不得随意加大用药剂量和延长用药时间。

（三）抗球虫药物使用的误区

球虫病是养兔生产中危害严重的一种寄生虫病，但在防治球虫病用药方面存在一些误区，如不重视预防用药、不合理选用抗球虫药物、用药程序不科学、使用方法不当、不注意药物配伍禁忌以及药物残留等，影响到防治效果。

【纠正措施】

（1）重视预防用药　抗球虫药物大多在球虫发育史的早期（约4天）起抑杀作用，等出现血便时用药已为时过晚。

（2）根据抗球虫药的作用阶段和作用峰期合理用药　抗球虫作用较弱的药物，如喹啉类（乙羟喹啉、丁氧喹啉）、克球粉、离子载体类（如莫能菌素）等一般用于预防。本类药物会影响球虫免疫力的产生，一般用于肉兔。种兔一般不用或不宜长期使用，以免突然停药而引起球虫病暴发。抗球虫作用较强的药物，如尼卡巴嗪、氨丙林、常山酮、球痢灵、磺胺类等一般用于治疗。本类药物对球虫免疫力影响不大，可用于种兔。理想的抗球虫药应该具备以下特点：抗虫谱广，高效，无残留，无三致作用，价廉，能提高饲料转化率，易于拌料或饮水。

（3）用药程序科学　兔的抗球虫药物使用程序见表6-8，可以根据实际情况选用。一般肉兔可采用连续用药法、穿梭用药法和轮换用药法。种兔可采用渐减用药法，低浓度的预防性抗球虫药物连续使用；或不用预防药，平时注意观察，在球虫病暴发时再用磺胺药治疗。

表6-8　兔的抗球虫药物使用程序

方　法	特　点
连续用药法	从仔兔18日龄补料开始，饲料中连续添加某一药物
轮换用药法	以兔的批次或3个月至半年为1个期限。要求：一是替换药之间无交叉耐药性；二是化学结构不能相似；三是作用方式不能相同；四是作用峰期也不能相同
穿梭用药法	同一批兔不同阶段用不同药。原则：药物化学结构、作用方法不相同，一般先使用作用弱的药物，再换作用强的药物
联合用药法	抗球虫药与抗菌增效剂合用可提高治疗效果，如磺胺喹噁啉与二甲氧嘧啶、氨丙啉与乙氧酰胺苯甲酯联用。不同的抗球虫药合用也可提高效果，但合用的药物不能发生配伍禁忌，应分别作用于球虫的不同发育阶段。如氨丙啉＋磺胺喹噁啉、乙胺嘧啶＋磺胺药、氯羟吡啶＋苯甲氧喹噁啉
渐减用药法	开始用全量，以后每阶段逐渐减少25%药量，直到完全停药

（4）注意抗球虫药的毒性与配伍　聚醚类抗球虫药毒性大小顺序：马杜霉素＞来洛霉素＞塞杜霉素＞莫能菌素＞那拉菌素＞拉沙里菌素＞盐霉素。马杜霉素不可用于防治兔的球虫病，否则很容易中毒。

抗球虫药的毒副作用与配伍禁忌见表6-9。

表6-9　抗球虫药的毒副作用与配伍禁忌

药物	半数致死量/（毫克/千克体重）	产生毒性拌料量/（毫克/千克体重）	禁忌药物	毒副反应
马杜霉素	5.535	7.5～10	泰妙菌素	安全范围小
莫能菌素	284	121～150	泰妙菌素、竹桃霉素	
拉沙里菌素	75～112	125～150	磺胺药、赤霉素	
盐霉素	150	100	泰妙菌素、竹桃霉素	
那拉菌素	52	80～100		
妥曲珠利	1000			
氨丙啉				引起维生素B_1缺乏
磺胺喹噁啉				有蓄积中毒现象

（5）选择适当的给药方法　饮水给药比混饲给药好，特别是在兔患病时。抗球虫药的使用方法见表6-10。

（6）注意耐药性、药物残留以及拮抗等　抗球虫药物耐药性从快到慢顺序为：喹噁啉类＞氯氢吡啶＞磺胺类＞氯苯胍＞氨丙啉＞球痢灵＞尼卡巴嗪＞聚醚类＞三嗪类。除氨丙啉、球痢灵、地克珠利、妥曲珠利外，其他球虫药都影响产仔；用药要注意休药期。莫能霉素、盐霉素与磺胺类、红霉素、泰乐菌素、泰妙灵、竹桃霉素有拮抗作用；氨丙啉与维生素B_1有拮抗作用；磺胺类药物影响维生素K、维生素B_1的合成。

（四）认为马杜霉素作用强，防治兔球虫病效果好

马杜霉素对防治球虫具有较好的作用，其商品名较多，如“抗球王”“杜球”等，很多兔场用于防治兔球虫，但其安全范围小，毒性

表 6-10 抗球虫药的使用方法

类别	药名	使用浓度及方法	活性期	停药期/天	备注
离子载体类	莫能菌素	(100～120)×10^{-6}混饲	第 2 天，一代	3	不与磺胺类及赤霉素合用
	拉沙菌素	(75～125)×10^{-6}混饲	子孢子，一代	3	
	盐霉素	(50～60)×10^{-6}混饲		5	
	那拉霉素	(50～70)×10^{-6}混饲			
	马杜霉素	5×10^{-6}混饲		5	
	塞杜霉素	25×10^{-6}混饲	一代		
	海南霉素钠	(5～7.5)×10^{-6}混饲		7	
磺胺类	磺胺喹噁啉钠	(150～250)×10^{-6}混饲	第 4 天，二代	10	与三甲氧苄氨嘧啶(TMP)、二甲氧苄氨嘧啶(DVD)合用
	磺胺二甲氧嘧啶	125×10^{-6}饮水 6 天		5	
	磺胺氯吡嗪钠	300×10^{-6}饮水 3 天		4	
	磺胺六甲氧嘧啶	125×10^{-6}混饲			
酰胺类	球痢灵	(125～250)×10^{-6}混饲	第 3～4 天，二代	5	可抑制雏鸡生长
吡啶类	氯羟吡啶	(125～250)×10^{-6}混饲	第 1 天，子孢子	7	

续表

类别	药名	使用浓度及方法	活性期	停药期/天	备　注
磺胺类	丁氧喹啉	82.5×10^{-6}混饲	第1天，子孢子	0	
	乙羟喹啉	30×10^{-6}混饲		0	
	甲苄氧喹啉	20×10^{-6}混饲		0	
胍类	氯苯胍	$(30\sim60)\times10^{-6}$混饲	第3天，一、二代	7	
抗硫胺素类	盐酸氨丙啉	$(100\sim250)\times10^{-6}$饮水	第3天，一代	7	
	二甲硫胺	62×10^{-6}混饲	第3天，一代	3	
均苯脲类	尼卡巴嗪	125×10^{-6}混饲	第4天，二代	9	25克尼卡巴嗪+1.6克乙氧酰胺苯甲酯
均三嗪类	地克珠利	1×10^{-6}混饲 0.5×10^{-6}饮水	子孢子，一代		
	妥曲珠利	25×10^{-6}饮水	裂殖及配子阶段	8	
呋喃类	呋喃唑酮	0.04%混饲	二代	5	
植物碱类	常山酮	3×10^{-6}混饲	一、二代	5	

大，极易造成中毒。养兔生产中不建议使用。

如新乡市一兔场过去一直用氯苯胍，为了防止产生耐药性，换用马杜霉素。每100千克料50克药的剂量拌匀直接饲喂。第3天，喂过该药的兔只开始发病，并出现死兔。又过了3天，死兔150多只，死亡率达20%，且死亡的多为基础母兔和青年兔，小兔和体弱少食的病症较轻，未吃过该药的200多只兔无一发病。

【纠正措施】 家兔对马杜霉素极其敏感，不能用于防治兔的球虫病。无论是正常添加量还是减半添加，家兔均可发生中毒。购买抗球虫药时一定要认真阅读说明，搞清楚其有效成分，如果含有马杜霉素，坚决不用。

五、兔病诊治中存在的误区纠错

（一）临床表现与标准的典型兔瘟症状不同就不考虑发生兔瘟

一般而言，兔瘟临床症状可分为3种，即最急性型、急性型和慢性型。患兔死前多有程度不同的神经症状，如兴奋、在笼内碰撞、尖叫等。生产中发现，当兔瘟疫苗注射量不足、疫苗保存期过长、疫苗受冻或受热、仔兔注苗时间过早、注射量不足、注射多联苗或者疫苗本身质量不佳（如稀释倍数大、抗原含量不足等）等情况下发生的兔瘟，其临床症状多与典型的三种类型不同，许多养兔者就不怀疑是兔瘟，按照其他疾病治疗，结果耽误治疗机会，造成较大损失。如一兔场兔群发生疫病，两个月前刚注射过兔瘟疫苗，并在安全保护期内，就怀疑是细菌性疾病，先后使用多种药物和抗生素没有效果，最后确诊为兔瘟，发生原因是夏季高温期疫苗保存时间过长导致疫苗失效；另一兔场发生大量死亡，患兔死前无神经症状，解剖检肺部充血、充血和水肿，诊断为巴氏杆菌病，使用抗菌药物没有效果，经实验室诊断为兔瘟，发生原因是兔瘟疫苗在低温冷库中保存结冰而失效。

【纠正措施】 任何传染性疾病，临床上所出现的症状是机体与病原微生物及其毒素相互作用的结果。机体状态不同，临床表现不一样。当兔体内兔瘟病毒的抗体水平极低或呈零时，受到兔瘟病毒的侵袭，临床症状为典型的最急性型、急性型或慢性型。而当兔子注射了兔瘟疫苗并产生坚强免疫力时，同样受到该病毒的侵袭，可以抵抗入侵的病毒，临床上不表现明显的临床症状。由于种种原因，虽然注射了兔瘟疫苗而体内未能产生足够的抗体时受到该病毒的袭击，抗原（病毒）与抗体相互作用的结果，终因抵不过强大的病毒而发病死亡。但在这种情况下而死亡的患兔，其临床上呈现与典型的三种类型不同的特殊症状。所以，不要以为免疫了兔瘟疫苗就不会发生兔瘟，没有典型的临床症状就不是兔瘟。发生疫病后要及早进行实验室检验，及早确诊，减少损失。

（二）球虫病防治误区

球虫病是危害家兔的一种重要疾病，人们对其较为重视，但在防治中存在一些误区：

（1）诊断失误　不能准确地诊断肠球虫病（球虫病常与细菌性疾病混合感染）。

（2）管理失误　忽视卫生管理，常依赖药物。

（3）全群预防

① 对成年兔，特别是泌乳母兔投喂抗球虫药物导致中毒。

② 季节性预防。多数兔场仅在夏季预防球虫病，而规模化兔场由于环境的改善，温度较高，湿度较大，全年都有发病的可能。

（4）选药误区

① 用量不准，搅拌不匀。小规模兔场普遍存在“用手抓，用勺挖，大铁锹，乱呼啦”现象。

② 滥用药物。所有的抗球虫药物都有一定毒性，使用不当就会造成中毒。

③ 药物失效。有的兔场买药不看生产日期，使用过期药物。如氯苯胍经过一个夏季，药效降低50%左右，2年以后基本没有使用价值。

④ 耐药性。长期使用同一种抗球虫药物，很有可能产生耐药性。例如，地克珠利是一种较好的抗球虫药物，但连续使用3个月后，就会产生耐药性。因此，当使用一种药物效果不佳时，最好更换另一种药物，或使用复方抗虫药物。

【纠正措施】

（1）加强卫生管理

① 搞好兔场的清洁卫生　每天清除兔笼及运动场的积粪，并堆

放到固定地方进行发酵处理，防止粪便污染饲料、饮水、饲槽和饮水器。草架要固定在笼外，位置要高出兔笼底板，降低感染球虫卵囊的概率。

② 分群隔离饲养　幼兔和成年兔要分开饲养。成年兔对球虫有一定的抵抗力，即使感染了也不一定有明显的临床症状，但其粪便中含有大量卵囊。幼兔抵抗力较差，极易感染发病，必须与母兔分开饲养，定时哺乳。病兔和病愈的兔是主要传染源，必须与健康兔隔离饲养。

③ 定期进行消毒灭菌　笼舍可用火焰喷灯或20%新鲜石灰水或5%漂白粉溶液消毒杀菌。食槽、饮水器用沸水冲洗，以杀灭球虫卵囊。

(2) 科学用药预防　稀碘溶液、氯苯胍、兔球灵等都能有效地预防兔球虫病。稀碘溶液要现配现用，可拌入精料饲喂。从母兔怀孕25天起到产仔后5天，每天每兔喂0.01%稀碘溶液100毫升，停药5天后，再改用0.02%稀碘溶液连续喂15天，每天200毫升。断奶仔兔自断奶之日起，每天服用0.01%稀碘溶液50毫升，连服10天，停药5天后，再改用0.02%碘液连喂15天，每天每兔70～100毫升。氯苯胍，预防量为150毫克/千克（即10千克精料拌药1.5克），治疗量为300毫克/千克，断奶仔兔连喂1个月氯苯胍，基本可度过易感期。按0.1%的比例在饲料中拌入兔球灵，让兔自由觅食，连喂2～3周，也能有效地预防兔球虫病。

(3) 及早诊断治疗　对感染球虫的兔要早发现、早治疗，并采取综合治疗措施。如添加0.005%～0.02%莫能霉素拌料喂兔，可以控制包括肝球虫和肠球虫在内的球虫病，但药物作用会使兔体重明显下降；莫能霉素按0.002%的比例混饲，饲喂1～2月龄幼兔，可预防球虫病。使用中药治疗，如常山、柴胡、甘草各150克，共研细末，每只服1.5～3克，每天2次，连服5～7天；或白僵虫100克，生大黄、桃仁、地鳖虫各50克，生白术、桂枝、白茯苓、泽泻、猪苓各40克，共研细末内服，每次3克，每天3次。

（三）家兔真菌病防治误区

家兔皮肤真菌病病情顽固，病因复杂，传播快，并可引起交叉和继发感染。多种药物治疗效果都不理想，主要表现为药物疗效缓慢、用药次数偏多、工作量大、时间过长、成本高，且所用药物只能控制症状，停药后疾病容易复发。在防治中存在一些误区：

（1）不知该病能传染人　皮肤真菌病是一种人畜共患的传染病，它可在动物之间、人与人之间、人与动物之间互相传播。受病原体感染的环境如土壤、饮水、饲料、用具等，均可成为传播媒介。

（2）不知该病能够反复发作　即使将发病兔群全部淘汰，也不能保证本病不再发生，捕杀、空舍、消毒、烟雾熏蒸并不能把真菌完全消灭。因此，持久的综合防控措施尤其重要。

（3）不注意环境和饲养管理　兔场一旦发现少量病兔表现症状后，很快在全场传播。只有采取持久的综合性防治措施，多管齐下，才能取得满意的效果。此外，饲料中霉菌毒素超标已成为目前养殖业的一大危害，因此，一定要注意不能饲喂发霉的饲料，增加青饲料，尤其要注意胡萝卜素的添加。

（4）不能很好地区分真菌病与兔螨病　兔真菌病与兔螨病在兔体的感染部位基本相同（除痒螨外），而且两病易发生混合感染，应进行鉴别，对症治疗。兔真菌病患部有白色皮屑和炎症，周围有粟粒样突起，形成圆碟形，有痂皮，痂皮厚度比兔螨病痂皮薄，并难以剥离；兔螨病皮肤痂皮较厚，易发生龟裂，炎症部位有渗出物，浸泡后痂皮容易脱落，从皮肤深部刮皮屑可检查出螨虫。为了确诊，可取病变组织的新鲜标本做镜检，可发现菌丝和孢子。另外，营养性脱毛症能造成家兔脱毛，但从皮肤表面看不出异常，断毛整齐，似剪刀剪过一样，应同兔螨病和真菌病加以鉴别。

【纠正措施】

（1）卫生管理　尽量避免从患有真菌病的兔场引种，避免随意引进外来动物；加强日常管理，搞好环境卫生，注意兔舍内的湿度和通风。经常检查兔群，发现可疑患兔，应立即隔离治疗或淘汰。对无治疗价值，尤其是全身都出现症状的，及时淘汰为上策。不定期地投放一些抗真菌的药物，抑制真菌的增殖，减少传播的机会，降低发病率。

（2）彻底消毒　对发病或出现死亡的兔笼要进行彻底的清理和消毒，消毒最好用火焰灼烧。病兔所用的食槽要用消毒药浸泡。发病期间，使用过的扫帚、饲料车、推粪车等要每天消毒1次，凡是进入兔舍的饲养人员，必须更换工作服、鞋、脚踏消毒后方可入内，防止人员传播。可交替选用3%～5%来苏儿、2%～4%火碱溶液、含氯消毒剂、过氧乙酸等，每隔3～5天消毒一次。兔场环境可用10%～20%生石灰水消毒，潮湿的地方可将生石灰块稀释成石灰粉撒入地面。冬季消毒后，如果兔舍湿度过大，可用白灰撒在地面上进行吸湿。

（3）对症治疗　可选用克霉唑软膏、益康唑软膏、咪康唑软膏等进行局部治疗。若采取全身治疗，可内服灰黄霉素25毫克/千克，连用15天，效果明显；如果结合局部治疗，可使兔群的真菌病很快得到控制。

（四）大肠杆菌防治误区

兔大肠杆菌病又称黏液性肠炎，由于大肠杆菌属于肠道正常寄生菌群，但若遇饲养管理不良，气候、环境突然改变，肠道菌群紊乱，仔兔、断奶幼兔抵抗力不强，就会在兔群中引发该病的流行。该病一年四季均可发生，20日龄及断奶前后的仔兔和幼兔患病后死亡率比青年兔高，给生产带来较大损失。人们较为注重大肠杆菌病的防治，但也存在误区：

（1）利用疫苗或自家苗防治　兔大肠杆菌血清型较多，大肠杆菌病的地方流行性较强，所以没有有效的大肠杆菌疫苗能对各地的兔场进行保护，有部分养殖场曾经使用自家苗进行免疫防治，但效果并不理想。

（2）盲目用药防治等　大肠杆菌是细菌，抗生素对其有效果，但由于耐药性较强，盲目用药效果也很差。

【纠正措施】　加强日常管理、场地和器具严格消毒，兔群饲养密度合适，严格遵守全进全出的饲养管理制度才是预防本病发生的关键。进行实验室细菌学分离鉴定和药敏试验，选择高敏药物进行防治。近年来，各地家兔养殖场对于抗生素滥用的现象不断，使得各养殖场致病性大肠杆菌对抗菌药物产生了不同程度的耐药性，所以在投药时同一养殖场应注意避免长期使用同一种抗生素，且用药疗程应为3～7天，并应配合加强饲养管理来控制本病。

第七章

兔的高效养殖的产品采集和处理技术

第一节 兔毛的采集和处理

一、兔毛采集

采毛通常有剪毛和拉毛两种方法，还有目前正处于试验阶段的药物脱毛。

（一）剪毛

饲养毛兔较多时，一般都用剪毛的方法采毛。幼兔第一次剪毛在8周龄，以后同成年兔。成年兔一年可剪4～5次毛。一年剪4次毛时，优质毛比例较高；一年剪5次毛时，兔毛产量可提高，但特级、一级毛相对较少。

1. 梳毛

剪毛前要先进行梳毛。梳毛是保持和提高兔毛质量的一项经常性的重要工作。梳毛时脱落的毛也可以收集起来加以利用。兔绒毛纤维的鳞片层常会互相缠结勾连，如久不梳理，就会结成毡块而降低毛的等级甚至成为等外毛，失去纺织和经济价值。

幼兔自断奶后即应开始梳毛，每隔10～15天梳理一次。成年兔在每次采毛后的第2个月即应梳毛，每10天左右梳理一次，直至下次采毛。

梳毛的方法是：将兔放在采毛台或小桌子上，左手轻抓兔的双耳，右手持梳自顺毛方向插入，朝逆毛方向拖起。梳理不通时要用手轻轻扯开，不可强拉。

梳毛的顺序是先颈后及两肩，再梳背部、体侧、臀部、尾部及后腿，然后提起两耳梳前胸和腹部，再梳大腿两侧和脚部，最后整理额、颊和耳毛。

2. 剪毛方法

剪毛时，先将兔背脊的毛左右分开，使其呈一条直线，用专用剪毛剪或理发剪自背部中线开始剪，顺序依次为体侧、臀部、颈部、颌下，最后到脑部、腹部和四肢。剪下的毛按其等级分别装入箱或包装纸盒内，毛丝方向最好一致。每放一层毛后需加盖一层油光纸。剪下的毛如不能及时出售，应在箱内撒一些樟脑粉或放些樟脑块，以防虫蛀。剪毛是一项细致的工作，在技术熟练后才能追求速度。

长毛兔要及时剪毛，毛成熟时不及时剪会引起采食不正常。冬季剪毛要分期进行，一次只能剪半边，过 20 天左右再剪另半边；或者先剪下够优质毛的部分，其他部位待长到够长度后再剪。如果兔舍的保暖条件较好，冬季也可以一次剪完。每次剪毛后，兔的体重要减轻 150～250 克，甚至更多。因此，兔剪毛后应加强饲养管理，饲料营养要充分。

3. 剪毛注意事项

（1）毛茬整齐　贴着皮肤剪，留下的毛茬力求整齐。

（2）不可用手将毛提起来剪　因为兔的皮肤很松软，用手将毛提起时皮肤会凸起，很容易将皮肤剪破，最好是将皮肤绷紧剪。

（3）结毡处理　遇有结毡时，可先把毡块上面的松毛剪下，然后使刀口垂直，将毡块剪成小条条，最后齐根剪下。

（4）防止剪伤乳头和外生殖器　剪腹部毛时，要先把乳头附近的毛剪下，使乳头露出，以防剪伤乳头。剪公兔时，要特别注意不要剪破睾丸和外生殖器。

（5）妊娠母兔应留下腹毛　妊娠母兔剪毛时，应留下腹毛供营巢之用，母兔到妊娠后期不宜再剪毛。

（6）皮肤剪破后要消毒处理　如不慎将皮肤剪破，应涂以碘酊消毒，防止感染。

(7) 选择适宜的时间剪毛　剪毛应选择晴天、无风时进行，阴雨天和天气骤变时不要剪毛，冬季剪毛应在中午进行，剪毛时应垫上软垫，并将门窗关好，防风侵袭，以防引起感冒。

(8) 毛的分级处理　剪毛时，边剪边按长度分级存放，以便分级包装。

(9) 剪毛后管理　剪毛后，将兔饲养在铺有柔软垫草的笼内，并给予营养丰富的饲草和饲料。

(二) 拔毛（拉毛）

长毛兔常年均可拔毛，此法尤适于换毛期和冬季采用。长毛兔没有明显的季节性换毛，但在每年春季3～4月份和秋季8～9月份换毛期内，其毛根脆弱，容易拔取。

拔毛时以左手轻抓兔耳保定，右手拇、食、中三指将兔毛一小撮一小撮均匀地拔下。拔毛时应拔长留短，不要贪多，否则易伤害皮肤，使兔感到痛苦。遇拔不下的毛，说明未成熟，切不可强拔。妊娠母兔、哺乳母兔和配种期公兔不能拔毛，被毛密度大的兔也不宜拔毛，否则毛易变粗。

1. 拔毛的优点

(1) 多产优质毛　据测试，11只德系长毛兔年剪毛4次，兔均年产毛740克，特级毛占34.9%，每千克售价为37.80元，兔均年收入27.97元；6只德系与本地毛兔的杂交二代兔，年拔毛6次，平均产毛720克，特级毛占81.6%，每千克售价50.6元，兔均年收入36.43元。拔毛比剪毛所得的特级毛比例高，所以拉兔毛的收入比剪兔毛高。

(2) 有利于兔体保温　拔长留短，有利于兔体保温。留在兔身上的毛不易结毡，夏季可防蚊虫叮咬。

(3) 促进兔毛生长　拔毛能刺激兔皮肤的代谢机能，促进毛囊发育，有利于兔毛的生长。近来有人测定，拔毛后可增加兔毛中的粗毛比例，这对提高兔毛品质有利（近年纺织业有需要粗毛型兔毛的潮流）。

2. 拔毛的不足

(1) 拔毛费时费工　一只兔每年拔毛8～15次，每次20分钟，而剪毛每只兔每年 4～5 次，每次 10～15 分钟。

（2）刺激作用大　拔毛对兔子的皮肤有疼痛刺激，容易引起应激反应，尤其是在幼兔拔光毛时。因此，第一次采集胎毛不宜用拔毛的方法。

（3）毛纺价值降低　长期使用拔毛方法采集的兔毛，虽然毛纤维长些，但由于是自然形态，具有毛梢结构，毛纤维细度不均匀，降低毛纺价值。

（三）药物脱毛

长毛兔的药物脱毛目前处于试验阶段，所用药物为复方脱毛灵，按每千克体重 60 毫克的剂量内服，一般在服药后 6 天左右可以脱毛。据试验，复方脱毛灵对长毛兔有轻度副作用，开始几天食欲下降，白细胞、红细胞、血红蛋白都出现减少，1 周左右开始恢复。用复方脱毛灵脱毛，对长毛兔的精液质量影响不大，能较快恢复。对母兔的受胎产仔也均无影响，但产毛量要下降，脱毛后长出的毛粗毛率增加，特别是两型毛增多。复方脱毛灵能否在生产中推广，还有待于进一步研究。

二、兔毛的分级与贮藏

（一）兔毛的分级

为了提高兔毛质量，国家收购部门规定了收购等级标准，凡符合国家收购规格的兔毛称为等级毛，等级毛的要求是“长、白、松、净”。长是指毛纤维长度达到等级标准；白是指色泽洁白，对灰黄和尿黄毛都要降级；松是指松散不结块；净是指无杂质。凡不符合以上规定的都是次毛。凡属等级毛，再根据品质优劣分级，见表 7-1。

表 7-1　兔毛的分级

等级	标准		
	特征	长度	比例
优级毛	色泽洁白，有光泽，毛型清晰，全松	3.8～4.3 厘米或以上，平均 4.05 厘米以上	按 2∶8 的比例掌握，即 5.08～6.35 厘米的兔毛约占总量的 20%，3.81 厘米以上的约占 80%，严禁带入 2.54 厘米以下的短松毛、残次毛及含杂毛

续表

等级	标准		
	特征	长度	比例
一级毛	色泽洁白，毛型较清晰，全松	3.1～3.8厘米或以上，平均3.35厘米以上	按6：4的比例掌握，即3.8厘米左右的主体毛应占60%以上，2.54～3.8厘米的兔毛不超过40%。严禁带入短松毛、次毛、异色毛和块毛
二级毛	色泽洁白，毛型略乱，较松	2.5～3.1厘米或以上，平均2.75厘米以上	按2：8的比例掌握，即3.1厘米以上的毛应占20%以上，2.5～3.1厘米的主体毛占80%以下。其中2.54厘米以下的兔毛不超过10%，严禁带入黄梢毛、残次毛和硬块毛
三级毛	色泽较白，毛型较乱，略松	1.5～2.5厘米或以上，平均1.75厘米以上	按4：6的比例掌握，即2.5厘米以上的毛约占40%，1.5～2.5厘米的主体毛占60%左右。严禁带入黄梢毛、异色毛、残次毛和硬块毛
四级毛	色泽较白，毛型凌乱，略松	1.3～2.5厘米，平均1.75厘米以下	以拉松毛为主，2.5厘米以上和色泽较白的全松毛占总量的10%左右。严禁带入二刀毛、异色毛和残次毛

（二）兔毛的贮藏

采毛之后最好及时或在短时间内出售。如要存放时，应放在通风处，不可直接存放在地上，要注意防潮，尤其在南方更应注意。存放时，严禁压放重物，否则易缠结成团。如存放时间较长，应用纸包些樟脑块放入，以防虫蛀及兔毛发黄变脆。大规模存放时，应设置温度低、湿度小，温度及湿度恒定，通风良好的专用保存库。

第二节　兔皮的采集和处理

一、兔皮的构造和特点

（一）兔皮的构造

根据组织学构造，兔皮可分为表皮层、真皮层和皮下组织3层。表皮层位于皮肤表面，由多层上皮细胞组成。由内向外又可分为生发层、颗粒层和角质层。表皮层占皮层厚度的2%～3%；真皮层位于表皮层的下面，是皮肤最厚的一层，占皮层厚度的75%～80%，真皮层包括乳头层和网状层，其中乳头层约占1/3，网状层占2/3；皮下组织位于真皮层下面，是一层松软的结缔组织，由排列疏松的胶原纤维和弹性纤维组成。纤维间分布着许多脂肪细胞、神经组织、肌纤维和血管等。

（二）兔皮的特点

兔皮的化学成分主要为水、脂肪、无机盐、蛋白质和碳水化合物等。刚屠宰剥取的兔皮含水分65%～75%，一般幼龄兔皮的含水量高于老龄兔，母兔皮的含水量高于公兔皮。据测定，真皮层含水量最多，表皮层最少，网状层介于两者之间。鲜皮中的脂肪含量占皮重的10%～20%，脂肪主要存在于表皮层、乳头层和皮脂腺中，其次为网状层和皮下组织中。脂肪对兔皮的加工鞣制有极大影响。含脂过多的生皮，在鞣制加工前必须进行脱脂处理。鲜皮中的无机盐占鲜皮重的0.3%～0.5%，主要是钠、钾、镁、钙、铁、锌等。

一般表皮层中含钾盐多，真皮层中含钙盐多；白色兔毛中含有较高的氯化钙和磷酸钙，深棕色兔毛中含有较高的氧化铁。鲜皮中的碳水化合物含量占皮重的1%～5%，从真皮层到表皮层，从细胞到纤维均有分布，有葡萄糖、半乳糖等单糖及糖原、黏多糖等。酸性黏多糖在基质中具有润滑和保护纤维的作用。鲜皮中的蛋白质含量占皮重的20%～25%，蛋白质是毛皮的重要组成成分，其结构和性质极其复杂。真皮的主要成分为胶原蛋白和弹性蛋白，表皮和兔毛的主要成分是角蛋白。

二、兔皮的采集

（一）宰前准备

进入屠宰场的候宰兔必须经兽医检疫人员检疫合格，具有良好的健康体况。确定屠宰的兔子，宰前断食8小时，只供给充足的饮水。宰前断食不仅有利于屠宰操作，保证皮张质量，而且还可节省饲料，降低成本。

（二）处死方法

兔处死的方法很多，常用的有颈部移位法、棒击法、电麻法和注射空气法等。

1. 颈部移位法

在农村分散饲养或家庭屠宰加工的情况下，最简单而有效的处死方法是颈部移位法。术者用左手抓住兔后肢，右手捏住头部，将兔身拉直，突然用力一拉，使头部向后扭转，使兔子因颈椎脱位而致死。

2. 棒击法

通常用左手紧握兔的两后肢，使头部下垂，用木棒或铁棒猛击其头部，使其昏厥后屠宰剥皮。棒击时须迅速、熟练，否则不仅达不到击昏的目的，且因兔子骚动易发生危险。此法广泛用于小型獭兔屠宰场。

3. 电麻法

通常用电压为40～70伏特，电流为0.75安培的电麻器轻压耳根部，使兔触电致死。这是正规化屠宰场广泛采用的处死方法。采用电麻法常可刺激心跳活动，缩短放血时间，提高宰杀取皮的劳动效率。

4. 注射空气法

从兔的耳静脉注射空气，形成血栓，阻止血液流动，造成心脏缺血而使兔子死亡。此法对皮毛没有任何损伤，缺点是容易形成体内淤血，放血不全。

（三）剥皮技术

处死后应立即剥皮，尸体僵冷后皮、肉很难剥离。手工剥皮一般先将左后肢用绳索拴起，倒挂在柱子上，用利刀剪开跗关节周围的皮肤，沿大腿内侧通过肛门平行挑开，将四周毛皮向外剥开翻转，用退套法剥下毛皮，最后抽出前肢，剪除眼睛和嘴唇周围的结缔组织和软骨。在退套剥皮时应注意不要损伤毛皮，不要挑破腿肌或撕裂胸腹肌。剥下的鲜皮应立即用利刀割除皮上残留的肌肉、筋腱等，然后用剪刀沿腹中线细心剪开成“开片皮”。按其自然皮形，毛面朝下，皮板朝上，让其在阴凉通风处风干。

剥皮后的肉尸应立即进行放血处理。据实践经验，最好将兔体倒挂，用利刀切开颈动脉或割除头部，放血时间应不少于2～3分钟。否则，放血不净会影响兔肉的保存时间。

(四) 放血方法

正确的獭兔宰杀取皮方法是先将兔处死、剥皮，后放血的方法，以减少毛皮污染。目前，最常用的放血方法是颈部放血法，即将剥皮后的兔体侧挂在钩上，或由他人帮助提举后腿，割断颈部的血管和气管放血。根据实践，倒挂刺杀的放血时间以3～4分钟为宜，不能少于2分钟，以免放血不全，影响兔肉品质。

三、原料皮的初步处理

(一) 清理工作

剥下的生皮，常带有油脂、残肉和血污，不仅影响毛皮的整洁和贮存，而且容易造成油烧、霉烂、脱毛等伤残，降低使用价值，应及时清理残存的脂肪、肌腱、结缔组织等。脱脂清理工作，通常采用刮肉机或木制刮刀进行。清理中应注意如下几点：

（1）清理刮脂时应展平皮张，以免刮破皮板，影响毛皮质量。

（2）刮脂时用力应均衡，不宜用力过猛，以免损伤皮板，切断毛根。

（3）刮脂应由臀部向头部顺序进行，如逆毛刮脂，易造成透毛、流针等伤残。

(二) 防腐处理

鲜皮防腐是毛皮初步加工的关键，防腐的目的在于促使生皮造成一种不适于细菌和酶作用的环境。目前常用的防腐处理主要有干燥法、盐腌法和盐干法三种。

1. 干燥法

干燥法即通过干燥使鲜皮中的含水量降至12%～16%，以抑制细菌繁殖，达到防腐的目的。鲜皮干燥的最适温度为20～30℃，温度低于20℃，水分蒸发缓慢，干燥时间长，可能使皮张腐烂；温度超过30℃，皮板表面水分蒸发快，易使皮张表面收缩或使胶原胶化，阻止水分蒸发，成为外干内湿状态，干燥不匀，会使生皮浸水不匀，影响以后的加工操作。干燥防腐的优点是操作简单，成本低，皮板洁净，便于贮藏和运输。主要缺点是皮板僵硬，容易折裂，难以浸软，且贮藏时易受虫蚀损失。

2. 盐腌法

利用干燥食盐或盐水处理鲜皮，是防止生皮腐烂最普通、最可靠的方法。用盐量一般为皮重的30%～50%，将其均匀撒布于皮面，然后板面对板面堆叠1周左右，使盐溶液逐渐渗入皮内，直至皮内和皮外的盐溶液浓度平衡，达到防腐的目的。盐腌法防腐的毛皮，皮板多呈灰色，紧实而富有弹性，温度均匀，适于长时间保存，不易遭受虫蚀。主要缺点是阴雨天容易回潮，用盐量较多，劳动强度较大。

3. 盐干法

这是盐腌和干燥两种防腐法的结合，即先盐腌后干燥，使原料皮中的水分含量降至20%以下，鲜皮经盐腌，在干燥过程中盐液逐渐浓缩，细菌活动受到抑制，再经干燥处理，达到防腐的目的。盐干皮的优点是便于贮藏和运输，遇潮湿天气不易迅速回潮和腐烂。主要缺点是干燥时由于胶原纤维束缩短，皮内又有盐粒形成，可能影响真皮天然结构而降低原料皮质量。

（三）消毒处理

在某些情况下，原料皮可能遭受各种病原微生物的污染，尤其是遇到某些人畜共患疾病的传染源，如果处理不当会严重危害人畜健康。因此，必须重视对原料皮的消毒处理。为了防止各种传染源的扩散和传播，在原料皮加工前，可用甲醛熏蒸消毒，或用2%盐酸和15%食盐溶液浸泡2～3天，则可达到消毒的目的。

（四）贮存保管

生皮经脱脂、防腐处理后，虽然能耐贮藏，但若贮存保管不当，仍可能发生皮板变质、虫蚀等现象，降低原料皮的质量。

1. 库房要求

贮存原料皮的库房要求地势高燥，库内要通风、隔热、防潮。建筑物应当坚固，屋顶不能漏水，地面最好为木地板或水泥地，要有防鼠、防蚁设备。库房温度最低不低于5℃，最高不超过25℃。相对湿度应保持在60%～70%。

2. 入库检查

原料皮入库前应进行严格的检查，没有晾干或带有虫卵以及大量杂质的皮张，必须剔出。如发现湿皮应及时晾干；生虫的原料皮应除虫或用药物处理后再入库；含大量杂质的皮张需加工整理后方能入库。

3. 库房管理

在库房内，生皮应堆在木条上，按产地、种类、等级分别堆放。为了防止虫害，皮板上应撒施防虫剂，如精萘粉、二氯化苯等。如在库房内发现虫迹，应及时翻垛检查，采取灭虫措施。一般情况下应每月检查2～3次。

（五）包装运输

基层收购的原料皮，大多是零收整运，发运时必须重新包装。远途邮寄托运投售的，可按品质或张片基本一致的叠放在一起，每5张一扎，撒上少量防虫药剂，包一层防潮纸，然后用纸箱或塑料编织袋打包成捆投寄。公路运输必须备有防雨设备，以免途中遭受雨淋。长途运输的皮张，每捆25～50张，打捆时毛面对毛面，皮板对皮板，层层叠放。每捆的上下两层必须皮板朝外，再用塑料袋包装，用绳子按井字形捆紧，经检疫、消毒后方能发运。

四、毛皮质量要求

毛皮品质优劣的主要依据是皮板面积、质地、被毛长度、密度和毛被色泽等。

（一）皮板面积

毛皮面积的大小关系到商品的利用价值，在品质相同的情况下，面积愈大则利用价值愈高。评定面积的要求是，凡等内皮均不能小于0.1111 米^2，达不到标准者就要相应降级。要达到 0.1111 米^2 的规格，獭兔活重需达 2.75～3 千克。

（二）皮板质地

评定皮板质地的基本要求是厚薄适中，质地坚韧，板面洁净，被毛附着牢固，色泽鲜艳。青年兔在适宜季节取皮，板质一般较好；老龄兔取皮则板质比较粗糙、过厚。部分毛皮板质不良，厚薄不均，多因饲养管理粗放，剥取技术不佳或晾晒、贮存、运输不当等所致，严重者多无制裘价值。据测定，獭兔皮张厚度为 1.72～2.08 毫米，以臀部最厚，肩部最薄。

（三）被毛密度

被毛密度是评定獭兔毛皮质量的第一要素。被毛密度与毛皮的保暖性能有很大关系，因此，要求密度愈大愈好。现场测定兔毛密度的方法是逆向吹开被毛，形成旋涡中心，根据旋涡中心露皮面积大小来确定其密度。如不露皮肤或露皮面积小于 4 毫米^2（似大头针头大小）为极好，不超过 8 毫米^2（约火柴头大小）为良好，不超过 12 毫米^2（约 3 个大头针头大小）为合格。据测定，獭兔被毛密度为 2.6 万～3.8 万根/厘米^2，母兔被毛密度略高于公兔，从不同部位看，则以臀部被毛密度最大，背部次之，肩部最差。影响獭兔被毛密度的主要因素，除遗传因素外，主要受营养、年龄和季节的影响。营养条件愈好，毛绒愈丰厚；青壮年兔比老龄兔丰厚；冬皮比夏皮丰厚。饲养管理不善、忽视品种选育等，均会影响被毛的密度。

（四）被毛色泽

评定被毛色泽的基本要求是符合品种色型特征，纯正而富有光泽。色泽的纯正度主要受遗传、年龄的影响。品种不纯的有色獭兔，其后代容易出现杂色、色斑、色块和色带等异色毛；由于年龄不同，其色泽也有很大差异，獭兔一生以 5 月龄至周岁前后色泽最为纯正而富有光泽；4 月龄前的青年兔及 3 岁后的老年兔，毛皮色泽多淡而无光，有色獭兔的毛皮色泽多随年龄增长而逐渐变淡，且失去光泽。此外，管理不善、营养不良、疾病等因素均会影响被毛的色泽。

（五）被毛长度

评定獭兔毛皮品质的重要指标之一是要求被毛长度均匀一致。据测定，獭兔被毛的长度为 1.77～2.11 厘米。影响兔毛长度和平整度的主要因素有营养水平、取皮时间、性别等。营养条件愈差，被毛愈短，且枪毛含量高；未经换毛兔的毛皮，枪毛含量往往高于换毛后的适龄兔皮张；从性别看，似有公兔毛略长于母兔毛的趋向。

五、兔皮的鞣制

獭兔皮的鞣制工艺一般为：选皮→浸水→脱脂→脱水→去肉→浸酸→鞣制→中和→离心甩水→加脂干燥→干铲→整理。

各工序参数时间为：浸水 16～24 小时，脱脂 1 小时，浸酸、鞣制各 48 小时。

第三节 兔肉的采集和处理

一、肉兔的屠宰

（一）宰前准备

肉兔在屠宰前，需经兽医逐只检验，凡确诊为患严重传染病的兔，应立即扑杀销毁。早检验确认为一般传染病，且有治愈希望者，或有传染病可疑而未经确认的兔，可隔离治疗缓宰。经检验发现受伤或其他非传染病者，无碍人体健康，且有可能迅速死亡的病兔，应急宰并进行高温处理。检疫合格的候宰兔可按产地、品种、强弱等情况进行分群、分栏饲养。对肥度良好的兔喂给饲料，以减少在运输途中所受损失；对瘦弱兔则应喂以育肥料，以期在短期内迅速增重。在宰前饲养过程中必须限制兔的活动，充分休息，解除疲劳，避免屠宰时放血不全。在候宰期间，须经 8～12 小时的断食休息，但要有充足的饮水，直至宰前 2～4 小时停水。断食是为了减少消化道中的内容物，便于开膛和内脏整理，可防止在加工过程中肉质被污染。在断食期间供以充足的饮水，以保证兔正常的生理机能，促使粪便排出和放血充分，并有利于剥皮和提高屠宰产品质量，但应在屠宰前2～4小时停止饮水，避免兔倒挂放血时胃内容物从食道流出。

（二）宰杀过程

小型兔加工厂屠宰时多采用手工操作。现代化的屠宰厂都采用机械流水作业，用空中吊轨移动来进行兔的屠宰与加工，降低劳动强度，提高工作效率，减少污染机会，保证肉质的新鲜卫生。二者屠宰方法基本相同，主要包括击昏、放血、剥皮、剖腹取内脏、胴体修整等过程。

1. 击昏

击昏的目的是为了使兔暂时失去知觉，减少和消除屠宰时的挣扎和痛苦，便于屠宰时放血。目前，常用的击昏法主要有前面介绍的电击法、机械击昏法和颈部移位法。另外，还可给候宰兔灌服食醋数汤勺，由于兔对食醋很敏感，会引起心脏衰竭，出现麻痹及呼吸困难而致昏。

2. 放血

兔子被击昏后应立即放血，以保证操作安全和放血完全。目前，广大农村及小型兔肉加工厂，宰杀肉兔大都为手工操作。最常用的放血法是颈部放血法，即将击昏的兔倒挂在钩上，或由他人帮助提举后腿，割断颈部的血管和气管，进行放血。根据操作实践，倒挂刺杀的放血时间以3～4分钟为宜，不能少于2分钟，以免放血不全（放血充分，肉质细嫩，含水量少，容易贮存；放血不全，肉质发红，含水量增加，贮存困难）；现代化兔肉加工厂，宰杀兔子多用机械割头。这种方法可以减轻操作时的劳动强度，提高工效，防止兔毛、兔血沾污胴体，影响产品质量。

3. 剥皮

根据出口冻兔肉的要求和国内兔肉的消费习惯，带骨兔肉或去骨兔肉都应剥皮去脂。剥皮是一项繁重的劳动，现代化的肉兔屠宰场多采用机械剥皮，如上海市食品公司冻兔肉加工厂已试制成功链条式剥皮机，工效比手工剥皮提高5倍左右。中、小型肉兔屠宰加工厂多采用半机械化剥皮法，即先用手工操作，将放血后的兔从后肢膝关节处平行挑开剥至尾根，用双手紧握腹背部皮张，伸入链条式转盘槽内，随转盘转动顺势拉下兔皮。目前，广大农村分散养兔及小型肉兔屠宰加工厂普遍采用手工剥皮法。

4. 剖腹、擦血

经处死、剥皮后的胴体，即可进行剖腹净膛。先用利刀切开耻骨联合处，分离出泌尿生殖器官和直肠，然后沿腹中线切开腹腔，除肾脏外，取出全部内脏。取下的大小肠及脾、胃应单独存放，经兽医卫生检验后集中送往处理间处理。

经剖腹取内脏后，可用洁净海绵或棕榈刷擦除体腔内残留血水。上海市食品公司冻兔加工厂采用真空泵吸除血水，效果很好。先用刷颈机代替抹布擦净颈血，然后用真空泵吸除体腔内残留血水，既干净又卫生。

5. 修整、冷却

修整的目的是为了除去胴体上能使微生物繁殖、污染的淤血、残脂、污秽等，达到洁净、完整和美观的商品要求。其工序包括：第一，修除残存的内脏、生殖器、各种腺体、结缔组织和颈部血肉等；第二，修整背、臀、腿部等主要部位的外伤，修除各种瘢疤、溃疡等；第三，修整暴露在胴体表面的各种游离脂肪和其他残留物；第四，从第一颈椎处去头，从前肢腕关节、后肢跗关节处截肢；第五，用高压自来水喷淋胴体，冲净血污，转入冷风道沥水冷却。

二、兔肉的分级、分割

带骨兔肉按重量分级，包括：特级（每只净重1500克以上）、一级（每只净重1001～1500克）、二级（每只净重601～1000克以上）和三级（每只净重400～600克）。

按部位分割兔肉，分成前腿肉、背腰肉和后腿肉。

参 考 文 献

[1] 谷子林，薛家宾．现代养兔实用百科全书．北京：中国农业出版社，2006.
[2] 蔡宝祥．家畜传染病学．北京：中国农业出版社，2002.
[3] 翁长江．肉兔饲养与兔肉加工．北京：中国农业科学技术出版社，2005.
[4] 谷子林．肉兔日程管理及应急技巧．北京：中国农业出版社，2010.
[5] 魏刚才．兔安全高效生产技术．北京：化学工业出版社，2012.
[6] 王开，裴志花，臧亚茹．家兔真菌病常见的临床认识误区及防控策略．吉林畜牧兽医，2011，11：18-20.